창조도시를 디자인하라

도시의 문화정책과 마을만들기

사사키 마사유키
종합연구개발기구 지음

이 석 현 옮김

시작하며

　시대에 앞서 선진적인 사상이 태어나는 도시, 기존관념을 부수는 혁신적인 기술이 개발되는 도시, 전위예술가가 모여 경쟁해 나가며 혁신적인 작품을 만들어내는 도시인 '창조도시'란 이러한 새로운 도시의 모델을 가리키는 개념이다. 세계화와 지식정보화의 파고 속에서 냉정한 도시 간 경쟁을 맞이하여 출구도 보이지 않는 힘든 위기상황에 처한 많은 도시의 '미래전망'을 나타내는 정책목표기도 하다. 구미에서는 볼로냐, 바르셀로나, 몬트리올 등이 대표적인 창조도시로 평가받고 있으며, 일본에서는 가나자와 시와 요코하마 시가 주목받고 있다.

　이 책은 현대도시의 방향을 찾고자 하는 학생·연구자, 도시위기로부터 탈피하고자 고심하는 정책담당자, 나아가서는 일상적인 도시만들기의 현장에서 고민하는 광범위한 시민들에게 '창조도시'의 이론적 매력과 정책적 가능성을 생생하게 전달하고자 하는 생각에서 창조도시의 이론적 과제와 정책적 실천을 2부로 나누어 구성하였다. 일본에서 도시연구의 최첨단에 있는 연구자와 도시정책의 현장에서 활약하는 정책담당자가 공동으로 한 연구를 통해 태어난 협주곡이다.

　이 책 전반인 '제 I 부 창조도시를 둘러싼 이론과 관리'에서는, 21세기 초반의 대표적인 도시론인 세계도시론, 콤팩트 시티론과의 교착과 비교 속에서 창조도시론의 위상을 바로잡았다. 일본에서 전개하여 실현하면서 비교적 중요한 전략적 과제가 되었던 도시문화 정책과 산업정책과의 융합, 새로운 공공公共을 맡은 재정적인 견해, 나아가서는 외국인과의 다문화 공생이 나아갈 방향, 창조적 도시정책을 위한 지표를 들어 이론적인 검토를 더했다.

　후반인 '제II부 정책실현의 현장으로부터'에서는, 북쪽 대지에 뿌리
내린 예술문화의 향기가 느껴지는 독자적인 창조도시를 지향하는 삿포
로 시, 미야자와 겐지의 농민예술론을 현대에 살린 '생활문화의 도시'를
만들고 있는 모리오카 시, '숲의 고향'에서 음악·연극·예술이 풍부한
문화도시로 진화하고 있는 센다이 시, BankART 1929와 같이 도심에 창
조구역을 만들어내어 창조도시의 리더가 되고 있는 요코하마 시, 중공업
도시에서 모노즈쿠리혼신의 힘을 다해 최고의 제품만들기와 문화창조 도시로 전
환을 꾀하고 있는 기타큐슈 시, 그리고 아시아를 향해 창조도시의 도전
을 계속하고 있는 후쿠오카 시의 실천모습을 각각의 최전선에서 분투하
고 있는 지자체 직원 및 경험자의 손을 통해 그려내고 있다.

　이 책의 공동작업은 때로는 이론과 정책 사이에서 격심한 논쟁을 일
으켰고, 또 때로는 풍부한 여운을 가지고 전개되었지만 이러한 자극적인
창조공간을 제공해 주었던 것은 종합연구개발기공NIRA에서 조직된 '문화
도시 정책으로 만드는 도시의 미래' 연구회였다. 비교적 단기간에 이 책
이 완성되었던 것은 간행을 따뜻하게 지켜봐준 담당자 나카마키 히로치
카中牧弘允 이사국립 민족학박물관 교수, 이이자사 사요코飯笹佐佐代子 주임연구원,
또한 야마모토 다다시山本匡 객원연구원당시의 깊은 이해와 지원에 의한
것으로 여기에서 깊은 감사의 마음을 표하고 싶다. 또한 열악한 출판사
정 속에서 흔쾌히 받아들인 가쿠게이 출판사學藝出版社의 마에다 유스케前
田裕資 씨, 그리고 빠른 작업을 진행해 준 지넨 야스히로知念靖廣 씨에게도
깊이 감사드린다.

2007년 봄

사사키 마사유키佐々木雅幸

개정판 역자서문
여전히 변함없는 창조도시의 가치

　본 저서가 발행된 것도 어느덧 10년의 시간이 지나가고 있다. 그 사이 우리의 내외부적인 정세도 많이 바뀌고 도시디자인에 있어서도 기존의 물리적인 디자인 개발과 개선이 중심이던 상황에서 최근은 그 도시가 가진 잠재력과 사람이 중심이 된 디자인의 방향을 모색하는 단계에 들어서고 있다. 특히 도시재생과 관련된 화두는 현재 가장 뜨겁게 토론되고 있다. 실제로 도시재생과 참여의 디자인이 국내 도시디자인에 중요한 위치를 차지한 것은 그렇게 오래 되지 않았다. 그럼에도 국가 정책의 방향으로 제시될 정도로 회자되고 있는 것은 그만큼 우리 도시가 개발위주의 정책으로 인한 피해가 심각해진 것을 나타내는 것이며, 더 늦기 전에 도시를 지속가능한, 그리고 사람이 살 만한 곳으로 만들어나가야 한다는 사회적 함의가 반영된 결과일 것이다.

　그러나 여기서 우리는 이러한 경향에 이끌려 추진되는 도시디자인 정책과 내용에 대해 진지하게 고민해 볼 필요가 있다. 도시디자인의 원점은 항상 동일하다. 역사와 문화, 그리고 사람들의 삶을 쾌적하게 만들기 위한 도구이자 사상이자 방법으로서의 역할이다. 시대에 따른 화두가 있고 중심정책이 있지만 그 도시의 배경에 존재하는 디자인의 원류는 항상 동일한 가치를 가진다. 도시재생과 도시의 미래가 다르지 않으며, 안전디자인과 유니버설디자인, 커뮤니티디자인, 건축공간의 디자인이 다른 위치에 있지 않고 서로가 공존하며 이해하는 바탕 속에서 디자인되어야 하는 이유이다.

　실제로 우리 도시디자인의 근황은 10여 년 전부터 제기된 창조도시의 개념이 확산되던 그때와 크게 달라는 점은 없다. 그 당시 광풍처럼 몰아치던 창조도시의 화두가 지금은 도시재생으로 바뀌고 있지만 그것은 서로가 다른 위치에 있는 것이 아니다. 오히려 도시재생을 위해 요구되는 커뮤니티의 잠재력을 높이기 위해서는 다양성에 바탕으로 둔 창조도시의 철학과 방법이 더욱 중요한 것이며, 물리적 환경이 아닌 문화와 역사에 기반한 정체성의 탐구에서도 동일하다. 이름이 달라졌다고 도시가 달라지는 것은 아니다. 여전히 우리의 도시는 다양성이 부족하고 주민의 창조적 능력과 지역이 잠재력을 이끌어내는 도시 디자인은 희망사항일 뿐이고, 산업과 문화에서 인종적·문화적 다양성은 시작 단계에서 그다지 진전되고 있지 못하다. 여전히 우리의 도시는 2010년 첫 번역서의 서문에 있었던 '외형의 경쟁에서 벗어나, 그 지역에서 살고 있는 사람의 의식과 지역이 가진 문화와 예술을 바탕으로 경쟁한다면, 도시환경의 질적 향상과 공동체의 의식고양'의 목표가 유효한 상황이라고 할 수 있다.

그리고 창조도시에서 지향하는 '창조적인 도시를 만드는 것은 창조적인 환경을 만드는 것이고, 이것은 창조적인 인재가 될 다양한 사람들이 활동할 무대를 만드는 것' 역시 유효하다. 전 세계의 매력적이고 창의적인 도시가 외형으로만 만들어지는 것이 아닌, 그 도시를 만들고 지키는 사람들의 의식과 문화가 더 큰 역할을 한다는 것은 주지한 사실이다. 도시의 역동성과 창조성 역시 물리적 환경에서 만들 수 있는 결과물은 한계가 있지만 그 환경을 만드는 사람들의 의식의 다양성과 배려, 공존, '포용력'은 변함없는 가치를 가진다. 본 저서는 그런 의미에서 모든 내용이 우리 도시디자인의 개선에 중요한 의미를 가진다.

이 책이 우리 도시의 지속가능한 발전을 사람중심에서 찾고자 노력하는 모든 분들에게 든든한 자양분이 되길 바란다.

2018년 2월 이석현

초판 역자서문
창조도시의 시작은 지역이 가진 창조력의 발견으로부터

　최근 국내 광역시를 중심으로 확산되기 시작한 창조도시를 향한 다양
한 논의와 시도가 중·소규모의 지자체로 확산되고 있는 추세다. 또한,
관련학계와 연구기관, 기업에서도 창조도시에 관한 토론과 연구가 활발
히 진행되고 있다. 이러한 움직임의 배경에는 여러 가지 이유가 있겠지
만, 그 중의 하나로 지역의 경제를 중심으로 과열된 지방행정의 정책경
쟁이 유사한 도시형태를 양산하고 지나친 관광화로 부작용을 나타내면
서, 그에 대한 반성과 극복을 위한 방안으로 도시가 가진 창조적 힘에서
지역재생의 해결책을 찾고자 하는 절심함이 있을 것이다.
　외형의 경쟁에서 벗어나, 그 지역에서 살고 있는 사람의 의식과 지역
이 가진 문화와 예술을 바탕으로 경쟁한다면, 도시환경의 질적 향상과
공동체의 의식고양이라는 측면에서 좋은 흐름이라고 할 수 있다. 최근에
는 미국과 유럽, 일본 도시의 표면적인 모방보다, 국가와 지자체 정책에
서 주민의 창조적인 능력과 지역의 잠재력을 적극적으로 발굴해 나가는
흐름으로 전개되며, 초기단계의 한계를 극복하고 국내의 도시환경에 적
합한 창조적인 대안을 찾아나가고 있다는 측면에서 매우 고무적인 현상
이다.
　그러나 전국적으로 창조도시에 대한 '과도한 지향이 바람직한가에 대
해서는 다시 한 번 고민할 필요가 있다. 우선, 최근의 창조도시에 대한
논의와 실천에서 자주 지적되는 문제를 살펴보자면, 창조도시가 단순한
행정의 구호에 그치고 있다는 점이 대표적이다. 창조도시를 대표적인 정
책지향으로 설정한 것은 바람직하나, 표방하고 있는 목표의 대다수가 유

사하고 추상적인 구호형태를 띠고 있다. 그것은 창조도시의 방향과 정책 수립 과정에서 행정과 그 용역을 진행하는 추진주체의 의지만 표현되고 있을 뿐, 창조도시의 중심역할을 해야 할 지역주민과 중심단체가 처한 구체적인 문제에 명확히 뿌리내리지 못하고 있기 때문으로 보인다. 이것은 일차적으로 주민의 동의를 얻기 힘들고, 계획을 장기적으로 진행할 때 사업의 추진력을 떨어뜨리는 가장 큰 요인이 된다.

창조도시를 논의하는 것 자체가 어떻게 보면 추상적인 개념이고, 무엇을 창조성이라고 둘 것인가는 그것을 추진하는 지역과 장소가 창조적으로 대안을 고민해야만 하는 과제다. 그럼에도 불구하고, 다른 사례를 단순하게 적용하다 보니 본래 가지고 있던 자원의 분산과 추진 자체에 대한 근본적인 의문이 커지게 되어, 일반적인 행정사업의 일환이 되고 마는 것이다.

또 하나, 단기적인 사업추진이 가져오는 문제점이 있다. 창조도시는 말 그대로 사람들이 가진 창조성을 이끌어내고 유형의 틀을 구축하고 지속적으로 애정을 가지고 키워나갈 수 있는 지역의 힘을 만들어내는 능력을 가진 도시다. 이러한 사업은 중장기적인 사업구상과 적용이 필요하며, 시행착오를 통해 지역이 지향하고자 하는 방향으로 정립되고 유형의 형태로 성과가 드러나기까지는 많은 시간이 요구되는 것이다. 단순히 말하자면 50년 이상을 바라보며, 우리가 살아가고, 자손이 살아나갈 지역의 애착과 환경을 만들어나가는 사업인 것이다. 그것이 도시공간에서 표면화될 때까지는 발굴의 과정과 동의의 과정, 수립의 과정과 적용의 과정 등을 필연적으로 거쳐나가야 하는 것을 고려할 때, 한 행정 사이클한 지자체장의 임기기간 중 안에 그 성과를 보여준다는 것은 사실상 거의 불가능하다. 사업의 장기적인 지속성을 어떻게 확보해나갈 것인가가 중요과제가 되는 것이다.

이와 관련해서 성과주의적 사업진행에 창조도시를 이용하는 것에 대한 문제점이다. 물론, 시민에게 눈에 보이는 성과를 보여주지 않는 것은 근무태만으로 비추어질 수 있어, 행정은 성과를 내야 한다. 그러나 성과에 의존해서는 그나마 남아 있던 창조적인 힘이 분산될 우려도 크다. 단기적인 성과를 통해 자긍심을 고취시키고, 장기적인 성과를 만들어내며, 그 힘이 지속적으로 이어나가게 할 지혜가 필요한 것이다. 이것은 정치적 힘의 관계와 경제논리보다 상위에 존재하는 것이다. 이것을 해결하기 위해서는 주민의 적극적인 참여공간을 확대하고, 그것을 지속적으로 반영해 나가는 과정을 준수해야 한다. 물론, 주민들도 나름대로 이익을 생각하고 있어 전체적인 동의와 그것을 정책으로 정립하기 위해서는 많은 노력과 시간이 필요하지만, 그것이 형성되었을 때의 힘은 그 누구도 예측할 수 없을 만큼 클 것이다. 창조라는 의미 자체가 규정된 틀을 넘어 새로운 생각과 힘을 이끌어내는 과정이기에, 사람들이 모여서 만들어내는 땀이 가장 강력한 창조적인 힘의 원천이 되는 것이다.

그리고 창조도시 구상에서 다른 곳의 사례를 무조건 적용하려는 경향이 가진 위험이 있다. 지역의 실정은 저마다 다르고 다양하다. 오랜 역사를 가진 도시가 있는가 하면, 새로운 신도시도 있다. 산업이 발달된 도시가 있는 반면, 바다와 산, 농어촌 풍경 등의 자연환경이 수려한 곳도 있으며, 이러한 요소가 복합적으로 발달된 도시도 있다. 젊은 사람들이 많이 사는 곳이 있지만, 고령화로 인해 노인 인구비율이 높은 곳도 있다. 예술가가 많은 곳이 있으며, 최근에는 지방도시의 공단 등에는 외국인의 거주도 증가하고 있다. 도시는 저마다 역사, 문화, 산업, 구조에 따른 다양한 조건에 처해 있으며, 이러한 조건과 그것을 극복해나가고자 하는 절실함이 각자에게 적합한 창조도시로 발전할 방향성을 만든다.

물론, 이 책에서 제시된 많은 사례가 새롭게 창조도시를 만들고자 하는 많은 곳에 도움이 될 수 있고, 많은 대립을 줄여 불필요한 비용과 시간소모를 줄이는 데 도움이 될 것임은 분명하다. 그러나 무엇보다 책에

제시된 외국의 다양한 사례를 통해 배워야 하는 것은 '결과의 외형'보다
는 '기본적인 관점'과 '진행과정'임은 이미 주지한 바다.

　이 책의 본문에서 다루어지고 있는 대표사례 도시의 대부분은 공통된
원칙이 있다. 자신이 가진 창조적인 힘의 발굴, 다른 곳과 차별화된, 자
신의 실정을 고려한 방향성을 찾고 그것의 장기적인 실행으로 정착시켜
나갔다는 점이다. 다른 곳에서 이러한 방향으로 성공적인 진행을 거두었
다면, 우리는 어떠한 방향으로 나가야 할 것인가. 또한 시작단계에서 중
심역할은 누가 담당하는 것이 바람직한가. 어떤 사업을 먼저 시행해 나
가야 하고 어떤 절차를 거쳐야 하는가도 이러한 실정에 기인하는 것이
다. 결과적으로 보면 성공사례지만, 이들 도시의 대다수는 지금도 많은
문제점을 해결하기 위해 안간힘을 쓰고 있고, 어려움을 해결하지 못해
쇠퇴하고 있는 곳도 적지 않다. 위기는 언제나 오며 과제는 산적해 있지
만, 그러한 문제를 창조적으로 이겨나갈 힘이 있는가가 중요시되는 이유
다. 따라서 창조도시는 항상 '진행형'이라고 할 수 있다.

　달리 보면 굳이 창조도시라는 말을 붙이는 것이 창조적이 아닐 수 있
다. 물론, 공통된 지향성을 통해 연대감을 높이는 효과도 있겠지만, 창조
도시의 원동력이 살고 있는, 또는 살아나갈 사람들에게 있다고 생각한다
면 이들에게 보다 직접적으로 공감을 불러일으킬 방향을 슬로건으로 정
하는 것이 더 창조적이지 않을까?

　21세기는 다양성의 시대다. 또한 세계화의 시대이기도 하다. 특정 그
룹과 성향을 대변하는 정책으로는 이러한 시대조류에서 살아나갈 수 없
다. 많은 선진국가와 도시에서 다국적 문화를 표방하며 이들의 에너지로
도시의 미래상을 구상하고, 그를 통해 경쟁력 강한 도시문화를 구축해
오고 있다. 국경은 지리적인 경계일 뿐 경제와 문화의 경계가 아닌 시대
로 가는 것이다. 우리의 도시에, 우리의 삶에 도움이 되면 그 사람이 '시
민'이 되는, 더 나은 환경을 구축하는 시대를 우리는 맞이하고 있는 것이

다. 아니 이미 그러한 시대를 살고 있다. 그러한 삶의 공간인 도시가 향후 무엇을 지향해야 하는가에도 답이 있을 것이다. 그것이 본문에서도 다루어지고 있는 '포용력', 즉 '배려'인 것이다. 또한, 자신들이 살고 있는 공간의 조건은 그것을 보다 창조적으로 발현시킬 소재를 안고 있을 것이다. 사람들과 공간이 외치는 소리에 귀를 기울이고, 그것을 모으는 것이 사업의 시작단계에서 진행되어야 하는 것이다. 현재 우리의 도시는 그러한 답을 얻기 위한 시행착오를 거듭하고 있는 것이며, 이것은 필연적으로 거쳐야 하는 과정이다.

창조적인 도시를 만드는 것은 창조적인 환경을 만드는 것이고, 이것은 창조적인 인재가 될 다양한 사람들이 활동할 무대를 만드는 것이다. 관광이 수단은 될 수 있지만, 그것이 목적이 되게 되면 또 다른 딜레마에 빠지게 되고, 기존 도시자원의 훼손을 가져올 수 있다는 소리에도 귀를 기울여야 한다. 결과는 예측하기 어렵지만, 기존의 사례를 본다면 표면적인 성패를 떠나 사람들이 보다 살기 좋은 환경이 될 것이란 점에서는 장기적인 창조환경의 조성이 훨씬 가능성 높은 투자라고 할 수 있다. 그 후에 일어나는 문제는 다시 힘을 모아 해결하면 된다.

그리고 10년 후에는 국내에서도 이러한 노력의 결실을 모아 세계에 우리의 노력을 알릴 수 있는 때가 오기를 바란다. 이름은 다를지라도 그들은 이미 나름대로의 창조도시 속에서 살고 있을 것이다.

이 저서의 번역과 출판은 도시디자인의 발전을 위해 여러 분야에서 노력하고 계신 많은 분들의 노력과 도움이 없었다면 불가능했을 것이다. 다시 한 번 감사의 말씀을 드리고 싶다.

2010년 2월

이 석 현

차례

제Ⅰ부　창조도시를 둘러싼 이론과 관리

제Ⅱ부   정책실현의 현장에서

제8장 <삿포로> 중점전략과제-예술문화가 풍기는 거리를 실현하기 위해

제II부의 도시별 프로필 표에 대해
표 8.1, 표 9.1, 표 10.1, 표 11.1, 표 12.1, 표 13.1의 각 표에 대해서는 그 도시의 얼굴을
보다 쉽게 이해할 수 있도록 편저자의 판단으로 게재한 것이다. 또한, 동일 표의 주역에
관해서는 아래와 같다.
※1 DID : 인구집중지구 인구밀도가 4,000명/㎢ 이상의 기본단위구가 상호 밀접하게 인
  구가 5,000명 이상이 되는 지구로 설정된다.
※2 창조산업 : 방송, 소프트웨어, 영상·음성·문자·정보제작, 건축설계, 디자인, 저
  술·예술가업, 사진, 학술·개발연구기관, 흥행업·흥행단, 광고의 합계
※3 전국적 평균 : 163만 2,084명/5,206만 7,396명
※4 전국평균치를 100으로 한 경우의 지수
※5 창조적 인재 : 과학자, 기술자, 문예가, 기자, 편집자, 미술가, 사진가, 디자이너, 음악
  가, 무대예술가의 합계
※6 전국평균치 : 303만 9,100명/6,151만 2,500명

제Ⅰ부

창조도시를 둘러싼
이론과 관리

세계도시와 창조도시
현대도시의 두 가지 이미지

가모 도시오(加茂利男, 리츠메이칸 대학)   *chapter* **1**

　지금 도시이론은 전통적인 도시론·도시사회론에서 도시경제와 도시행·재정, 도시정치, 도시공학과 도시계획, 그리고 도시사, 도시환경, 계층론에서 도시공간론, 문화론, 상징론과 미디어론 등으로 확대되어, 지금까지 없었던 다양함을 보이고 있다. 다른 시각으로 보면 취향에 따라 도시를 읽고, 그리고자 하는 지적 관심이 강하게 작용되어 도시론이 제한 없이 세분화되고 있다고도 말할 수 있다. 그 정도로 여러 가지 앵글에서 다양한 도시상이 그려지고 있는 것이다.

　그러나 이런 도시론이 성행하고 있는 근저에는 도시의 역사적 변용이라는 사실이 깔려 있다는 것을 잊어서는 안 된다.

　예를 들어, 최근 30~40년의 도시론을 대표하는 키워드는 매우 혼란스럽게 변해 왔다. 1970년대에는 선진국에서 '도시의 쇠퇴urban decline'라는 언어가 범람했다. 뉴욕과 런던 등, 유럽의 많은 대도시에서 인구·고용의 감소, 재정위기 등이 확대되어 산업혁명 이후 계속되어 온 도시화의 파고에 역전, 즉 '역逆도시화' 현상이 주목받기 시작했다.

　1980년대에 들어와서는 국제적인 금융성황 등을 배경으로 뉴욕과 런던의 경제가 호전되기 시작하면서 도시의 재생 혹은 재활성화가 새로운 키워드가 되었다.1 또한, 뉴욕, 런던을 시작으로 하는 국제적인 금융센터 도시가 새롭게 번영한다는 의미로 '세계도시world city'라는 개념이 등장했다.2 한편으로는, 세계도시가 가진 금융성황과 제조업의 쇠퇴, 중산계급의 번영과 하층계급의 격차구조와 같은 명암의 양면성이 주목받아 '분열도시divided city'라는 언어도 사용되었다.3 또한, 세계도시는 토지가격을 높여 과도한 개발을 불러온다는 관점에서 살기 좋은 도시야말로 도시의 미래 모습, 도시행정의 목표라는 견해가 생겨났다. 인구와 경제활동이 집중되는 세계도시의 웅대한 에너지 소비로 인해 지구온난화 등 환경문제가 방치되어서는 안 된다는 점에서, 인간의 생존조건을 지속시킬 수 있는 '지속 가능한 도시sustainable city'와 주로 유럽에 모여 있는 시가지를 가진 '콤팩트 도시compact city', 안정되게 정착해 살 수 있는 '정주 도시' 등도 도시개념으로서 중요해졌다.

그 후 1990년대 후반에 주목받기 시작한 것이 '창조도시creative city'다. 세계도시는 경제적으로 세계적인 영향력을 가진 도시의 체계hierarchy에서 상위에 올라 있는 도시라는 의미지만, 규모는 작아도 뛰어난 산업과 문화·기술의 창조력을 바탕으로 국제적인 네트워크를 가진 많은 도시를 보다 보편성 있는 현대도시로 개념 지은 것이 창조도시다. 최근 지식사회, 정보사회, 탈산업사회 등, 물적 생산보다도 지적 생산에 의한 부가가치 생산기능에 주목한 경제이론피터 드러커(P. F. Drucker), 마이클 라이히(M. R. Reich), 레스터 C. 서로우(L. C. Thurow) 등이 다양한 형태로 나타났다. 지금은 그러한 '무체無體'의 생산력에 기반을 둔 경제가 '창조경제'로 불리고 있으며, 창조도시는 이러한 변화와 결부된 도시개념이라고 봐도 좋다.

1980년대에는 '도시재생'이라는 용어가 '재활성화', 즉 도시의 경제·사회의 활력을 회복한다는 의미를 가진 경우도 많았다. 하지만 창조도시, 지속가능 도시, 콤팩트 도시와 같은 개념이 넓어짐에 따라 도시의 질 기능과 형태의 변화라는 의미를 포함해서, 도시가 새롭게 태어난다는 의미로 '도시재생urban regeneration', '도시 재창조reinvention'와 같은 개념이 사용되는 경우가 많아지게 되었다.

이렇듯 혼란스러운 키워드의 변화 속에서 현대도시론은 변환해 왔다. 그곳에는 도시 그 자체의 급격한 변화가 표현되어 있는 것이다. 이 장에서는 현대도시를 둘러싸고 등장한 많은 키워드 중에서 세계도시와 창조도시라는 두 가지 개념을 축으로, 현대도시의 변용과 그 방향에 대해 고찰해 보자.

세계도시 재고

필자는 2005년에 『세계도시 - '재생도시'의 시대 속에서世界都市 - '再生都市の時代の中で』라는 책을 간행했다. 먼저 이 책에 쓴 내용을 다시 설명하면서 필자가 이해하고 있는 세계도시의 의미와 그 변화에 대해 고찰해 보고자 한다.

세계도시 개념의 등장

먼저 본 것과 같이 세계도시론은 1970년대에 쇠퇴하던 도시가 재생으로 움직이면서 모습을 드러냈다고 봐도 좋다. 그 경위를 자세히 살펴보자.

전후, '미국 시대'의 특징으로 세계 최대 또는 가장 번영한 도시가 뉴욕이라는 것은 두말할 여지가 없지만, 그 자본주의 세계의 경제수도 뉴욕은 1970년대에 45만 명의 고용을 줄이자 인구도 60만 명이 줄었다. 그 결과, 이탈리아 한 나라와 동등한 재정규모를 가졌던 뉴욕은, 1975년 5월에 채무를 상환하지 못하고 지자체 파산을 피할 수 없는 위기에 몰렸다. 이것은 당시 영국과 미국을 비롯한 선진국 대도시에 퍼졌던 쇠퇴한 도시의 특징적인 현상이라고 생각된다. 뉴욕을 무대로 한 도시의 폐허와 멸망을 그린 영화〈택시 드라이버〉, 〈미스터 굿바이를 찾아서〉, 〈뉴욕 1990〉 등가 다수 등장할 정도였다.

그러나 1976년 이후, 뉴욕은 가장 눈에 띄게 도시경제를 회복하기 시작했다. 시와 주가 힘을 합해 국내외를 향해 'I LOVE NEWYORK'이라는 캠페인인 브로드웨이의 뮤지컬을 시작으로 뉴욕이 가진 도시의 매력을 호소하여 도시 이미지의 전환을 꾀하는 데 성공한 것이다. 미디어에서도 '도시 르네상스', '도시재생', '도시회복' 등과 같은 말로 뉴욕의 재생을 이야기하기 시작했다.

언론만이 아닌, 록펠러 재단 등이 위탁하여 콜롬비아 대학과 뉴욕 대학 연구팀이 실시한 뉴욕의 경제활동 집적도 동향에 대한 조사에 의하면, 제조업·판매업 등 물적 생산유통의 집적이 나타내는 국내 도시체계 상황은 약해지더라도 국제은행, 증권, 보험회사, 법률사무소, 광고회사, 회계사무소 등 글로벌한 금융·보험·법인 서비스의 집적은 강해지는 것을 확실히 알 수 있었다. 이러한 법인본부 복합체Corporate Headquarters Complex, CHC가 쌓인 결과, 뉴욕은 아메리칸 캐피탈에서 월드 캐피탈이 되어 도시의 활력을 되살리는 시나리오가 그려졌다. 그 보고서는 이렇게 적고 있다.

소수의 세계도시에 법인 사령부의 활동이 모이는 것은 결코 우연이 아니다. 미국 경제가 지금 뉴욕에 입지한 복합체 없이 무엇인가 할 수 있다는 것은 생각할 수도 없다. 뉴욕이 지금 직면한 도전은 그 걸출한 지위를 다른 센터에 넘기지 않고 유지해 나가는 것이다.4

법인본부 복합체의 집적이 강해지면 이러한 분야에서 일하는 중산층주식이나 외환딜러, 무역업자, 변호사, 컨설턴트, 카피라이터, 디자이너, 예술가 등이 늘어나, 저소득층이 중·상류층에게 삶의 터전을 빼앗기는 주택고급화

gentrification를 가져온다. 중·상류층이 만드는 새로운 도시 생활방식이 패션, 예술, 음식, 관광, 문화 등에서 수요를 만든다. 이러한 새로운 경제산업 관계가 경제의 부흥, 고용의 회복을 촉진한다. 영화나 드라마도 이전과 같이 뉴욕을 살벌하게 그렸던 것에서 〈맨해튼〉, 〈제2장〉, 〈크레이머 대 크레이머〉, 〈애니 홀〉 등 도시 중산층의 세련된 생활방식을 그려나가기 시작했다.

이렇듯 세계도시는 20세기 말의 도시론을 대표하는 키워드가 된 것이다.

세계도시-단어의 역사와 현대

이러한 세계도시는 세계화 시대를 배경으로 형성된 현대적인 도시개념이다. 그러나 이 개념은 전혀 새로운 것이 아니며 단어로서의 역사를 동시에 가지고 있다. 즉, 고대 로마, 중세의 베네치아, 근세의 파리, 암스테르담, 근대의 런던 등이 모두 세계도시라고 불리는 것과 같이, 이 단어는 역사상 다양한 시대의 도시를 대변하고 수많은 기억을 쌓고 있다. 그러한 단어의 역사적인 깊이와 무게가 세계도시라는 단어를 강렬한 이미지로 만든 것이다.

이 단어가 주로 사용된 역사를 찾아보면, 우선 괴테는 1987년에 『이탈리아 기행』 속에서 로마를 세계도시Weltstaedt로 부르며 '사물이 가진 최고의 탁월함과 품위', '모든 종류의 대상, 모든 종류의 사람들'을 칭하는 도시라고 말하였다.

또한, 멈포드L. Mumford는 『역사 속의 도시』에서

(세계도시는) 인류의 모든 부족과 민족을 협력과 교류의 공동영역으로 이끌어온 것과 같은 모든 활동의 초점이다. … 이 세계도시의 새로운 사명은 세계적인 통일과 협력에 도움이 되는 문화적 자원을 가장 작은 도시

단위로 전해주는 것이다.5

고 말하였다. 그는 이러한 세계도시를 박물관의 예를 들어, '한쪽에서 보면 과대하고 과욕한 집적의 산물인 반면, 세계를 이해하고 사람을 이해하기 위해 필요한 문화장치라고도 말할 수 있다. 세계도시의 문화적 포섭기능은 박물관과 같이 응축과 선택, 집적의 작용을 통해 행해지고 있다. 그곳의 다양하고 복잡한 세계의 질 높은 축적도가 만들어져, 이것이 수천만 인간의 협동을 촉진하는 것과 같은 도시조직을 형성하는 데에 도움이 된다'고 이야기했다.

이러한 의미를 지닌 세계도시는 가장 탁월한 보편성을 가진 문화, 문명이 형성되어 그 의미만으로도 세계의 중심이 되는 도시라고 생각되어 온 것이다. 이 장의 주제와 관련해서 말하자면 세계도시야말로 가장 뛰어난 창조도시라고 생각되어 왔다.

슈펭글러O. Spengler와 같은 사상가는 세계도시란, 세계 속의 지역적인 문화창조 기능을 흡수하고 집약을 통해 가능한 것으로, 다시 말하자면 '문화의 석화石化' 세계라고 말했다.6 '세계의 중심', '보편성의 집적'으로서의 세계도시가 만들어졌을 때, 지방의 개성적인 문화는 그 생명력을 세계도시에 흡수되어 쇠퇴해 버리고 만다. 그러한 의미로 세계도시는 문화적인 창조력의 무덤이라고도 할 수 있다.

슈펭글러와 같은 이론은 세계도시가 가진 양면성이 지금까지 세계도시라는 개념으로 논해져 왔던 것을 나타내고 있지만, 대체로 세계도시는 뛰어난 보편성을 가진 문화의 표현으로 동경과 긍지를 담아 사용하는 단어이며, 그렇기 때문에 현대의 세계도시 개념에도 언어로서 큰 효과를 미친다고 말할 수 있다.

현대 세계도시-그 빛과 그림자

세계도시는, 뉴욕 등 선진국의 대도시가 쇠퇴에서 재활성화로 움직이고 겹쳐지는 현상 속에 이 개념이 도시정책의 상징으로 작용되었다. 세계도시를 정책적인 목표개념으로 삼은 도시가 세계로 배출한 것이다. 뉴욕에 이어 런던과 도쿄가 1980년대 중반까지 '세계도시 런던', '세계도시 도쿄'를 목표로 한 정책을 내세웠다. 이 중에서 일본에서는 오사카 등이 '세계도시'를 지향했다. 한 국제회의에서 오스트레일리아의 중국계 연구자는 '중국에서는 1990년대 후반경 50곳 이상의 도시가 세계도시를 목표로 한 정책을 발표했다'고 말했다.7

세계도시를 표방하고자 한 도시는 국제적인 지명도, 다국적기업 본사, 금융·자본시장의 규모, 외국인 관광객 수, 국제행사의 개최 수 등의 지표로 나타나는 세계도시의 순위상승을 지향한 것이었다.

그러나 세계도시는 단순히 계획의 상징으로서만이 아니라 큰 그림자도 지닌 도시로 다루어졌다. 즉, 국내만이 아닌 외국에서도 기업과 사람이 모여들어 토지가격과 임대료, 사무용 임대료가 상승해 일반 시민과 상점·공장 등이 입주하기 어려운 도시, 업무기능이 도심으로 과도하게 몰려 교통이 혼란스럽고, 사회자본이 부족하거나 환경이 파괴되고 있는 도시, 법인본부 복합체에서 일하는 노동자와, 제조업이 쇠퇴하면서 직업을 잃은 실업자나 노숙자, 법인본부와 그곳의 노동자에게 서비스를 제공하는 저임금 서비스 노동자와의 천국과 지옥 같은 명암이 극명한 도시이_{명암을 '두 도시 이야기'로 불렀다}라는 이미지가 크게 부각된 것이다. 또한, 1980년대 후반부터 1990년대 초반에 걸쳐 뉴욕, 런던, 도쿄를 휩쓴 금융·부동산시장의 거품붕괴로 인한 불황은 세계도시의 불안정성과 위험성이 크다는 것을 여실히 보여주었다.

이렇듯 세계도시라는 단어는 차츰 눈부신 화려함을 잃어버리게 되고,

더 이상 계획의 상징으로서 가치를 잃게 되었다. 처음 서술한 것처럼 오늘날의 세계도시론은 정책개념으로서도 일시적인 효과를 잃어 여러 가지 대체개념과 뒤섞여 혼동하고 있다.

그러나 뉴욕, 런던, 도쿄 등에서는 21세기를 맞이하여 세계도시 전략의 지속 또는 부활의 움직임이 일고 있다. 즉, 냉전체제의 붕괴와 유럽의 통합, 금융 세계화의 진전과 함께 1990년대에 뉴욕과 런던의 세계도시경제는 성황을 맞았으며, 도쿄에서도 일본 정부에 적합한 세계화표준을 지향하는 금융·자본시장의 꾸준한 개혁으로 세계도시 전략이 다시 숨을 쉬게 되었다. 홍콩, 싱가폴, 서울, 상하이, 쿠알라룸푸르, 방콕, 도쿄 등 아시아의 각 도시에서는 맨해튼과 비슷한 고층건물이 숲을 이루는 밀도 높은 도시만들기가 진행되었다. 이것도 세계도시 개념이 미친 효과라고 표현할 수 있다.

창조도시의 시대

세계 각국이 세계도시라는 개념으로 도시정책을 강력하게 이끌던 20세기 말 무렵에는 이러한 개념에 대한 새로운 도시개념이 차례로 등장했지만, 그 중에서도 단어로서의 확산과 여러 도시에 미친 영향력이라는 점에서 걸출했던 것이 창조도시였다. 앞에서도 이야기한 것처럼 국제적인 경제활동과 영향력의 크기를 중시한다면 세계도시의 체계와 같은 개념은 세계경제에 있어서 각 도시의 순위경쟁을 유발하여, 높은 순위를 획득하지 못한 도시는 도시정책의 확실한 목표를 잃어버리게 된다. 소수의 세계도시가 세계경제를 향한 지배력을 강화함에 따라 다른 도시의 발전은 방해받게 된다. 이러한 작용을 가진 개념의 보편성에 대해 의문이 생기는 것이다.

이러한 세계도시에서 이탈하기 시작한 각 도시들 앞에 보다 설득력 있는 희망을 가진 개념으로 나타난 것이 창조도시였다.

창조도시의 계보

창조도시의 개념형성에 대해서는 이미 사사키 마사유키와 고토 가즈코後藤和子 등의 연구를 통해 널리 알려져 있지만,8 그것은 세계도시 개념의 양면성이 만들어낸 다양한 대안을 집약한 개념이라고 해도 좋다. 중·소규모의 도시가 세계도시라는 상징으로 자기를 표현하려고 해도 뉴욕, 런던, 도쿄와 같은 효과를 가질 수는 없다. 이러한 세계도시의 체계의 정점에 선 세계도시 정도의 도시규모, 경제력, 중심성을 갖지 못한 중·소규모의 도시 중에서 이 장의 초두에 소개한 '살기 좋은 도시', '지속 가능한 도시', '콤팩트 도시' 등의 대안개념이 생겨났다.

예를 들어, '살기 좋은 도시'라는 단어는 미국의 중·소도시와 도시연구자, 영향력 있는 출판사 등이 만들어낸 것이다. 샌프란시스코, 시애틀, 피츠버그, 보스턴, 포틀랜드 등, 인구 50만으로, 100만에는 미치지 않지만 도시로서의 역사와 전통, 새로운 도시 주거환경의 쾌적성이 잘 어우러져 있다. 또한, 규모가 작아서 인구와 사무실의 집적은 그렇게 크지 않더라도 지가와 임대료가 싸고 비교적 도시사회가 안정되어 범죄발생 건수도 높지 않기 때문에 안심하고 살 수 있다. 반면, 그럼에도 어느 정도의 규모를 가진 도시이므로 취업과 사업기회가 주어진다. 물과 녹색공간 등 자연환경과 경관에 둘러싸여 뛰어난 대학과 미술관, 극장과 스포츠 시설도 있어서 도시적인 흥미로움도 갖추고 있다. 이러한 지표를 종합해보면 이러한 도시야말로 가장 매력적이고 살기 좋은 도시이며, 그런 의미로 '미국에서 가장 살기 좋은 도시'를 뽑는 콘테스트가 열리는 것이다.

이러한 '살기 좋음'이라는 개념은 경제적인 풍요로움과 경쟁력보다도,

생활의 질Quality of Life, QOL을 척도로 한 개념이다. 세계도시의 주역이었던 젠트리gentry: 부유한 지주·상인이나 법률가·성직자·의사 등 전문직을 핵심으로 한 중산계급의 상부층와 여피Yuppie: 미국 도시 또는 그 근교에 살며 지적 전문직을 가진 젊은 세대는 세계도시에만 출현한 것이 아니다. 대량생산형 공업사회의 지적 사회·탈공업사회로의 전환 정도의 차는 있지만 선진국 전체의 공통적인 변화이며, 중·소규모의 도시에서도 서비스 경제화와 IT화가 일어나 컴퓨터, 소프트웨어 기술자와 디자이너, 카피라이터, 변호사, 회계사, 연구자와 같은 직종을 가진 사람들의 비율이 높아졌다. 중·소도시의 젠트리 중에서는 뉴욕, 로스앤젤레스로 이동하려는 희망도 강했지만, 동시에 중간규모의 도시에서도 그 나름대로의 지식사회, 젠트리 사회가 모양을 갖춰가고 있었던 것이다. 노동자를 대신해 새로운 도시의 주인공이 된 그들은 자신이 사는 도시가 높은 생활의 질을 영위할 수 있는 도시이기를 바라며, 무절제한 도시개발을 억제하고 환경보전과 도시 커뮤니티의 안정·통합을 찾아 성장관리growth management운동을 일으켰다. 1980년대 후반에 샌프란시스코에서 일어난 '적정한 성장을 요구하는 샌프란시스코 시민회San Franciscans for Reasonable Growth' 등의 운동은, 사무공간과 고급맨션을 건설하려는 건설업자에 대해, 일반노동자가 알맞은 가격으로 구입하고 빌릴 수 있는 주택공간을 일정한 비율로 공급하는 의무조례를 제정하고 직접 청구했다.

이것은 세계도시의 젠트리와는 다소 다른 도시만들기의 접근법이지만, 그 견인역할을 한 사람들의 대다수는 변호사와 건축가, 예술가들이었다.9 즉, 여기서는 자유로운 사회파 젠트리와 노동자와 환경운동과의 연합이 성립된 것이며, 이러한 운동은 '신 도시주의New urban populism'로 불리기도 했다.

이러한 운동으로 인해 추구된 중간규모의 살기 좋은 도시는 지식·경제활동에 유리하고, 업무에 있어서의 창조력과 도시만들기에 있어서도 창조력이 공존하는 도시였다. 이러한 도시는 제1급 국제금융센터가 아니더라도 IT산업과 법인 서비스기업이 성립되어 있어 도시의 쇠퇴를 조금씩 극복했던 것이다.

미국의 살기 좋은 도시는 유럽의 콤팩트 도시와 공통점이 많다. 유럽 대륙에는 대도시가 적고 그린벨트로 묶여 도시가 계획도 없이 무질서하게 교외로 뻗어가는 스프롤sprawl 현상을 억제한 중간규모의 도시가 많다. 대부분의 도시가 중세 이후의 역사를 가진 올드 타운old town을 중심으로 한 콤팩트한 크기의 도시다. 오랜 역사가 새겨진 오페라 극장과 대성당, 미술관과 시청사, 광장과 돌을 깔아놓은 도로, 마을의 얼굴이 된 강과 다리, 공원, 시내를 돌아다니는 트램 등이 각각 특유의 개성적인 이미지를 만들어내고 있다. 이러한 도시도 그 안에서는 크게 변화하고 있으며 산업혁명의 요람이 된 공장과 창고, 독dock은 외관을 그대로 남긴 채 갤러리나 레스토랑, 쇼핑몰로 모습이 바뀌었고 노동자를 대신한 도시 전문직층이 주역이 되었다. 장인의 전통은 유지되고 있지만 도시의 산업구조 역시 지식경제화되고 있다. 올드 타운을 살리고 개성을 자원으로 하는 도시를 연출하고 있는 것은 여기서도 도시계획가, 건축가, 예술가와 문화인들이며, 장인들이다. 그들이 가진 창조성이 도시를 갱신하여 새로운 경제에 오래된 도시를 융합시키는 것이다.

유럽의 각 도시가 갖춘 창조도시의 특징은 랜드리C. Landry의 '구미 창조도시 연구그룹' 등이 개념으로 만들었으며, 그곳에서는 문화활동과 그 사회적 기반에서 생겨나는 혁신의 작용과 능력을 담은 도시가 그려진다고 말한다.10 바꿔 말하면, 그곳에는 지역에서 만들어진 재원을 활용한 수입대체 생산을 통해 지역 내의 산업연관과 기술·조직혁신의 메커니즘이 만들어지고, 도시문화와 경제가 일체화된 가치창조 작용이 성립되는 것이다. 볼로냐, 바르셀로나, 쾰른, 브레멘, 프라이부루크, 스트라스부루크, 버밍엄 등이 이러한 유럽형 창조도시의 예다.

주목해야만 할 점은 유럽의 창조도시가 '살기 좋은 도시론'과 '지속가
능 도시론'의 단순한 성장만을 지향하는 것이 아니라는 점이다. 유럽의
대표적인 창조도시론자인 비앙키Biancini, F. R.와 랜드리는 자연환경과 안
전, 물가 등 '살기 좋은 도시론'이 중시하는 지표는 도시 고유의 것이 아
니고, 도시의 질은 성장가능성과 활력에 무게를 두고 이해해야만 한다고
한다. 미국의 도시에 비해 유럽의 도시는 도시로서의 긴 전통을 가지고,
시골과는 확실히 구별되는 성격을 가지고 있다. 또한, 스프롤 현상과 범
죄, 물가 등 미국 대도시가 가지고 있는 문제는 그렇게 심각하지 않다.
따라서 도시 고유의 생활의 질에 주목한 접근방법이 중시되어, 규모는
작아도 도시적인 지역특징으로 창조성이 강조되는 것이다.11
    결과적으로 세계도시라는 개념은 도시 아이덴티티를 표현하기 어려
운 중·소규모의 도시를 배경으로 지식사회, 탈공업사회 속에서의 이념
적인 도시상으로 다루어져 왔는데, 그것이 창조도시라는 개념이었다고
생각한다.

창조도시와 세계도시의 유사점과 차이점

    이상과 같은 창조도시의 개념이 형성된 경위는 이것이 세계도시로의
대안개념, 보다 나아가서는 저항개념이라는 이미지를 가진다. 확실히 창
조도시라는 개념이 사용될 때에는 세계도시에 대한 비판적인 자세, 또는
탈세계도시와 같은 의미가 담겨져 있는 경우가 적지 않다. 그러나 창조
도시와 세계도시를 합친 취지로 단어를 사용하는 경우도 있다는 것에
주목할 필요가 있다.
    예를 들어, 가나자와 시는 1995년 이후 세계도시 가나자와 구상을 내
세워, 세계화 속에서 국경을 초월한 도시·지역과 관련된 수준에서 빛나
는 도시만들기를 지향하고 있다.12 마찬가지로 중간규모의 지방도시면
서 도시로서의 개성과 특정분야에서 국제적인 관계, 중심성을 가지고자

하는 도시는 수없이 많다. 안토니오 가우디로 상징되는 건축의 메카 바르셀로나, 바그너 음악의 고향 바이로이트, 와인 문화의 상징 보르도, 물의 고향 베네치아 등 이러한 작은 세계도시의 예는 열거하기 힘들 정도다. 일본의 도시가 비교적 국제적인 지명도가 낮고, 특히 오사카 등은 도시의 크기에 비해 잘 알려져 있지는 않지만 교토, 가나자와, 나가사키, 다카야마 등은 외국인에게 비교적 많이 알려져 있다. 지명도가 높은 도시는 해외와의 교류가 많고 외국인 관광객들이 많이 찾아온다.

교토와 가나자와는 서양의 창조도시와 마찬가지로 도시경관, 건축, 공예, 음식문화 등, 고유의 역사적인 도시문화가 풍부하며, 그러한 토양 위에 새로운 모노즈쿠리 산업과 관광이 발달되어 문화창조 활동에 종사하는 사람의 수도 많다.

결국, 창조도시는 창조도시이기 때문에 세계적인 도시관계 속에 자리잡게 되는 것이다. 유럽의 도시가 중세 이후 '국가에 구속되지 않고 열린 도시 간 관계를 가져, 국경이라는 관념이 희박한 시대에 근대적인 국제관계에 앞서 도시 간 교역과 동맹을 만들고, 국제법의 원형이 된 상사법商事法 등이 생겨난 것처럼, 자립한 도시는 자연스럽게 도시로서 직접 세계적인 관계를 가져왔다. 그와 마찬가지로 창조성을 가지고 자유롭게 행동하는 조직과 시민의 집합체인 창조도시는 도시로서 세계적인 관계를 발달시키지 않을 수 없다.13 경제적으로는 국제금융센터 도시가 가진 세계도시성global city-ness과는 서로 다르나 문화적으로 세계도시와 공통적인 도시의 얼굴을 창조도시는 지니고 있는 것이다.

창조계급론

창조도시론이 결정적으로 도시정책으로서 영향력을 높일 수 있었던 것은 리처드 플로리다R. Florida의 '창조계급론'의 출현에 의해서였다.14 세련되고 풍부한 위트의 문체와 용어를 사용하여 독자를 즐겁게 하면서 창조계급의 출현과 확산에 현대사회의 큰 변모를 보고자 했던 이 책은 도시정책에 막혀 있던 많은 정책가를 매료시켰다. 오늘날 사회를 변모시킨 최대 추진력은 인간의 창조성이며, 창조력을 가진 새로운 계급의 번성이다. 창조계급이란 과학, 기술, 건축, 디자인, 교육, 예술, 음악, 오락 등의 활동에 종사하며 새로운 아이디어를 만들어내는 사람들이다. 이 계급에 속한 사람들은 미국에서는 종사자의 30%, 약 3,900만 명에 이르며 사회의 주역이 되고 있다. 창조계급이 성장할 수 있는 커뮤니티를 만들어내는 것이 도시 활성화의 열쇠이며, 그곳에는 창조성 자본 creativity capital을 만들 필요가 있다. 즉, 기술 개발력과 재능 있는 사람들을 끌어들이는 매력과 관용을 갖춘 대학을 창조성의 기축으로 육성하여, 세계수준의 질 높은 시민문화를 양성해 나가는 것이다.[15]

플로리다는 창조성 지표를 만들어 도시 창조성의 순위를 정했는데, 상위에 오른 곳이 샌프란시스코, 실리콘밸리, 샌디에이고, 보스턴, 시애틀 등이었으며, 먼저 본 '살기 좋은 도시'의 상위그룹과 겹치는 곳이 많다. 뉴욕은 전미 9위로 상위 창조도시지만, 도시의 선제적인 창조성은 중간규모의 창조도시 정도로 높지 않았다.

플로리다의 창조계급론은 세계도시 개념에 비교해 도시의 활력, 성장력을 질적인 수준으로 논하여 비교한 것으로 중·소규모의 도시에서도 채용할 수 있는 성질을 가진 정책이기 때문에 세계도시 이상으로 영향력의 확산을 가져왔다.

그러나 창조계급론은 이 개념이 가진 양의성에 주목하지 않았다. 무엇보다 창조계급이라는 계층에 조명을 맞추어 그들을 도시와 현대사회의 주역이라고 한 사고가 가진 사회 배제론적인 계층적 편향에 대한 비판이 높았던 것이다. 예를 들어, 평론가 크리스토퍼 드레허 등은 플로리다의 메시지는 "창조적이어라. 그렇지 않으면 죽을 것이다.Be creative. or die"라고 서술하는 것이 맞다고 이야기한다. 플로리다의 눈에는 창조계급밖에 들어오지 않아, 창조계급과 그 이외의 계급과의 불평등을 당연한 것으로 여겼으며, 다른 계층은 지식사회에서는 살아갈 가치가 없다고 말하게 되는 것으로 이해되었다.[16]

플로리다의 사고방식에는 보헤미안과 동성애를 인정하는 자유로운 풍토가 창조계급을 낳는다는 문화적 급진주의가 보이면서도 시장경쟁을 중시하는 경제적 보수주의와도 병존한다는 견해도 있다.[17]

또한, 플로리다는 '상공회의소에서의 추접한 만찬회 연설과 같은 태도로 책을 쓴 캐주얼 스타일의 기업가 영웅'이라는 평을 받는다. 어딘가 '호리에몬[18]' 캐릭터를 연상시키는 비평이다.[19]

창조도시는 세계도시의 독과점적·패권주의적인 논리에 제약받지 않고 어떤 규모의 도시에도 적용할 수 있는 개념으로 보이는지, 세계도시에 있어 젠트리와 여피로 통하는 '창조계급'을 주역으로 한 엘리트주의의 도시론이진 않은가라는 논리에는 상당한 설득력이 있다. 실제로 플로리다가 세계 각지에서 행한 강연의 주요한 청중은 도시정책가와 경영자이지 일반시민과 노동자는 아니다.[20]

플로리다는 이러한 비판에 대해, 실제로 오늘날 도시활력의 메커니즘은 창조계급이 형성시키고 증대시킨 점은 부정할 수 없다. 그것을 강조하는 것이 엘리트주의지만 창조계급은 차츰 증대하고 있으며, 그들의 존재와 기질은 보편성을 늘려나가고 있다고 대답하였다.[21]

창조도시의 양의성

지금까지 서술해 온 것을 종합해 창조도시와 세계도시라는 현대도시의 대표적인 개념 간의 관계를 표 1.1에 나타내었다. 이 장의 주제에서도, 본문에서도 나타낸 것과 같이 두 가지 개념에는 공통점과 차이점이 있다. 표와 같이 두 가지 개념에는 강조점의 차이가 있으나, 그렇다고 해서 양자가 전혀 다른 개념은 아니며, 공통적인 요소도 있다. 탈공

표 1.1 세계도시와 창조도시: 개념모델

	경제의 주역	도시의 주역	도시 간 관계	도시 규모	내부/대외 순환
① 세계도시	금융 · 법인 서비스	다국적법인 금융계 젠트리	도시의 체계	대[주1]	국제센터→ 지역 내 순환[주2]
공통요소	기업본사 IT	'호리에몬'적 기업가	순위 · 경쟁	-	-
② 창조도시	문화 · 예술	문화 · 정보 · 기술산업 문화기술 관계 창조계급	네트 워크	중 · 소[주1]	지역 내 순환→ 국제센터[주2]

주1: 도시규모의 '대'(중소)는 물론 명확한 지표로 표현 가능한 것이 아니나 '세계도시'라고 불리는 뉴욕, 런던, 도쿄, 홍콩과 같이 인구 수백만이 넘는 곳이 많으며, 파리도 200만이 넘는다. 많은 창조도시는 인구 100만 이하, 많게는 50만 전후다.

주2: 지역 내 순환과 국제센터 기능의 관련은 세계도시에서는 세계적인 경제중심으로서의 활동이 지역 내의 경제활동의 순환을 견인하고, 역으로 창조도시에서는 수입대체적인 지역 경제 아래서 발전한 지역 내의 경제활동과 소득의 순환 속에서 세계적인 영향력을 가진 경제활동과 문화 · 예술 등이 생겨나는 메커니즘의 차이를 나타낸다.

업화와 세계화의 문맥 속에서 만들어진 공통적인 개념도 가지고 있는 것이다.

　도시는 본래 창조와 혁신의 장이었다. 인간이 혈연과 지연이라는 자연성을 위배하고 본 적도 없는 새로운 세계를 만들었을 때 도시는 시작되었다. 그 이후로도 농촌은 전통이 지배하는 지속의 세계였지만, 도시는 항상 사람들이 출입하고, 다양한 사람들이 만나고 다른 문화의 접촉과 그 충격에 의해 새로운 문화가 만들어지는 공간이었다. 그러는 한 도시는 정의상으로 창조의 장이며 창조도시는 같은 뜻을 반복하는 것이기도 하다. 그러나 오늘날의 창조도시가 주목받는 것에는 특별한 의미가 있다. 매뉴얼과 시스템에 따른 물건의 대량생산 · 대량소비로 인해 유례없는 도시화가 일어난 20세기가 끝나고, 인간 개개인과 도시 · 지역이 가진 창조작용이 없으면 경제는 정체되고 도시도 앞으로 나아갈 수 없게 되었다. 가치는 노동으로 만들어진다. 그러나 물건 위에 육체적인 노동으로 가치를 부가하는 활동보다도 지식과 기술 등의 비물질적인 작용이 대부분의 가치를 만들어, 가치의 구성에서 물건이 차지하는 비중은 더욱 작아지게 되었다.

20세기에 모노즈쿠리의 거점이었던 도시에서는 개개인의 창조성·가치생산력이 큰 비중을 차지하지 않았다. 그러나 21세기 도시에는 개인의 자유로운 창조활동이 얼마나 해방되었는지 의문시 된다. 게다가 그 창조활동은 세계적인 도시 간·지역 간 관계 속에서 행해진다. 이러한 활동이 투기성 강한 금융·자본거래에 동원되는가, 문화적·지적 활동에 투입되는가에 따라 길이 나뉘어져, 세계도시의 길과 창조도시의 길이 갈라지게 되는 것이다.

그러나 관점을 바꾸면 두 가지 도시개념에는 동심원적인 공통된 면도 있다. 즉, 뉴욕과 런던의 금융·서비스·정보기능은 형태가 없는 지적 활동이며, 따라서 이러한 도시도 넓은 의미에서는 창조도시의 한 종류라고 봐도 좋다. 그 지적 창조활동이 주로 국제적인 금융과 정보서비스로 향해 있기 때문에 세계도시로 불리기도 한다. 이것에 대해 가나자와와 같이 창조도시로 발전해 온 도시가 세계화시대 속에서 새로운 발전의 길을 찾고자 하는 경우, 그곳에서 생산되는 상품·문화·예술과 도시 그 자체의 가치는 세계적인 상품·문화·관광 등의 시장으로 뻗어나가 세계적인 브랜드를 형성하는 방향을 추구하지 않을 수 없다. 그 결과, 가나자와는 문화·예술의 국제적인 중심성과 지명도를 요구하게 된다. 뉴욕과 런던이 금융과 법인 서비스 분야에서 세계시장을 주도하는 것과 같이, 가나자와는 문화·예술의 세계적 네트워크 속에 자리 잡는 도시가 되는 것이다.

어느 경우에도 가치의 생산은 물적 생산이 아닌 지적·미적·기술적 생산이며, 만들어진 모든 생산물은 정도의 차이는 있지만 세계시장에서 평가되어 거래된다. 따라서 세계도시는 어느 정도 창조도시며, 성공한 창조도시는 어느 정도 세계도시이기도 하다. 창조활동의 투입분야에 따라 두 가지 도시의 길이 나뉘어졌다고 봐도 좋다.

사회과학의 개념은 어느 정도까지는 객관적인 기술·분석개념, 어느 정도까지는 이념·목표개념이 되는 경우가 많다. 세계도시나 창조도시도 처음에는 정책·목표개념으로 모습을 나타냈지만, 개념에 담긴 목표가 현실에 얼마나 가까운가, 먼가에 따라 정책개념으로서의 유효성이 의문시된다. 정책·목표개념으로서의 세계도시나 창조도시도 처음에는 가까운 이상으로 보였지만, 차츰 현실과 거리를 두게 되었다. 학문적 개념으로서의 세계도시와 창조도시는 정책개념보다 늦게 등장하였고, 같은 개념을 현실과의 거리가 가까우면 무조건적으로, 멀면 한정적으로 사용할 수밖에 없었다. 지금의 세계도시도, 창조도시도 정책·목표개념의 성질이 빠질 수는 없기 때문에 어느 쪽이 학문적·보편적 타당성을 많이 가졌는가는 단순하게 말할 수 없다. 그러나 이 두 얼굴을 가진 21세기의 도시가 그 관계 속에서 실상을 드러내게 되리라는 것은 분명할 것이다.

《주·출전》

1. Rosenthal, R. B., ed., *Urban Revitalization*, Sage Publication, 1980.
2. Twentieth Century Fund, *New York-World City*, 1980 etc.
3. Fainstein, S. S., I. Goudon, and M. Harloe, eds., Divided Cities, Blackwell, 1992 및 加茂利男, 『アメリカ二都物語』, 青木書店, 1983.
4. The Conservation of Human Resources Project, *The Corporate Headquarter Complex in New York City*, 1977.
5. Mumford, L., *The City in History*, Harcourt Brace and World, 1961.
6. O. Spengler, 『西洋の没落』, 五月書房, 1952.
7. 제1회 아시아 태평양 도시 네트워크, 워크숍 토론에서, 1997.
8. 佐々木雅幸, 『創造都市の経済学』, 勁草書房, 1997. 後藤和子, 『文化と都市の公共政策』, 有斐閣, 2005.
9. 大阪自治体問題研究所 編, 『世界都市とリバブル都市』, 自治体研究社, 1991.
10. 佐々木雅幸, 『創造都市の経済学』, 勁草書房, 1997.
11. Biancini, F. R., and C. Landry, *The Creative City*, Comedia, 1994.

12. 中村剛治郎, 『地域政治経済学』, 有斐閣, 第6章, 2004.

13. Knight, R. V., and G. gappert, *Cities in a Global Society*, Sage, 1989.

14. Florida, R., *The Rise of the Creative Classes*, Basic Books, 2002.

15. *ibid.*, Chap.15, 16.

16. Peck, J., "Struggling with Creative Class", *International Journal of Urban and Regional Research*, Dec. 2005, p.740.

17. *ibid.*, p.731

18. 호리에 다카후미(堀江貴文). 라이브도어의 사장이자 합법적 방법으로 기업인수 합병을 주도한 인물로, 야구단과 방송국의 인수 등으로 일본 최고의 화제인물이다. 부정거래 등의 혐의로 구속된 인물.

19. *ibid.*

20. *ibid.*

21. Florida, R., *Cities and Creative Class*, Routledge, 2005.

창조도시론의 계보와 일본에서의 전개
문화와 산업의 '창조의 장'이 넘치는 도시로

사사키 마사유키(佐々木雅幸, 오사카 시립대학)   *chapter* **2**

21세기 도시모델인 창조도시

세계도시에서 창조도시로

창조도시라는 개념은 급격한 세계화와 본격적인 지식정보화 사회를 맞은 21세기 도시모델이며, 또한 도시정책의 목표로서 세계의 주목을 뜨겁게 받고 있다. 오늘날 세계 100곳 이상의 도시가 스스로 창조도시를 표방하고, 정책목표로 내세우고 있으며 구미를 비롯하여 일본과 아시아에서도 급속히 그 수가 늘어나고 있다.

창조도시론이 등장한 시대배경인 21세기의 지구사회가 '국민국가에서 도시로'라는 큰 패러다임의 전환을 맞아 '도시의 세기世紀'가 시작되고 있는 것을 들 수 있다. 20세기 말, 비교적 금융의 세계화가 급속히 진행되었을 때, 뉴욕과 런던, 도쿄 등 금융·경제의 주도권을 독점하던 거대도시가 세계도시로 불리며 연구자뿐만 아닌 도시정책 담당자들로부터 큰 관심을 불러일으켰다. 하지만 2001년에 터진 9·11 테러사건과 2005년 런던의 금융가에서 일어난 연속 테러사건이 계기가 되어 뉴욕형 '세계도시'에 대한 평가는 혹독해졌다.

한편, 약육강식을 표방한 시장원리주의적인 세계화와 과도한 문명의 대립에 대한 반성의 기운이 커가던 때에 인간적인 규모의 도시면서도 독자적인 예술문화를 키우며, 혁신적인 경제기반을 가진 창조도시의 동향에 사람들의 관심이 모이기 시작했다. 지금은 모든 도시가 예술문화의 창조성을 높여 시민의 활력을 끌어내고, 도시경제의 재생을 다양하게 경쟁하며 문화적 다양성을 인정하는 세계화로 방향을 잡고 있다.

비교적 도시정책에서 창조도시로의 관심이 높아진 이유는, 전 세기 말부터 이어져 온 세계화의 큰 파고 속에서 많은 도시가 산업의 공동화를 경험하고, 기업도산과 실업자의 증대, 범죄와 자살률의 증가 등, 사회 불안이 증가하는 한편, 도시 지자체의 세수부족으로 일어나는 재정위기에 대한 효과적인 대응책이 마련되지 않아 도시들이 위기에 빠져들고 있기 때문이다. 특히, 일본의 도시는 거품경제와 그 후의 장기불황에 대응하기 위해 기존에도 늘었던 공공건설 사업에 크게 의존한 결과, 심각한 도시재정 위기를 맞이하게 된다. 지자체와 함께 중앙정부의 재정도 파산 직전의 상황이 되어, 전과 같이 중앙정부의 보조금에 의존하여 도시를 재생한다는 것이 어렵게 되었다. 도시가 본래 가진 새로운 문화와 산업, 생활방식을 창조하는 힘, 즉 창조적인 시민의 힘을 회복하는 것이 도시의 장래를 좌지우지하게 된다고 생각하게 된 것이다.

이러한 속에서 가나자와 시는 2001년부터 경제계와 시민이 '가나자와 창조도시회의'를 설립하고 창조도시를 지향한 운동을 개시했으며, 요코하마 시도 2004년 1월에 나카타 시장이 '크리에이티브 시티 요코하마' 계획을 제안하여 본격적으로 예술문화 창조도시를 향해 시도되었다. 또한, 장기불황 속에서 침체되었던 오사카 시에서는 오사카 시립대학에 세계 최대의 대학원인 창조도시연구과를 설립하는 등, 도시재생을 향한 정책입안과 인재육성을 목표로 새롭게 움직이기 시작하였다.

창조도시란 무엇인가

그럼 도대체 창조도시란 어떤 특징을 가진 도시인가. 구체적으로 스페인의 바르셀로나를 그 전형으로 들어 생각해 보자.

바르셀로나를 대표적인 창조도시로 생각하는 첫번째 이유는, 도시에서 현대적인 예술, 즉 현대예술의 에너지가 넘쳐나며 시민이 충분히 그것을 즐길 수 있는 것이다. 예를 들어, 순수예술의 세계에서 보면 파블로 피카소, 살바도르 달리, 호안 미로와 같은 거장이 이 도시와 그 주변에서 태어나 뛰어난 예술재능을 발휘한 것뿐만 아니라, 3인의 개인미술관을 비롯해 46곳의 미술관·박물관이 있다. 또한 사그라다 파밀리아 성당을 시작으로 구엘 공원 등, 안토니오 가우디와 가우디파 건축가들에 의한 모데르니스모modernismo 건축군이 도시 곳곳에 서 있어 독특한 도시경관과 분위기를 만들고 있다. 먼저 이러한 예술창조의 에너지가 과거에서 현재까지 명맥을 이어온 도시라는 점이 바르셀로나가 창조도시가 된 첫번째 이유다.

두번째 이유는 위와 같은 예술문화의 창조성을 산업으로 살린 창조산업군의 발전이 도시경제의 새로운 엔진이 되어 고용과 부를 만들어내고 있는 점이다. 특히, 최근에는 오디오 비주얼과 관계된 제작이 활성화되는 등, 창조적 문화산업이 눈부시게 성장했으며, 바르셀로나 GDP의 7%, 고용의 8.5%가 문화관련 활동에서 만들어졌고 매년 관광객이 500만 명을 넘는 등 문화관광 분야도 호조를 띄고 있다.

세번째 이유로는 시민의 자치의식이 높다는 것이다. 스페인에서는 1975년에 프랑코 독재정권이 무너진 이후 민주화가 급속도로 진행되었으며, 그 중에서도 가장 고통 받았던 바르셀로나 시민은 1975년 이전부터 작은 공공광장을 요구하는 운동을 일으키며 풀뿌리부터 민주화를 진행하는 등, 이것이 창조도시를 만드는 사회적 기반이 되었다. 그리고 시

의회는 각 지구에 분권된 의회를 설치하여 시민이 모이는 공공광장을
정비하고 극장과 도서관, 나아가서는 조각 등 대중예술을 설치하여 창조
적인 아이디어를 자극하는 환경을 시민에게 제공하였다. 이렇듯 창조도
시란 커뮤니티 단위의 작은 공공권, 즉 창조의 장을 다양하게 만들어내
고, 그곳에 이방인들을 포함한 각양각색의 언어, 다양한 사상을 가진 사
람들이 만나 이야기하고, 바글거리는 소란스러운 도시기도 하다.

　네번째 이유로는 세계적인 빈부격차가 확대되고, 문명 간의 대립과
증오가 심화되는 등 세계화가 가져온 부정적인 측면을 완화화기 위한
인류보편의 가치를 가진 행동을 제기할 만큼 역량을 품은 도시다. 예를
들어, 바르셀로나가 유네스코 등의 협력을 얻어 개최한 '세계문화포럼
2004'는, 세계화가 진행되는 사회 속에서 높아지는 국제적인 테러와 각
종 충돌을 피하기 위한 문화의 역할을 다방면에서 이야기하고자 하는
취지로, 2004년 5월에서 9월 하순까지 141일 간에 걸쳐 문화를 중심으로
전개된 세계적인 행사였다. 그 내용은 예술·인권·발전·환경·통치
등 다양한 주제에 걸쳐 세계적인 대화와 예술행사가 합쳐진 획기적인
것으로, 나아가 '21세기 문화박람회'라고 불러야 할 정도였다.

　필자는 그 일환으로 조직된 '문화적 권리와 인간발달'을 주제로 한 심
포지엄에 초대되어 보고를 했다. 문화에 관한 권리란, 기본적인 인권의
중심이며 인간은 그 삶 속에서 다양하고 뛰어난 예술을 감상하고 경애
하며, 또한 자신이 새로운 예술을 창조해 나가는 것이다. 창조와 경애 양
면이 충분히 넘쳐날 때야말로 인간적인 발달이 보장되기 때문에 문화적
권리가 시민에게 널리 보장되는 것은 매우 중요한 것이지만, 21세기 초
두의 세계는 두 갈래로 나뉘어져 전쟁과 기아, 테러가 일어나 자신의 발
달가능성을 충분히 늘여나가지 못하는 사람들이 다수 생겨났다. 그러한
속에서 사회적 상황을 타파하기 위해 문화, 예술을 매개로 한 세계적인
대화를 시도한 의욕적인 행사였다. 인류보편의 가치를 창조하는 도시야

말로 창조도시의 진면목일 것이다.

왜 지금 도시정책을 문화나 창조성과 같은 시점으로 생각하는가. 바꾸어 말하자면 도시정책의 중심에 왜 문화와 창조성이 옮겨왔는가를 생각해 보면, 그 배경에는 21세기에 있어 경제사회와 생산의 방향성에 큰 변화가 있다. 즉, 20세기가 대량생산·대량소비에 기반을 둔 공업화의 세기이자 대기업중심의 큰 정부의 시대였다면, 21세기는 그러한 획일화된 대량생산 시스템보다는 오히려 창조성 넘치는 감성을 가진 첨단 아이디어를 살려나가는 사람들이 주역이 되는 지식과 정보를 바탕으로 한 경제사회로 옮겨가고 있는 것이다. 때문에 당연히 거대기업과 대규모 공장 등이 도시중심으로 오는 경우는 없으며, 창조적인 활동을 행하는 시민, 또는 작아도 창조적인 사업을 하는 기업이 모여드는 도시가 발전한다. 거기서 문화예술이 가지고 있는 창조성과 선두적인 과학기술의 창조성, 이 두 가지 사이에 상승효과를 가져오기 위한 공간과 장소의 바람직한 방향을 고려할 필요성이 제기됨으로 인해, 도시정책의 중심에 문화와 창조성이 옮겨온 것이다.

창조도시론의 계보와 서양의 대표적인 창조도시론

문화경제학과 도시

그럼 인간활동의 창조성에 관심을 가진 연구자의 계보를 살펴보면, 문화경제학의 창시자라고 불리는 존 러스킨J. Ruskin과 윌리엄 모리스W. Morris에 도달하게 된다. 영국의 빅토리아기에 활약한 러스킨은 당시 주류였던 공리주의적 경제학에 대항하여 인간의 창조활동과 향유능력을 중시하는 예술경제학을 제창했다. 그에 따르면, 부의 가치는 예술작품에 한정된 것이 아닌 본래 기능성과 예술성을 겸하고 있으며, 소비자의 생

명을 유지함과 동시에 인간성을 높이는 힘을 가지고 있다. 이러한 고유
가치를 만드는 것은 인간의 자유로운 창조적인 활동, 결국 일work, 라틴어
로는 오페라이며 결코 다른 사람이 강제로 시키는 노동labor, 라틴어로 라볼이
아니다. 본래의 고유가치는 이것을 평가할 수 있는 소비자의 능력과 만
났을 때, 처음으로 유효가치를 가진다고 주장했다.

그는 이탈리아의 도시 베네치아의 건축군이 가진 아름다움에 마음을
빼앗겨 명저『베네치아의 돌*The Stones of Venice*(1851)』을 집필하고, 평생 그
보존에 힘을 썼다. 그곳에는 세계적인 문화재인 여러 건축물 중에서 특
히 고딕양식은 최고봉이라 할 수 있는 것이 많은데, 그것은 장인들의 자
유로운 일오페라이 탄생시킨 정신의 힘과 표현이 그곳에 새겨져 있기 때
문이기도 했다.

러스킨의 후계자로 자타가 공인하는 모리스는 기계의 도입으로 인해
공업이 크게 발전되면서 대량생산=대량소비가 노동의 소외와 비인간적
인 생활을 촉진한다고 비판하였다. 또한, 러스킨이 제창한 장인의 창조
활동에 바탕을 둔 공예생산을 재생하여 인간적인 노동과 예술적인 생활
을 만들기 위한 미술공예 운동을 지도하였고, 그 영향은 식기, 가구, 인
테리어, 주택 등의 디자인을 통해 세계로 퍼져 갔다.

러스킨과 모리스의 사상을 도시론에 적용한 것이 도시연구자로 저명
한 멈포드였다. 그는 고전적 명저인『도시의 문화*Culture of Cities*』에서 '정
신적 저장, 전도와 교류, 창조적 부가기능 — 이것이 도시의 가장 본질적
인 기능일 것이다'라고 하였다. 도시를 요약해서 '문화적인 개체화를 단
위로 하는 지역'이라 정의하고, 거대도시megalopolis를 지배하는 금융기관,
관제기구, 그리고 대중매체로 된 삼위일체 구조를 통렬히 비판하고 무엇
보다 생명과 환경을 중시하는 생명경제학을 제창하여 '인간의 소비활동
과 창조활동을 충실하게 하는 도시의 재건'을 주장했다.1

창조도시의 역사이론–피터 홀

21세기 초기에 있어 창조도시 연구의 지평을 연 선두주자는 현대도시 연구의 1인자인 피터 홀P. Hall의 명저 『문명 속의 도시Cities in Civilization』 였다.

1998년에 등장한 이 책은 5부로 구성되어 세계사에 큰 획을 긋는 도시를 역사적으로 나누고, 경제적인 번영과 문화적인 영화榮華와의 관계, 각 도시에 있어 문화적인 도가니와 창조적인 환경creative milieu, 나아가서는 끊임없는 혁신을 가능케 하는 혁신적인 환경innovative milieu을 분석하여 예술과 기술의 융합, 그리고 도시의 통치관리의 방향까지 다루어 인류사에서의 도시문명을 광범위하게 전개하고 있다.

구체적으로 제1부 '문화적인 도가니로서의 도시'에서는, 고대 아테네를 기원으로, 다음으로 르네상스가 꽃을 피운 피렌체, 셰익스피어가 활약한 엘리자베스 시기의 런던, 음악의 고향 함스부르크 제국의 빈, 예술의 고향 19세기 말의 파리, 20세기의 발명품인 베를린이라는 상황에서 세계사에 큰 획을 긋는 세계도시를 역사적으로 놓고, 각 도시에 있어 문화적인 도가니와 창조적인 환경을 분석하여 그 경제적 번영과 문화적 영화와의 관계를 논한다.

제2부 '혁신적 환경으로서의 도시'에서는 시점을 근대 산업도시로 옮겨 최초의 공업도시 맨체스터, 해양의 정복 글래스고, 선구적인 테크노폴리스 베를린, 자동차의 대량생산 디트로이트, 정보의 산업화 샌프란시스코, 팰러앨토, 버클레이, 늘 혁신하는 국가 도쿄–가나자와를 각각 산업혁명 이후의 기술혁신을 맡은 도시지역의 발전과 그 혁신적인 환경과의 관계를 설명한다.

제3부 '예술과 기술의 결혼'에서는 할리우드의 영화산업으로 빛나는 로스앤젤레스를 꿈의 공장으로, 멤피스를 대중음악 산업의 고향 남부 델

타의 혼으로 만들 수 있었던 비밀을 풀어나간다. 제4부 '도시질서의 확
립'에서는, 제국의 수도 로마, 공리주의의 도시 런던, 영원한 공공사업
도시 파리, 현대의 신격화 뉴욕, 고속도로의 도시 로스앤젤레스, 사회민
주주의의 유토피아 스톡홀름에서 볼 수 있는 도시를 지탱하는 사회질서
와 통치방향을 분석하였으며, 제5부는 예술, 기술, 그리고 조직의 융합
을 주제로 하여 '와야만 하는 황금시대의 도시'의 전망이 그려진다.

　　이상과 같이 홀의 대저서는 문화와 산업의 창조성을 기축으로 인류
의 역사를 대표적인 도시의 역사로 바꾸어 역동적으로 전개한 웅대한
스케일의 창조도시의 역사이론이라고 봐도 좋을 것이다. 동시에 멈포
드의『도시의 문화』를 능가한 새로운 고전을 쓰기 위해, 이것을 염두에
두고 쓴 것으로 생각된다.

　　즉, 멈포드는 도시의 발전을 '原 도시polis'→도시polis'→대도시metropolis'
→ '거대도시megalopolis'→전제도시Tiranopolis'로 하고, 최후단계에 '죽은 자의
도시necropolis'를 두고 그 패망 위에 또 다시 도시가 부활한다는 도시 윤회설
을 전개하고 거대도시가 존재한다는 괴기적 예언을 품고 있었다. 그것에
비해, 홀은 산업과 문화의 창조성에 기반을 둔 거대도시의 문제해결 능력
에 결정적인 평가를 내리고 있다는 점이 흥미롭다.

창조적 도시정책론-찰스 랜드리

　　21세기를 대표하는 국제적인 리더는 랜드리와 플로리다, 두 사람이
다. 랜드리의『창조도시Creative City』, 플로리다의『창조계급의 도래The Rise
of Creative Class』는 모두 화제작으로 등장하여 아시아와 일본의 도시정책
관계자들에게도 큰 영향을 미치고 있다.

　　랜드리의 창조도시론은 도시문제에 대한 창조적인 해결을 위해 '창조
적 환경=창조의 장creative milieu'을 어떻게 만들고, 어떻게 그것을 운영해
나가는가, 그리고 그 과정을 어떻게 지속해 나가는가를 스스로 실천하여

이끌어낸 창조도시를 만들기 위한 정책도구를 제공하는 개념을 형성한 창조적인 도시정책론이다.

영국을 중심으로 활약한 그의 창조도시론의 배경은, 유럽이 일본보다 일찍이 제조업이 쇠퇴한 결과, 청년층의 실업자 증가와 기존의 복지국가 시스템이 재정위기에 직면한 것을 들 수 있다. 산업 공동화와 재정파탄 속에서 국가의 재정적 지원에서 자립하여 어떻게 새로운 도시의 발전방향을 만들어낼 것인가를 문제의식으로 한 정책에 대한 의견을 끊임없이 내놓고 있다. 그 무렵, 1985년부터 EU가 개시한 유럽 문화도시의 성공사례를 분석하던 중에 예술문화가 가진 창조적인 힘을 살려 사회의 잠재력을 이끌어낸 도시의 시도에 주목하게 된다. 나중에 서술할 제인 제이콥스의 영향을 받아 창조성을 공상과 상상보다도 지식과 혁신 사이에 있는, 즉 문화예술과 산업경제를 잇는 실천적인 매개체로 가장 중요하게 위치시킨다는 특징이 있다.

그는 도시계획가로서 자신이 겪었던 경험에서 문화예술이 가진 창조성에 착안한 첫번째 이유로, 탈공업화 도시에서 멀티미디어와 영상·영화와 음악, 극장과 같은 창조산업이 제조업을 대신하여 역동적으로 성장한 것과 고용면에서 효과를 나타낸 점을 들었다. 두번째로는 예술문화가 도시주민에게 문제해결을 위한 창조적인 아이디어를 자극하는 등 다방면으로 영향을 미치는 것을 들어, 도시의 창조성에 있어 중요한 것은 경제, 문화, 지식, 금융의 모든 분야에 걸쳐 창조적인 문제해결 능력과 그 연쇄반응이 차례로 일어나 기존의 시스템을 변화시키는 유동성이라고 말하였다.

더욱이 세번째로 문화유산과 문화적인 전통이 사람들에게 도시의 역사와 기억을 불러일으켜 세계화 속에서도 도시의 아이덴티티를 확고하게 하여, 미래로의 통찰력을 높이는 소지를 키운다고도 이야기하였다. 창조란, 단순히 새로운 발명을 연속해서 하는 것만이 아니고, 적절한 과거와의 대화를 통해 이루어지는 것이며, 전통과 창조는 상호 영향을 미치는 과정이다. 그 때문에 네번째로 지구환경과의 조화를 위한 지속 가능한 도시를 창조하기 위해 문화가 해야 할 역할도 기대되는 것이다.

그는 구체적으로 주목받는 창조도시로, 볼로냐, 브뤼셀과 함께 2000년에 유럽 문화도시로 지정된 헬싱키를 들고 있다. '빛'을 테마로 한 헬싱키에 고유의 자연환경과 문화적인 전통 위에 새로운 미디어 아티스트가 모이는 창조환경을 지향한 케이블 팩토리구 노키아 공장 등의 프로젝트를 진행하는 특색 있는 도시재생 전략의 기획단계에서부터 여러 가지 자문을 보내고, 창조도시로의 성공을 이끌어나갔다.

더욱이 깊이 잠들어 있던 오스트레일리아의 도시 애덜레이드Adelaide에서는 장기적으로 주정부와 도시지자체의 정책고문을 맡고 있던 중에 조직의 문화를 창조적으로 바꾸어 창조도시로 전환하는 계기를 만들어내었다.

어느 경우에서든 그의 긴 경험에 바탕을 둔 대화능력의 높이가 다양한 창조의 장을 만들어내어 창조도시로의 가능성을 이끌어내고, 몇 군데의 도시에서는 창조적인 변화가 바라는 결과를 얻는 데 충분한 상태 critical mass, 임계질량에 달해 창조의 파고를 양성시키고 있으며, 그 자신이 단순한 계획가를 넘어서 창조도시의 매개체이며 연출가라고 봐도 좋을 것이다.

창조적 커뮤니티론-리처드 플로리다

한편, 플로리다는 현대경제의 새로운 기수로서 창조계급의 등장과 부흥에 주목하고, 그 성격과 일, 생활방식, 그리고 그들이 선택한 커뮤니티의 특징을 분석하여 창조계급이 선호한 주거도시와 지역이야말로 경제적 효용성이 뛰어나다는 것을 알기 쉽게 구체적인 지표로 나타냈다. 그는 연구의 출발점 또한 지역경제의 위기라는 시점에 두었다. 즉, 공장노동자가 모인 피츠버그에서 태어난 그는 계속되는 대형공장의 철거와 실업자가 늘어나는 심각한 상황을 눈앞에서 목격하고 산업의 입지행동을 분석하여 눈부시게 성장한 첨단기술 산업이 창조적인 인재의 필요성에 따라 입지한다는 점에 관심을 두었다. 지역재생의 열쇠는 공장의 유치보다 창조적인 인재를 어떻게 그 지역에 유인할 수 있을 것인가에 달려 있다고 주장한 것이다.

그리로 플로리다는 정책적으로 창조적 커뮤니티를 실현하기 위해서는 창조성의 사회적 구조, 특히 그 중에서도 사회적·문화적·지리적 환경이 중요하며, 최근 로버트 D. 퍼트넘R. D. Putnam 등이 주장한 사회관계자본보다도 창조자본을 중시하는 것이 중요하다고 주장하였다.

그가 창조계급이라고 부르는 사회계층은 초超창조적인 중핵과 창조적인 전문직, 두 가지가 있다. 전자는 ① 컴퓨터·수학, ② 건축·엔지니어, ③ 생명·자연과학 및 사회과학, ④ 교육·훈련·도서관, ⑤ 예술·디자인·엔터테인먼트·스포츠·미디어의 각종 전문직종, 후자는 ① 매니지먼트, ② 비즈니스·재무, ③ 법률, ④ 보험가·기술자, ⑤ 판매·매니지먼트의 각 전문직종으로 구성된다고 하였다. 1999년에 초창조적인 중핵은 1,500만 명으로 미국의 전체 취업자 중 12%, 창조적 전문직을 합하면 창조계급 전체가 3,830만 명에 달하여 전체 취업자의 30%를 차지하게 된다. 특히, 창조계급의 중심이 되는 초창조적 중핵에 IT와 바이오 등 자연과학계의 연구개발R&D과 기술혁신에 관련된 직업뿐만 아니라, 영상·음악·무대예술·미디어 아트 등 예술계의 직업집단을 포함하고 있다는 점이 새롭다.

플로리다에 따르면 이러한 두 가지 직업집단의 집적을 나타내는 지표인 첨단기술 지수와 동성애자gay 지수에 지역적인 상관관계가 보이며 샌프란시스코와 오스틴 등 최근 주목받는 성장지역은 모든 지표가 높게 나왔다. 가장 창조계급이라고 여겨지는 보헤미안이라고 불리는 젊은 예술가집단은 필요한 만큼만 경제활동을 하는 상태로 소득수준이 낮고, 오히려 대기업에 소속된 첨단기술 직종과 매니지먼트·광고대리점 등의 직종집단과의 사이에서 큰 격차가 존재하고 있으며, 창조적으로 살아가는 것은 경제적으로 편한 것이 아니라는 심각한 문제가 내제되어 있다.

그의 동성애자 지수는 전통적으로 높은 문화수준을 지향하는 엘리트층보다는 자유로운 가치관으로 살아가는 전위적인 보헤미안으로 불리는 사회집단의 창조성에 대한 인상을 강하게 한 상징이 되었다. 오페라에 대응한 뮤지컬, 클래식 음악에 대응한 재즈와 록 등 미국의 반체제 문화counter culture가 가진 유럽의 기성사회를 향한 도전적인 태도가 명료하며, 그것만으로도 강한 영향력을 가졌다. 이 두 명의 슈퍼스타를 축으로, 유럽에서 퍼져나간 창조도시의 확산은 북미대륙에 전개되고, 지금도 일본을 포함한 아시아로 급속히 세력을 확장시켜 나가고 있다.

제이콥스와 창조도시 볼로냐

『미국 대도시의 생과 사』

랜드리와 플로리다가 주창한 현대 창조도시론의 계보에 관해 살펴보면, 최근 89살로 타계한 제인 제이콥스J. Jacobs가 그 원류에 있었을 것으로 생각한다.

예를 들어, 플로리다는 창조계급이 선호하고 모여드는 창조적 커뮤니티의 모델로 그녀의 처녀작인 『미국 대도시의 생과 사The Death and Life of Great American Cities(1961)』를 들어 뉴욕 번화가의 다양성과 창조성에 주목하며 다음과 같이 서술하였다.

그녀는 자신이 사는 그리니치 빌리지 주변 주거지가 지닌 창조성과 다양성에 감탄하고 있다. 그곳에서 그녀는 여러 종류의 주민이 모여 소란스럽고 윤택하게 사는 골목이야말로 시민성과 창조성의 원천이라고 생각하고 있다. 사람들이 빽빽이 모여 살면서 거리는 사람들과 그 사상이 끊임없이 만나고 충돌을 반복하기 때문에 대화와 교류의 현장이 된다고 그녀는 말하고 있다. 게다가 싼 아파트와 연립주택, 바와 상점이 섞여 있고, 노동자와 작가, 음악가와 지식인이 그녀의 마음에 드는 싼 숙소에 모여들어 이야기를 즐기며, 때로는 새로운 아이디어가 생겨나는 모습을 정성들여 묘사하고 있다.[2]

제이콥스에 따르면, 이러한 번화가야말로 창조의 장이라고 할 수 있다.

그녀가 사는 허드슨 거리가 그러한 기능을 하는 것은 물리적 환경과 사회적 환경이 잘 조화되어 있기 때문이다. 구획이 작고 짧아서 다양하게 걸어다닐 수 있으며, 비교적 모든 종류의 인종적 배경과 계층으로 구성된 사람들이 살며, 아파트와 바, 상점과 작은 공방과 같이 놀라울 정도로 다양한 주택이 있기 때문에 각양각색의 외부사람들이 끊임없이, 게다가 다양한 일정으로 방문하는 것이다. 그리고 오래되어 사용하지 않는 무수한 건물이 있는데, 이곳이야말로 예술가의 스튜디오부터 기업가정신이 넘치는 점포까지, 스스로 일어선 창조적인 기업에 이상적인 것이다. 허드슨 거리는 또한 작은 상점주와 상인, 다양한 커뮤니티의 리더를 양성하고 유지하고 있으며, 이러한 사람들이 자원을 동원하는 중요한 역할과 커뮤니티에 있어 촉매역할을 하여 사람들과 그 사상을 연결하는 사회적 네트워크의 연결자가 되는 것이다. 이상과 같이 제이콥스는 창조적 커뮤니티란, 다양성과 적절한 물리적 환경과 사상을 생성하며, 혁신을 고무하고 인간적 창조성을 끌어내는 특정인물을 필요로 한다고 서술하였다.[3]

이렇듯 플로리다의 창조적 커뮤니티는 제이콥스의 도시론을 기본으로 한 것이며, 그곳에는 사회적 네트워크의 연계지점을 통해 사람들의 창조성을 끌어내는 리더, 즉 프로듀서의 중요성을 일찍부터 지적하였던 것이다.

『도시와 국민의 부』

제이콥스의 저서 『도시와 국민의 부Cities and the Wealth of Nations』도 창조 도시론의 원전原典으로 큰 주목을 받고 있다. 이 책에서 그녀는 애덤 스미스Adam Smith의 고전 『국부론』을 염두에 두고, 수입을 대체할 만한 풍부한 기능의 창조적인 도시경제를 실현하는 것이야말로 국민경제의 발전을 이끄는 것이라고 주장한다. 경제학에 있어 도시경제 연구의 중요성을 지적함과 동시에 창조도시의 경제 시스템에 대해서도 독자적인 견해를 보이고 있다.

이 책에서 제이콥스가 주목한 것은 뉴욕과 도쿄와 같은 세계도시보다 오히려 제3의 이탈리아 도시 중 중간규모인 볼로냐와 베네치아였다. 그녀는 이러한 지역에 집적된 특정분야에 한정하여 중·소기업군이탈리아에서는 장인기업이라고 부른다이 개혁성향과 함께 뛰어난 기술을 사용하는 수준 높은 노동의 질을 보유하고 있으며, 이들이 대량생산 시스템의 시대에 일반적인 시장, 기술, 공업사회의 체계에 획기적인 재편성을 가져온다고 이야기한다.

그리고 제이콥스는 이러한 도시의 주역인 장인기업이라는 마이크로 기업이 가진 네트워크형 집적에서 보이는 유연성, 높은 효율, 적응성의 대단함에 감탄하였다. 또한, 그 특징을 수입을 대체한 자전적 발전과 혁신, 즉흥성에 기반을 둔 경제적인 자기수정 능력 또는 수정자재형修正自在型 경제라고 파악한다. 혁신이란, 재즈의 즉흥적 연주와 같이 환경의 변화와 기술혁신의 파고에 유연하게 대응할 수 있는 상상력을 의미한다. 네트워크로 연계된 노동자와 장인의 고도로 숙련된 기술과, 세련된 감성에 기반한 국제경쟁력을 갖춘 개성적인 상품군을 만들어내는 제3의 이탈리아의 공생적 소기업군이 실천하는 유연한 전문특화를, 향후 전망이 불투명한 대량생산 시스템을 대체할 생산 시스템이라고 그녀는 인식하고 있는 것이다.

혁신과 함께 즉흥성에 기반을 둔 역동적이고 유연한 도시경제 모델을 제창한 점, 즉 음악이나 연극 같은 즉흥적인 예술활동의 창조적인 요소를 도시경제로 가져와, 그것을 없어서는 안 될 요소로 만든 점에 그녀의 깊은 안목이 있다. 즉흥성이라는 개념이야말로 창조도시론과 창조의 장을 형성하는 데 고유의 중요개념이라고 봐도 좋을 것이다.

이렇듯 제이콥스의 창조도시는 인간의 창조성을 끌어내는 풍부하고 다양한 창조적 커뮤니티와 대량생산 시대 이후의 유연하고 혁신적인 수정자재형의 도시경제 시스템을 갖춘 도시라고 말할 수 있다.

창조도시의 정의

유럽에서 이루어진 이러한 창조도시 연구의 동향과 교류하면서 일본에서는 필자가 『창조도시의 경제학創造都市の経済学(1997)』과 『창조도시로의 도전創造都市への挑戦(2001)』이라는 두 권의 저서를 집필하고, 후에 서술될 이탈리아의 볼로냐와 가나자와의 분석을 중심으로 "창조도시란, 시민의 창조활동의 자유로운 발휘에 기반을 둔, 문화와 산업이 풍부한 창조성과 동시에 탈대량생산의 혁신적이고 유연한 도시경제 시스템을 갖추고, 세계적인 환경문제와 또는 지역적인 사회문제에 대해 창조적으로 문제를 해결하고자 하는 창조의 장이 풍부한 도시다"라고 정의하였으며 가나자와, 요코하마, 오사카 등의 도시정책에 구체적으로 영향을 미쳐 왔다.

그리고 2004년과 2005년에는 랜드리를 포함하여 홀과 스콧 등, 창조도시에 관한 세계적인 논객을 오사카로 불러 '창조도시로의 도전' 및 '창조도시를 창출한다'라는 제목으로 국제 심포지엄을 개최했다. 일본에서 최초로 본격적인 창조도시에 관한 국제적 토론의 장이 된 이 회의에서는 유럽에서 개발된 창조도시라는 새로운 도시모델이 일본과 아시아에서도 21세기의 도시모델로서 매우 중요하다는 것과 본격적인 '지식정보 경제사회'에 있어 도시경제의 엔진은 넓은 뜻의 문화산업인 창조산업이 그 중심적인 역할을 맡게 된다는 것 등의 중요한 의견의 일치를 보았다.

창조도시 볼로냐 모델

제이콥스가 창조도시라고 감탄한 이탈리아의 볼로냐는 마을의 중심부에 세계에서 가장 오래된 대학이 있는 역사도시며, 끊임없이 새로운 예술과 사상, 그리고 산업을 창조하는 힘이 넘치는 창조도시로 주목받고 있다.

산업면에서는 이탈리아의 전통 패션제품·가죽제품·화장품부터 식료품·의료·담배·약품 등의 자동 포장기계, 나아가서는 페라리와 듀카티로 대표되는 고품질 자동차·오토바이 등 폭넓은 분야의 기계공업과 그것을 뒷받침해주는 고품질의 부품생산을 맡은 다수의 중·소·영세기업과 장인기업이 수평적인 네트워크를 만들어, 탈대량생산의 독특하고 견고한 산업 클러스트를 형성하고 있는 점이 특징이다.

최근에는 바코드용 광전자 해독장치를 판매하는 데이터로직사를 대표로 하는 첨단기술 기업과 예술문화를 콘텐츠로 하는 마이크로 기업을 육성하여 멀티미디어 산업지구의 발전을 지향하고 있다. 전통분야뿐만 아니라 첨단기술 분야에서도 장인공방에서는 러스킨이 '오페라'라고 부른 창의적인 일을 통해 문화적 가치와 경제적 가치를 갖춘 고품질의 제품을 만들어내고 있는 것이다.

장인기업을 중심으로 한 전국장인기업연합 CAN이 주정부가 출자한 경제발전기공과 협력하여 협조와 경쟁의 균형을 유지하면서 시장개척,

기술지원, 인재육성, 금융지원 등의 면에서 영세한 기업군의 약점을 보완하고 높은 국가경쟁력을 유지해 왔다.

보존과 창조–볼로냐의 문화정책

이러한 혁신적인 소기업군과 창조적 산업정책과 함께 볼로냐가 역사적인 시가지의 보존과 재생에 쏟은 선구적인 활동은 세계적으로 유명하다. 중세부터 내려온 포르티코Portico에 둘러싸인 전통적인 거리경관을 완벽히 보존해 왔다. 볼로냐 방식으로 세계를 선도해 온 보존방법은 지구주민협의회에서 주민 간의 철저한 토론을 바탕으로 주민합의를 만들어 내는 강제력 있는 도시계획으로 이끌어, 생활을 배려한 능동적 보존에 성공하였다.

한편, 오래된 거리 속에서 최첨단 현대예술이 다양하게 창조되는 마을이기도 하다. 2000년에는 유럽 문화도시를 표방한 문화행사인 '볼로냐 2000'을 행정과 상공회의소, 대학 그리고 시민이 예술가, 예술단체와 협력하여 성황리에 마쳤다. 그 공식보고서에 의하면 관광객은 23% 증가하였고, GNP는 2,000억 리라약 1,400억 원, 고용에서 1,600명이 증가하였다고 한다.4

'볼로냐 2000'의 종합적인 목표는 시민의 문화적 권리를 확립하는 것에 두고, 그 중점은 나이든 세대의 주민이 적극적으로 참여하도록 유도하여 시민의 문화소비 수준의 향상에 그치지 않고 문화생산과 창조적 발전의 지향, 그리고 문화적 관광도시로서의 볼로냐의 지위를 확립하는 것에 있었다.

주요 프로젝트로는 도심에 '2000년의 창조적인 문화공간'을 창출하기 위해 볼로냐 시가 자금 1,700억 리라를 투입하고 300회의 콘서트, 230회의 전람회, 260회의 집회, 125회의 실험적 행사 등 합계 2,000시간에 걸친 행사를 실시하고 문화시설을 정비했다. 일본과 대조적인 점은 문화시설정비를 위해 오래된 건물에 집중하기보다, 내부에 새로운 기능을 더하고, 외관과 구조에 대해서는 전통적인 거리를 유지하기 위한 역사적 건조물의 철저한 보존수복을 거쳐 문화재를 보존하는 전통장인의 일거리를 만들어내는 일환으로 과거와의 대화 속에서 새로운 문화창조를 지향하는 것에 있을 것이다.

예를 들어, 시의 중심부, 마조레 광장에 인접한 구 주식거래소는 보존수복 공사를 통해 천정의 프레스코화와 외관은 그대로 두고 컴퓨터 네트워크로 연결된 900개 이상의 좌석을 마련한 이탈리아 최대의 멀티미디어 도서관으로 재탄생했다.

그 외에도 많은 창조의 장이 도심에 탄생하여 문화가 창조적으로 발전할 수 있도록 공헌하고 있지만 새로운 문화산업을 부화하는 그릇으로서의 기능을 위해서는 예술가와 창조집단, 행정과의 협동작업이 빠질 수 없다.

볼로냐 시는 1970년대 말 무렵 무너진 오래된 극장과 폐허가 된 궁전을 개보수하여 전통장인의 일을 창출하는 한편, 오래된 무대예술 집단에게는 창조의 장을 제공함과 동시에 조성금을 마련해 문화창조 지원을 시도해 온 것이다. 현재는 약 20개의 문화협동조합조합원 수 약 1,000명이 활약하고 있으며, 노벨문학상을 수상한 저명한 연극인 다리오 포Dario Fo가 이전에 활약한 전위극단 누보 시에나와 아동극단 라 바라카 등 세계적인 저명한 예술집단도 등장했다.

이러한 연극협동조합과 나란히 최근 사회적 협동조합의 활동이 눈부시게 발전하고 있다.

사회적 협동조합cooperativa sociale이란, 사회적 목적의 일opera을 협력하여 행하는 것이다. 1970년대

사진 2-1 보존수복으로 새롭게 태어난 볼로냐 도서관

후반부터 1980년대에 걸쳐 볼로냐에 선구적으로 등장하여 복지국가가 후퇴하던 시기에 공적 복지가 잃어버렸던 다양한 요구에 답하는 식으로 발전을 계속해와, 1991년에 법령 381호에 따라 법적 지위를 부여받았다. 이것이 인간발달 및 시민의 사회적 통합이라는 커뮤니티의 전반적 이익을 추구하는 협동조합이다. 여기에는 사회·보건서비스 및 교육서비스를 운영하는 A타입과 장애를 가진 사람들의 취업을 목적으로 농업·공업·상업·서비스업 등에 다양한 사업을 실시하는 B타입이 있으며, 보육원과 노인센터, 의료시설 나아가서는 장애인의 재활시설, 노숙자를 위한 휴식처 운영 등, 다방면으로 활동하고 있다. 특히 노숙자 스스로 조합원으로 활동하는 사회적 협동조합 피아츠 그란데거대한 광장의 독특한 활동사례가 주목받고 있다.

이 단체는 1997년에 노숙자의 사회적으로 인지된 권리의 확보를 목적으로 한 유럽 프로젝트 '세계를 만든다 – 거대한 광장의 작업장에서 생겨난 것으로 '거대한 광장 친우회'의 지원을 받아 발전하고 있다. 사업 내용은 신문 「거대한 광장」의 편집과 판매, 폐자전거, 폐가전제품, 헌 옷 등의 재활용으로 사회적으로 배제된 노숙자에게 취업의 기회와 스스로를 위한 소득을 가져옴과 동시에 마시모 마카베리 이사장 스스로 리더가 된 노숙자 극단을 운영하고 있다. 이탈리아 전통의 가면 즉흥극을 노숙자 자신이 연기함으로써 잃어버렸던 인간성을 회복하고자 하는 독특한 시도다. 여기서도 또한 즉흥성을 통해 복지·환경·예술과 같이 서로 다른 분야의 활동이 프로듀서의 손을 거쳐 창조적으로 융합되고 있다는 점이 인상적이다.

볼로냐에서 본 창조도시의 조건

여기서 볼로냐의 사례에서 본 창조도시의 조건을 정리해 보면 다음과 같다.

1. 예술가와 과학자가 자유로운 창작활동의 전개뿐만 아니라, 노동자
   와 장인이 자기의 능력을 발휘하여 유연한 생산을 전개함으로써
   세계화의 거친 파도에 대항하여 풍부한 자기혁신 능력의 도시경제
   시스템을 갖춘 도시다.
2. 도시의 과학과 예술의 창조성을 뒷받침하는 대학 · 전문학교 · 연구
   기관과 극장 · 도서관 등이 문화시설로 정비되어 있고, 또한 중 ·
   소 · 장인기업의 권리를 확보하여 신규창업이 용이하다. 또한 창조
   적 업무를 지원하는 각종 협동조합과 협회 등의 비영리분야가 충
   실하여 창조의 장으로 움직이고 있는 도시다.
3. 산업발전이 도시주민의 생활의 질을 개선하고 충실한 사회 서비
   스를 제공함으로써, 환경, 복지의료, 예술 등의 영역에서 새로운
   산업발달을 자극하는 산업활력과 생활문화, 즉 생산과 소비가 균
   형 있게 발전하고 있는 도시다.
4. 생산과 소비가 전개되는 공간을 규정하는 계획권한을 가지고 도시
   환경이 보존되어 도시주민의 창조력과 감성을 높이는 아름다운 도
   시경관을 가진 도시다.
5. 도시주민의 다양하고 창조적인 활동을 보장하는 행정에 대한 주민
   참가 시스템, 즉 작은 구역의 자치와 지역의 광역적 환경관리를 담
   당하는 광역행정 시스템을 갖춘 도시다.

마지막으로, 볼로냐 시의 창조적인 지자체 행정을 뒷받침하는 것으로,
재원을 스스로 충당하고 정책을 형성하는 능력을 갖춘 질 높은 지자체
직원의 존재를 잊어서는 안 된다.

다음으로 최근 일본에서 창조도시를 지향하는 운동의 특징과 실현을
위한 과제를 명확하게 살펴보자.

일본의 창조도시를 지향하는 가나자와와 요코하마

내생하는 도시 가나자와

　가나자와 시는 볼로냐와 비슷한 인구 45만의 인간중심형 도시이며, 전통적인 거리와 전통예능이 풍부한 생활문화를 간직하고 있다. 시내에 흐르는 두 개의 푸른 강과 주변이 산으로 둘러싸인 풍요로운 자연환경과 함께, 독자적인 경제기반을 가지고 있으며, 미야모토 겐이치宮本憲一와 나카무라 고지로中村剛治郎가 내생内生의 발전Endogenous Development이라는 시점에서 높게 평가하고 있는 곳이다.5

　내생의 발전을 경험한 가나자와의 도시경제 특징은 지속적인 발전을 해온 중견 중·소기업이 다수 모여 있다는 점이다. 이들은 장인기질이 풍부하며 독자적인 기술로 혁신을 통해 틈새분야에서 일류를 유지하는 기업이 많으며, 상호 자극을 주고 받으며 발전을 거듭하여 높은 자율성의 도시경제를 가져왔다.

　역사적으로는 섬유공업과 섬유기계 공업이 지역 내에서 상호 연관을 맺으며 발전해 왔다. 최근에는 공작기계와 식품관련 기계, 출판·인쇄공업, 나아가서는 컴퓨터관련 산업이 전개되어 다양한 산업연관 구조를 가지고 있다. 또한, 시민생활의 질을 풍요롭게 하는 전통산업과 식품공업, 패션산업 등의 발전도 보이고 있다.

　이렇게 가나자와는 내부에서 형성되어 발전된 경제력으로 외부에서 들어온 대규모 공업개발을 억제해 산업구조와 도시구조의 급격한 전환을 피할 수 있었다. 그 때문에 에도 시대 이후의 독자적 전통산업과 함께 전통적인 거리와 주변 자연환경 등을 지켜 쾌적함이 보존된 도시 미美를 자랑하고 있으며, 독자적인 도시경제 구조가 지역 내에서 생겨난 소득이 지역외부로 유출되는 것을 막아 중견기업의 끊임없는 혁신과 문화적 투자를 가능하게 한 것이다.

도시정책 각 분야마다 가나자와만의 독자적인 문화적 시점이 있으며,
2차 세계대전 이후 일찍이 시립 가나자와 미술공예대학을 설립하여 유
젠友禅: 비단 등에 꽃·새·산수 등의 화려한 무늬를 선명하게 염색하는 방법과 마키에蒔絵:
칠공예의 하나로 옻칠을 한 표면 위에 금이나 은가루, 또는 색가루를 뿌려 무늬를 나타내는 일
본 특유의 공예 등의 전통공예와 예능 후계자 육성, 산업디자인의 도입에
따른 공예를 근대화로 이끌어나갈 인재를 적극적으로 육성하였다. 또한
전국에서도 선도적으로 '전통환경보존 조례'를 제정하여 전통적인 거리
를 적극적으로 보존해 나가는 리더가 되었다.

　　최근에는 전통문화를 보존뿐만 아니라, 이와키 히로유키故岩城宏之 씨를
음악감독으로 맞아, 일본 최초로 프로 실내악단인 앙상블 가나자와를 설
립하는 등 새로운 문화창조를 향한 시도에도 힘을 쓰고 있다. 특히 그
중에서도 가나자와 시민예술 마을과 가나자와 21세기 미술관이 주목을
받고 있다.

섬유산업의 쇠퇴와 가나자와 시민예술 마을

　　1980년대 후반부터 급속히 진행된 세계화 속에서 가나자와의 고도 경
제성장을 이끈 섬유산업이 쇠퇴하면서 가나자와 시는 방적공장 부지와
창고군을 활용하여 1996년 9월에 가나자와 예술마을을 열었다. 가나자
와 시장은 오후 늦게까지 일하는 시민이 심야에도 사용할 수 있는 시설
이 필요하다는 의견을 받아 하루 24시간 1년 365일 자유롭게 사용할 수
있는 시설을 만들고자 했다. 4동의 창고를 드라마 공방, 뮤직 공방, 환경
보존 생활공방, 예술공방으로 모습을 바꿔, 연습만이 아닌 공연도 가능
한 시설로 되살렸다. 운영면에서는 각 공방의 일반시민 중에서 선발된 2
명씩, 합계 8명의 관리감독이 시설이용의 활성화, 독자사업의 기획입안,
그리고 이용자 간의 조정 등을 자주적으로 행하는 전국적으로도 주목받
는 시민참가형 문화시설이 탄생되었다. 이렇게 해서 전통문화와 전통예

능에만 치우쳤던 가나자와의 예술문화에 새로운 전환기가 찾아왔다. 시민의 능동적인 참여로 인해 근대 산업유산이 문화창조의 장으로 바뀌면서 새로운 문화적 하부구조가 예술을 창조하는 하부구조로 변화해가고 있다고 평가할 수 있다.

텅 빈 도심과 가나자와 21세기 미술관

한편, 2004년 10월 9일 현縣 청사가 교외로 이전되면서 도심이 텅 비게 될 우려가 현실이 된 가나자와 시의 도심부에 어느 날 둥근 원반과 같은 가나자와 21세기 미술관이 출현했다. 시민이 '동글이'라고 부르는 이 미술관은 1980년 이후의 현대미술을 중심으로 한 세계의 예술작품을 수집하여 전시하고, 저명한 예술가를 불러 제작과정을 공개하는 등, 지역의 전통공예·전통예능과 현대예술의 융합을 지향하고자 할 목적으로 지어졌다. '예술은 창조성이 넘치는 미래의 인재를 육성하는 미래로의 투자'라는 미노 유타카蓑豊 관장의 제안으로 시작된 이 사업은, 시내의 초·중학교 학생을 전원 초대했던 뮤지엄 크루즈 사업의 효과도 있어 개관한 지 1년 만에 시내인구의 3배 이상이 넘는 158만 명이 입장하여 그 경제적인 파급효과건설투자를 포함하는 300억 원을 넘어서고 있다.

가나자와 시는 여기에 이 미술관을 핵으로 하여, 새로운 산업창조의 시도로 패션산업과 디지털 콘텐츠산업의 창조지원을 위한 패션산업 창조기공을 설립하고, 역사적으로 성장해 온 전통공예와 전통예능, 현대예술과의 융합 속에서 새로운 지역산업의 창출을 개시하고 있다. 2006년 10월에 개최한 '가나자와 고노미'라는 패션 가나자와 위크에는 신감각의 가가유젠加賀友禪과

사진 2.2 가나자와 21세기 미술관

직물, 공예 등이 출품되는 한편, 가가호쇼加賀宝生라고 불리는 노能: 일본의
가면 음악극와 현대음악이 결합된 새로운 퍼포먼스를 연기했다. 여기서는
가나자와 고유의 평가축을 찾고 재구축해 나가고자 하는 의도가 들어
있었다.

　이러한 도시가 지닌 문화자본의 질을 높여 창조성 넘치는 인재를 육
성하고 도시경제의 발전을 지향하는 방식을 '문화자본을 살린 도시의
문화적 생산이라고 정의할 수 있다. 가나자와에 있어 문화적 생산은 어
떤 의미에서 에도 시대에 시작된 장인적인 생산의 부활과 재구축이라고
도 할 수 있다. 장인적인 생산수공생산 → 대량생산fordism → 문화적인 생
산새로운 수공생산이라는 역사적인 전개 속에 위치하고 있는 것이다.

가나자와 창조도시회의

　이상과 같은 가나자와의 창조도시 전략은 가나자와 경제동우회가 시
민의 요청에 의해 시작한 가나자와 창조도시회의가 검토하고, 정리해 온
것이었다. 이 회의는 21세기 도시의 방향을 세계화의 시점에서 탐구하
고, 새로운 도시정책의 형성과 그를 위한 실험의 장을 가나자와가 제공
한다는 의미를 담고 있으며, 2001년부터 2년에 한 번씩 개최하기로 하고
시작된 참신한 스타일의 도시회의다.

　가나자와 창조도시회의의 유래는 1996년에 가나자와 경제동우회의
고문이었던 고 야스에 료스케安江良介. 岩波書店의 전 사장가 제안하였다. 금박
공예장인의 집에서 태어나 대학을 졸업할 때까지 가나자와에서 살았던
야스에 씨는, 제2차대전의 화마에 휩쓸리지 않고 피해갔던 아름다운 거
리와 전통예능이나 공예가 지금까지 숨쉬는 가나자와야말로 역사적 중
요성을 가진 도시라고 자각했다. 이에 21세기 도시 모델로서 세계를 향
한 선도적 역할을 다할 것을 목적으로 '가나자와 라운드회의'를 열기로
이 회의 회원들에게 말을 남기고 갑자기 세상을 떠났다. 야스에 씨의 유

언에 따라 가나자와 창조도시회의는 창립 40주년을 맞은 가나자와 경제
동우회의 기념사업으로 시작된 것이며, 경제인이 스스로 사업의 이해利
害를 넘어, 장기적인 안목으로 도시정책을 구상한 것으로 독특하고 수준
높은 내용을 담고 있었다.

1회째는 '기억을 배운다'를 주제로 정하고 도시 가나자와의 역사·전
통을 돌아보며 '도시의 기억과 인간의 창조력'에 대해 고찰하였다. 그
도시의 개성을 다음 세대에도 계승하고 나아가 세련미를 높이기 위해
'가나자와 학회'의 설립이 제창되었다. 2002년에는 그 뜻을 이은 제1회
가나자와 학회가 개최되어 '아름다운 가나자와'를 이념으로 한 도시재
생 계획이 제안되었다. 또한 그 사회실험을 검증하는 장으로서 창조도시
회의와 서로 10년 간 지속하기로 약속했다.

2005년 제3회 창조도시회의의 주제는 '도시유산의 가치창조'로, 도시
가 역사적으로 지켜온 문화유산만이 아닌 근대 산업유산과 거품경제의
유산 등, 실패했던 유산도 창조적으로 활용하는 방안을 검토하기 위한
'도시유산의 사용방법', '도시유산으로 행한다', '도시유산으로 받은 자
극'이라는 3가지 분과회가 열렸다. 이 내용을 모아 가나자와다운 조명과
중심시가지에 마련한 노천 카페 등 사회실험의 양상이 보고되었다. 해외
와 전국에서 모인 도시연구자를 포함한 지역의 경제인과 시민, 그리고
가나자와 시장을 시작으로 행정의 리더들도 회의에 참여해, 사회실험의
결과를 폭넓게 토론해 나가며 창조도시를 지향하는 종합적인 시도가 전
개되고 있다.

창조도시 요코하마–문화정책과 산업정책, 도시계획과의 정책융합

고도古都의 색이 짙은 가나자와는 대조적으로 요코하마는 역사가 개
항 이래 150년에 불과한 근대적인 도시다. 요코하마는 도쿄에 인접해 있
으며 일본 근대공업화를 맡아온 교하마京浜 공업지대를 형성했지만, 20세

기 말 이후 세계화의 큰 파고 속에서 제조업이 심각하게 쇠퇴했다. 그 때문에 거품경제의 정점에 올랐을 때는 대규모의 워터프론트 개발을 통해 중공업도시에서 탈피하고자 했던 요코하마 시는, 직후 거품경제 붕괴와 최근 도쿄 도심에 불고 있는 사무용건물 건설 붐으로 2중으로 타격을 받아 정체되었다. 이러한 도시위기에 직면한 요코하마는 37살의 나카타 히로시中田宏 시장이 새로이 취임하면서 2004년 1월 도시재생 비전 '문화예술 창조도시 – 크리에이티브 시티 요코하마의 형성을 향하여'를 내놓았다.

그 구체적인 내용은 제7장에 있지만, 요코하마의 사례에서 저자가 가장 주목한 점은, 예술문화의 창조성을 도시재생에 살리기 위해 종래는 종적 관계로만 움직이던 문화정책, 산업정책, 마을만들기에 관련된 행정 부문을 횡으로 재편한 것이다. 그를 위해 새로운 조직인 문화예술 도시 사업본부와 창조도시추진과를 설치하고 이것을 중핵적 추진조직으로 하여 NPO 등의 시민이 정책과정에 과감하게 참여하도록 제안하고 있다. 이 구상이 실현된다면 일본에 있어서 창조도시를 지향하는 최첨단 시도가 될 것이다. 당연히 기존의 종적인 행정기구와의 마찰은 피할 수 없겠지만, 개인의 창조성을 살리고 조직의 창조성을 만들어내는 것이야말로 도시의 창조성을 되살릴 수 있는 길이며, 행정조직의 문화를 창조적으로 개혁하는 것이 요코하마가 창조도시에 접근하는 방법이다.

흥미로운 것은 가나자와 시에서는 경제계와 시민이 주체가 되어 '가나자와 창조도시회의'를 개시하고, 행정은 그 제안을 받아들이는 모양으로 착실히 창조도시로의 행보를 시작하고 있지만, 요코하마의 경우는 좌절된 '미나토미라이 21' 임해도시 개발의 실패를 비판하며 현재의 시장市長이 등장하였고, 그것을 배경으로 나온 전략인 창조도시를 향한 시도도 도시의 역사성을 통해 다양성을 살린다는 점이다. 또한, 가나자와 시는 저자와 랜드리의 창조도시론의 개념을 채용하고 있는 것에 비해, 요코하마 시는 플로리다의 이론에 큰 영향을 받았던 점도 있다.

　이상과 같은 문제를 염두에 두면서 창조도시를 지속적으로 발전시킬 엔진인 창조산업을 향한 도약에 대해 검토해보자.

창조도시로 이끌 엔진, 창조산업

창조산업이란 무엇인가

　영국에서는 1997년에 '신노동당New Labour'을 표방한 블레어 수상이 등장한 이후, 제3의 길 노선에 기반을 둔 마거릿 대처Margaret Hilda Thacher 정권 때와는 다른 새로운 행정개혁이 전개되고 있다. 그 포인트 중 하나는 사회의 창조적 힘을 끌어내어 예술문화 정책으로 전환하는 것이다. 예를 들어, 문화·미디어·스포츠성省 DCMS는 새로 취임한 크리스 스미스C. Smith 대신大臣의 기획으로 테스크포스를 편성하여 창조산업에 관한 개념을 정리하고 통계적인 정량화 작업을 진행하였다. 1998년과 2001년에는 이미 두 가지의 보고서를 정리해 광의의 예술문화 산업을 분류하여 그 풍부한 창조능력을 끌어내기 위한 진흥정책을 시작하고 있다.[6]

　여기서 중요 개념인 창조산업이란, '개인의 창조성, 기술, 재능을 원천으로 지적재산권의 활용을 통해 부와 고용을 창조할 가능성을 가진 산업'으로 정의되어, 이 정의를 기본으로 광의의 예술문화 산업을 분류하고 그 풍부한 창조능력을 끌어내기 위한 진흥책을 검토하기 시작하였다. 구체적으로는 음악, 무대예술, 영상·영화, 디자이너·패션, 디자인, 공예, 미술품·앤티크 시장, 건축, 텔레비전, 라디오, 출판, 광고 그리고 게임 소프트雙方向의 여가 소프트 및 컴퓨터 소프트웨어 관련의 각 산업을 '창조산업'으로 일괄 정리했다. 1995년에는 상기 13종류에 약 95만 명, 그 외 산업의 창조적인 노동자를 포함해 140만 명전 산업의 5% 이상이 고용되어, 약 250억 파운드의 부가가치GNP의 4%와 75억 파운드의 수출액을 올리는 산업이 되었다. 2000년에는 195만 명의 고용으로 연평균 약 5%의 성장을 달성하여 GDP의 7.9%를 차지하게 되었으며, 특히 수출액은 1997년에서 2000년에 걸쳐 연성장률 13%를 기록하여 그 성장가능성이 주목받게 되었다. 이 때문에 영국에서는 도시재생의 간판으로 창조산업 진흥책을 내세우고 있다. 런던에서는 도시경제에서 차지하는 그 비중이 특히 높고 2000년에는 210억 파운드의 생산액을 올린 비즈니스 서비스업에 이어 2위를 기록하여, 약 53만 명의 고용을 만들어내는 실적을 올렸다. 런던 시장은 '창조산업위원회'를 만들어 그 성장가능성을 끌어올린 관광산업 등을 도시경제 전체로 파급효과를 높이기 위한 정책을 내놓았다.

창조산업의 동심원 모델

여기서 창조산업 시책의 효과적인 진행을 위해서는 기존의 산업시책과의 차이점을 명확히 할 필요가 있다.

그림 2.1의 창조산업 동심원 모델은 창조산업의 독특한 구조를 나타내고 있다. 이 모델의 중핵에는 전통적인 음악, 댄스, 극장, 문학, 시각예술, 공예품과 함께 비디오예술, 행위예술, 컴퓨터 멀티미디어 예술 등, 새로운 예술활동을 포함한 창조적 예술이 위치한다. 이러한 창조적 중핵 분야에는 종종 첨단분야가 많기 때문에 시장성의 평가가 어렵고 영리성이 열악하기 때문에 비영리 문화부문으로 분류되는 것도 포함된다.

이 동심원 모델의 창조적 중핵의 바로 바깥에는 서적·잡지 출판, 텔레비전·라디오, 신문, 영화 등이 위치하고 있으며, 오리지널의 콘텐츠를 복제하여 대량으로 유통되는 산업군으로 첨단 문화적 가치의 비율이 중핵예술에 비해 상대적으로 낮아진다. 게다가 그 바깥에는 문화영역 밖에서 운영되는 창조성과 문화성이 필요하게 되며, 문화산업의 영역에 포

그림 2.1 창조산업 동심원 모델

함되는 광고와 관광, 건축업 등이 위치한다. 이렇듯 창조산업 동심원 모델은 중심에 창조적 아이디어를 놓고, 방사선상으로 그 아이디어가 보다넓은 산업부분으로 확산되어 가는 모양으로 표현되어 있으며, 영리성은열악하지만 첨단업무에 종사하는 예술가와 크리에이터가 충분히 활약할 수 있는 조건이 창조산업의 발전에는 꼭 필요하다.

창조산업의 육성 · 진흥

　결국, 도시가 오리지널 창조상업을 육성 · 진흥할 수 있는가는, 첫번째로 이 창조적 중핵섹터에 대한 효과적인 지원시책을 가져오느냐 마느냐에 달려 있다. 종종 과학기술의 진흥책은 첨단연구일수록 성공률이 낮지만, 거액의 연구개발 조성금과 세제지원이 정부에서 제공되고 있다. 또한, 첨단 벤처기업의 육성책의 경우에도 더딘 진행은 마찬가지지만 힘이되는 창조지원 제도다. 기술혁신의 성과가 사회전반으로 보급되어 사회진보에 공헌하고 있는 것이다. 즉, 경제학에서 바람직한 외부효과라고이야기하는 것으로, 예술문화 분야에서는 이와 같은 지원과 보호제도가기존에는 거의 없었다. 충실함이 요구되는 것이다. 뛰어난 예술 또한 사회의 공공재산이기 때문에 이러한 지원의 근본적인 확충이 요구된다.

두번째로는, 일반적으로 창조산업은 기존산업에 비해 창조성을 발휘하기 쉬운 중·소기업이 하는 경우가 많고, 관련 산업과의 사이에서 밀접한 거래를 반복하기 때문에 특정한 창조적인 분위기가 감도는 장소를 선호하고 모여 있는 경향이 강하다. 즉, 창조산업은 본래 클러스터를 형성하기 쉽기 때문이다.7 따라서 창조도시를 지향하는 산업정책이 창조성을 발휘하기 쉬운 환경·분위기를 가진 공간형성을 담당하는 도시계획 사이트와의 융합이 필요한 것은 이 때문이다. 앞에서 서술한 요코하마의 BankART 1929 등에서는 산업정책과 문화정책, 나아가서는 도시공간 형성정책과의 융합이 시도되고 있다.

세번째로는, 도시 고유의 문화적인 평가축을 확립할 필요가 있다. 예를 들어, 디자인산업 등의 창조산업 분야에서는 비교적 세계적으로 평가받는 표본이 되는 도시의 존재가 중요하다. 유럽의 표본이 되는 도시에는 세계 각지의 크리에이터와 디자이너가 자유롭게 출품하고 그것을 업계정보지와 바이어가 평가하는 비즈니스가 성립된다. 예를 들어, 1961년에 가구분야 표본도시로 출발한 밀라노 사로네는 지금 세계 최대의 종합적인 디자인산업의 표본도시로 발전하여, 관련된 정보가 집중되는 디자인 창조도시가 되어 있다. 앞에서 서술한 가나자와의 패션 위크의 시도도 도시 고유의 평가축을 재구축하기 위한 것이다.

또한, 창조산업과 문화산업을 진흥해 나감에 있어서 창조산업의 집적이 비교적 큰 대도시와 모노즈쿠리의 비중이 높은 지방도시는 다른 전략이 필요하다. 더욱이 전통적인 일본의 문화가 현대적인 서양의 문화와 단절되어 있다는 일본 특유의 과제도 존재하고 있다.

예를 들어, 지방 중·소도시에서는 기존산업이나 전통산업에 현대예술의 첨단성을 도입해 나가며, 그것들을 세련된 부가가치로 탈바꿈시키는 것에 중점을 둘 필요가 있다.

그 때, 어떻게 전통문화와 현대문화 사이의 차이를 넘어 도시에 있어 새로운 문화창조로 결합해 나갈지가 과제가 된다. 전통적인 수공예 산업을 기반으로 현대예술을 융합한 문화적인 생산 시스템으로 이행할 수 있을지가 과제인 것이다.

가나자와와 같은 내생의 창조도시에서도 전통적인 수공예 생산에 현대예술을 결부시켜 나가는 것을 과제로 정하는 것도 간단한 일이 아니다. 예를 들어, 현대예술을 특화한 가나자와 21세기 미술관을 건설할 때에도, 지방의 전통공예・전통예능 관계자가 작품의 평가기준이 정해지지 않은 현대 예술작품의 수장에 세금을 투입하는 것에 강한 반론을 제기하여 논쟁이 일어났다. '뛰어난 전통문화라 할지라도 끊임없는 노력을 게을리 한다면 언젠가 사회에서 멀어지게 된다. 전통이란 혁신의 연속이며 전통도시 가나자와에 지금 필요한 것은 젊은 시민이 첨단예술을 만나고 전통을 혁신해 나가는 부드러운 감성을 높이는 것'이라는 시장의 메시지가 논쟁 속에서 명확히 제시되어, 미술관을 핵으로 한 새로운 산업진흥책으로 전개하기 시작했던 기억이 새록새록 떠오른다. 먼저 예로 든 가나자와 패션 위크에서는 패션 코디네이터인 하라 유미코原田美子 씨가 새로운 가가유젠 디자인으로 평판을 얻게 되었다.

또한, 창조산업과 창조인재의 집적이 비교적 큰 경우에도 기존에는 대중매체와 출판인쇄업, 콘텐츠산업 등 주요한 문화산업의 구조가 도쿄에 지배적으로 집중되어, 오사카와 요코하마와 같은 대도시는 물론 가나자와와 같은 지방도시에서도 그 구조로부터 벗어나는 것이 큰 과제였다.

그 점에서는 새로운 인터넷의 보급으로 쌍방향의 분산형 네트워크와 시민 미디어를 확산시켜 기존의 대중매체로 인한 지방 지배구조에서 전환할 수 있게 된다면 그 기회는 보다 넓어진다. 요코하마 시는 영상과 애니메이션 분야에서 도쿄를 활약의 근거지로 삼은 아티스트와 크리에이터를 도심의 전통적 건축물에 끌어들이고 창조의 장을 제공하는 문화

창조 거점전략을 강력하게 내세웠다. 삿포로 시에서는 게임과 소프트웨어 산업의 육성에 힘을 기울였고, 후쿠오카 시에서는 아시아적인 시야로 음악과 조형미술에 집중한 창조도시의 네트워크로서 창조산업이 도쿄로부터 벗어날 가능성을 높이고 있다.

마치며 – 창조도시의 네트워크로

창조도시의 네트워크화에 대한 움직임에 관해서, 국제적으로는 유네스코가 창조도시 네트워크운동을 제창하고 있으며, 볼로냐, 베를린, 몬트리올, 에든버러, 산타페 등은 각각 음악, 디자인, 문학, 전통공예 등이 중점분야로 등록되어 있으며, 그 확산은 아시아, 아프리카로도 퍼져나가고 있다. 또한 일본에서는 2005년 만국박람회인 '사랑愛 지구박람회地球博'를 계기로 가나자와 시, 교토 시, 요코하마 시, 마츠에 시, 기류桐生 시, 가모加茂 시 등 전국 15곳의 도시가 '생활문화 창조도시'를 목표로 연계하여 'Creative Japan'을 목표로 한 시도를 전개하고 있으며, 이러한 국내외에서 본격적인 창조도시 네트워크로의 기운은 더욱 높아질 것으로 보인다.

《주 · 출전》

1. 佐々木雅幸, 『創造都市の経済学』, 勁草書房, 1997.
2. Florida, R., *The Rise of the Creative Classes*, N. Y.: Basic Books, 2002, pp.41-42.
3. *ibid.*, pp.227-278.
4. *Bologna 2000 : European City of Culture*, L'inchiostroblu, 2001.
5. 宮本憲一, 『都市政策の思想と現実』, 有斐閣, 1999. 中村剛治郎, 『地域政治経済学』, 有斐閣, 2004.
6. DCMS, *Creative Industries: Mapping Documents*, 1998, 2001.
7. 後藤和子, 『文化と都市の公共政策』, 有斐閣, 2005.

《참고문헌》

• DCMS, *Creative Industries: Mapping Documents*, 1998, 2001.

- Florida, R., *The Rise of the Creative Classes*, 2002.
- Hall, P., *Cities in Civilization*, London: Weidenfeld, 1998.
- Jacobs, J., Cities and the Wealth of nations: Principles of Economic Life, Random House, 1984. (中村達也・谷口文子 訳, 『都市の経済学－発展と衰退のダイナミクス』, TBSブリタニカ, 1994).
- Landry, C., and F. Bianchini, The Creative City, London: Comedia, 1995.(後藤和子 監訳, 『創造的都市』, 日本評論社, 2003).
- Landry, C., *The Creative City: A Toolkit for Urban Innovators*, London: Comedia, 2000.
- Scott, A., *Cultural Economy of Cities*, London: Sage, 2000.
- 後藤和子, 『文化と都市の公共政策』, 有斐閣, 2005.
- 佐々木雅幸, 『創造都市の経済学』, 勁草書房, 1997.
- 佐々木雅幸, 『創造都市への挑戦』, 岩波新書, 2001.
- 佐々木雅幸 編著, 『CAFE－創造都市・大阪への挑戦』, 法律文化社, 2006.
- 中村剛治郎, 『地役政治経済学』, 有斐閣, 2004.
- 宮本憲一, 『都市政策の思想と現実』, 有斐閣, 1999.

콤팩트 시티와 문화의 다양성
도시·지역에 있어 창조성 향상을 위한 디자인

가이도우 기요노부(海道清信, 메이조 대학)　　　　　　　　*chapter* 3

도시의 가치원리

지속가능성과 도시형태

이 장에서 필자가 논하고자 하는 것은 바람직한 현대도시의 공간적인 모습이다. 모든 도시에는 시작이 있다. 또한 고대도시 모헨조다로Mohenjo Daro, 중세 이전 도시 마야, 재난도시 폼페이와 같이 도시에는 끝도 있었다. 아오모리青森의 산나이마루야마三內丸山도 도시라고 불렸으며, 이러한 도시가 끝을 맞았던 것을 우리 현대인은 알고 있다. 근세·근대도시는 어떠한가. 사람이 살지 않는 장소가 되는 것을 도시의 끝이라고 부른다면 에도 시대 이후에 만들어진 도시는 기본적으로는 아직 죽음을 맞지는 않았다. 그러나 20세기부터 세계적으로 정부와 인간행동의 원리가 되어버린 지속 가능한 발전 또는 지속 가능한 도시가 이러한 사멸하지 않는 도시를 지향하는 것은 아니다.

말할 필요도 없이 일본을 포함한 선진국에서는 도시공간의 70~80%가 사람들이 생활하는 장소다. 동시에 큰 면적을 차지하는 농촌·산촌 마을 또한, 경제적인 면이나 생활양식에서 도시사회와 교류하지 않고는 존립할 수 없다. 오늘날 일본은 도시화 사회에서 도시형 사회로 옮겨가는 시기라고 할 수 있다. 사회, 경제, 환경·자원 에너지와의 관계에서 도시활동, 도시공간의 균형과 동시에 생활공간으로서도 높은 질을 요구하고 있다.

커스버트A. R. Cuthbert 등이 지적한 것과 같이, 이러한 목표를 달성하고 지구의 환경문제에도 대응할 수 있으면서, 자동차에 의존하게 되는 스프롤 현상을 억제하기 위해서는 한마디로 콤팩트 시티가 지속 가능한 도시디자인의 바람직한 형태라고 할 수 있다.1

제인 제이콥스의 통찰력

제이콥스1916~2006의 『미국 대도시의 생과 사』2의 일본어판이 출판된 것은 1969년 9월로, 필자는 대학 건축학과 4학년 때였다. 그러나 도시계획을 배우기 시작한 학생으로서는 왜 안전한 도로가 중요한 것일까, 미국이 그 정도로 위험한 곳일까라는 정도밖에 이해하지 못했다. 일본의 당시 도시계획을 담당하고 있던 행정가들은 도시계획의 부정론을 전개하였던 그 책에 대해 시큰둥한 반응이었고, 유럽에 있어서의 평가도 그것에 가까웠다.

사진 3.1 제인 제이콥스의 원저서『미국 대도시의 생과 사』의 표지. 바에서 쉬고 있는 제이콥스

그러나 오늘날 새로운 도시만들기, 도시개발 디자인 분야에서는 활발한 재평가가 이루어지고 있다. 그라츠Graz의 지속 가능한 도시, 휴먼스케일, 전통적인 공간원리의 응용과 같은 수법은 제이콥스가 시도한 것이다. 더욱이 제이콥스는 도시의 적극적인 의미를 관찰해서 찾아내고, 그 본질이 유기적인 복잡함에 있으며 사람들의 일상생활과 관련이 있다는 것, 영국에서 진행되었던 어반 빌리지 포럼3은 제이콥스의 이념을 구

체화하고 있는 적극적인 시도 중 하나라는 것과 밀도가 열쇠라는 것 등
을 서술하였다.4

제이콥스는 뉴욕의 번화가라는, 세계에서 가장 밀도가 높은 대도시의
양상을 예리하고 상세히 관찰하여, 근대 도시계획, 계획론이 정당하게
자리잡지 않았던 도시의 본질이, 다양성과 휴먼스케일의 공간에서 반복
되고 확장되는 고밀도의 생활에 있다고 주장하였다.

제이콥스는 유명한 도시구성의 4원칙5 외에도 다음과 같이 서술하였
다. 도시계획의 목표가 되는 경관, 외관이 중요한 것이 아니고 도시의 기
능, 본질적인 질서가 중요하며, 하워드와 르 코르뷔지에 등으로 대표되
는 도시상이 근대 도시계획을 왜곡시켰다. 상호 사회경제적으로 보완해
나가며 용도가 충분히 뒤섞인 다양성이라는 원리가 도시의 곳곳에서 보
이며, 그것이 도시의 존재를 필요로 한다. 도시는 환상적이며 역동적인
장소인 것이다.

> 활기 없는 지루한 도시는 실제로 자기 자신을 파괴하는 씨앗을 내포하
> 고 있다. 그러나 생동감 있고 다양한 농도의 도시는 스스로 재생하는 씨
> 앗을 가지고 있으며, 각종 과제와 외부의 요구성에 대응할 수 있다.6

일본의 현대 도시만들기에 빠져 있는 것

토목학회 회장이기도 했던 나카무라 요시오中村良夫 도쿄 공업대학 명
예교수는 이렇게 말했다.

> 우리는 어쩌면 큰 착각을 해왔는지도 모른다. 물건은 넘칠 정도로 만
> 들어왔지만, 도시는 만들어오지 않았던 것은 아닌가. 훌륭한 길도, 다리도
> 만들었다. 아름다운 건축도 세웠지만 과연 도시는 만들어왔던가.7

　오늘날 도시형성의 이론, 원리, 기술기준, 나아가서는 학구적인 학술 논문, 조사해석에서는 단순화, 획일화, 모델화가 기본이다. 그러나 그러한 과학기술의 성과를 적용한 것이 오늘날의 도시위기를 만들었다고 말할 수 있다. 아름다운 도시, 그곳에만 있는 도시, 쾌적하게 살아가는 도시, 문화를 경애하는 도시, 다양한 가치관을 받아들이는 도시, 이러한 도시는 지속적인 지역경제에 있어서도 중요한 요소다. 간판과 색이 어수선한 건물이 난립한 길가의 상점, 쾌적하고 편리하지만 별 의미 없는 쇼핑몰, 황폐해진 교외, 귀갓길의 음주운전이 신경 쓰여 술도 마시지 못하는 교외의 주점,8 연극이 끝난 뒤에도 한가로운 산책을 즐길 수 없는 독립된 문화시설. 이러한 도시에서는 사람들이 그곳에서 '우리 마을'이라는 의식을 가지고 살아갈 동기가 부족하다. 중심시가지 활성화는 상점가대책에서도 지역사람들의 소비생활을 향상시키기 위한 것만은 아니다. 도시가 도시로 유지되기 위한 기본요소를 계속해서 재생시키는 시도다.

　정보화사회, 재택근무, 또는 인터넷이나 e-메일과 같은 사이버공간이 아무리 발달하더라도 인간적인 활기가 넘치는 공간, 사람과 인사를 건넬 수 있는 장소에서의 삶, 오락과 문화공간주점, 미술관, 영화관, 광장, 안전한 길, 골목, 자연환경수목, 풀과 꽃, 야산, 야생동물, 시냇물, 수변, 신선한 바람은 인간생활에 있어서 제2의 자연이며 없어서는 안 될 환경이다.

사진 3.2 확장형 도시기반 정비에 의한 시가지의 확대. 가나자와 시의 서쪽 지역

일본에 있어서 콤팩트 시티의 등장

도시계획의 실효성

일본은 2005년부터 인구감소 사회가 되었지만, 세대크기의 축소, 주택조건의 개선, 주거지 이동 등으로 주택·택지수요가 많은 지역에서는 이러한 인구감소는 미약한 수준이다. 이미 병원의 70%, 고등학교·대학의 90% 가까이는 교외에 자리 잡고 있으며,9 공공·공익시설의 교외 이전도 여전히 계속되고 있다. 더욱이 오늘날 시설을 교외로 내몰게 된 주역은 대규모 쇼핑센터다. 택지개발의 수요는 감소하고 있는 반면, 농지 등의 토지소유자 쪽의 개발기대는 높아지고 있다. 원래 유럽에 비해, 지역에 완만하고도 융통성 있게 적응하지 못했던 일본의 도시계획 제도는 1980년대 이후 규제완화 노선으로 한층 느슨해졌다. 2002년 도시계획법 개정으로 도입된 시가화구역 폐지가능 조치가 그 상징적인 법적 규제완화였다.10

지가의 하락과 교외로 분산된 입지에 따른 도시구조의 변화로 인해, 기존의 용도지역제와 시가화구역의 지정으로는 시가지가 확대되지 못하도록 제어하기 어렵게 되었다. 용도지역제와 시가화구역을 정하여 도시형태를 제어하는 것은 도시가 확대되고 도심부로 집중되는 현상을 불러와 결국 그것이 고스란히 지가에 반영되는 꼴이 되었다. 따라서 기존의 제도가 효과적으로 작용하지 못하는 것이다.

마을만들기 3법

이른바 '마을만들기 3법'의 중심을 이루고 있는 도시계획법, 중심시가지 활성화법중활법이 2006년 5월 말에 국회에서 가결되었다.11 대규모 쇼핑센터를 포함한 대규모 집객시설이 교외에 무방비하게 세워지는 것을 규제하고, 다기능화 등을 통해 중심시가지를 활성화시키고자 하는 것이었다. 도시계획법을 개정하여, 기존에는 전국 도시계획 구역면적의 87%까지 들어설 수 있었던 대규모 집객시설1만㎡ 이상이 같은 면적의 3%까지만 들어설 수 있게 되었다. 중활법에서는 산업 이외의 기능이 들어설 수 있도록 촉진하기 위해 새로운 활성화 계획을 책정하여, 다양한 관계조직이 참가하는 활성화 촉진조직을 만들도록 하였다. 이러한 지역에 있어서의 대응을 지원하는 국가의 조성지원 정책이 적용되는 곳은 내각총리대신을 본부장으로 하는 정부조직이 인정한 지구가 중심이 되어 있다. 이 법 개정은 교외개발을 통해 도시화에 대처해 온 일본의 도시만들기 기조에 큰 변화를 가져올 것으로 생각된다. 그러나 일본의 도시만들기, 도시계획 시스템에 큰 전환이 시작될지는 앞으로 얼마나 구체적으로 실천하느냐에 따라 명확해질 것이다.

　이번의 정책조직 변경의 이론적 근거로 콤팩트 시티의 개념이 도입되었다.12 콤팩트 시티 또는 콤팩트한 마을만들기는 일부 지자체에서 표방해온 개념이었다. 그것이 정부의 시책으로 자리 잡았기 때문에 지자체의 시책, 계획만들기에서도 지향해야만 하는 도시상으로 자리 잡게 되었다. 한 중앙행정관은 '콤팩트 시티는 이데올로기로 이해되고 있다'고 말하였다. 이러한 현상은 단순한 유행으로 끝날 것일까? 그래도 도시계획론으로 정착하여 도시디자인에서 구체화될 것일까?

사진 3.3 콤팩트 시티를 지향하여 2006년에 도입된 LRT(신형 노면전차 시스템). 도야마 시(富山市)

오늘날 일본의 많은 도시가 시가지의 확산에 따른 여러 가지 문제에 처해 있는 점은 정치권에서도 받아들이고 있다. 또한 이번의 법 개정으로, 다양한 주체가 참가하여 마을을 만드는 시도가 자리 잡도록 일정한 규제강화를 도입하지 않으면, 바람직한 도시를 실현하기 어

렵다는 것이 명확해졌다. 규제를 한층 강화하여 토지권리자의 자유로운
재산권 사용을 규제하는 것은, 유럽에서는 도시계획의 전제이며 사회적
으로도 합의되어 있다. 그러나 이번 법 개정의 검토과정에서 최종적으로
는 헌법에서 정한 사유재산권 보호이념과 충돌했기 때문에 유럽과 같은
규제강화는 어렵다고 판단이 내려졌다고 한다.13 1928년의 구 도시계획
법 이후, 일본은 계획 시스템의 약점을 극복하지 못한 것이다. 또한, 활
기 있는 중심시가지, 콤팩트한 도시가 가진 적극적인 가치에 대해서는
대부분의 정치가를 납득시킬 이론적 해명, 제시가 충분하지 못했다는 지
적도 있다.14

콤팩트 시티를 지향하는 일본 · 미국 · 유럽의 차이

도시의 공간형태에 미국, 유럽, 일본에서 큰 특징의 차이가 있는 것처
럼, 콤팩트 시티를 지향하는 배경에도 공통성과 독자성이 있다. 이것들
을 표 3.1에 정리했다. 특히, 큰 차이는 인구의 급격한 감소, 고령화와 재
정적 어려움이지만, 일본이 콤팩트 시티를 강하게 지향하는 이유기도 하
다. 여전히 인구감소와 왕성한 주택수요를 보이는 미국이나 사회가 성숙
함에 따라 인구 증가율이 저하된 이후 천천히 인구감소가 예측되는 유
럽과 비교해 보면 그 차이는 뚜렷하다.

일본은 급속한 도시화로 인해, 경제발전을 우선시 하여 시설의 자유
입지와 도로 등의 확장형 도시기반 정비로 인해 스프롤 현상이 두드러
졌다. 이러한 도시개발 · 신규택지 수요가 쇠퇴한 지역에서도, 오히려 그
렇기 때문에 콤팩트한 도시, 지역을 만들 필요성이 강하게 요구되었고
해결해 나가야 하는 과제가 되었다. 그러나 이것은 세계적으로 볼 때도
특이한 패턴이며 어려운 도전이다.

표 3.1 콤팩트 시티를 지향하는 일본, 유럽, 미국의 공통성과 독자성

관련항목	유럽 · EU	미국	일본
인구 · 주택 수요, 토지 · 주택 가격	인구감소 지역에서는 주택가격은 상승	큰 인구감소, 주택가격의 상승	인구감소 예측, 토지 · 주택 가격의 대폭 하락
도심의 역사공간	역사적 중심을 가진 도시가 많다	근대적인 구성	도시개조에서 도로 등 확장, 획일적인 기능화
도심 활성화	활성화에 크게 성공	극히 심각한 공동화	상당히 공동화가 발전
토지이용 · 도시와 자연, 방재	용도분리, 도시와 자연의 구분, 적은 자연재해, 불연건축	용도분리, 도시와 자연의 구분, 지역적인 지진, 태풍, 수해	혼합토지 이용, 도시와 자연의 순환, 지진 등 자연재해가 많고 방화방재를 중시
경제성장	도시구조 재편 · 재생으로 경제성장을 향함	발전을 위한 기반정비	강한 의식은 없지만 건설투자 기대는 큼
사회적 공평 · 융화	인종 간, 사회적 배경의 차이를 극복하려는 의지가 강함		고령화 사회로의 대응
환경문제 · 교통수단	농지보전, 환승주차장 (park and ride), 도심부 보행자 몰, 노면전차 유지부활, 지속 가능한 발전을 강하게 지향	야생생물 환경보호 의식이 강하고, 에너지 · 자원 다소비형, 자동차교통이 주류	농지보전 지향이 약함. 자연보전 지향, 대도시에서는 높은 수준의 대중교통 시스템 정비
도심 속 주거지향 주택형식	역사적 중 · 소도시의 지속, 전원주택 지향, 성숙한 도시생활 문화를 누림	아메리칸 드림의 교외 대형 건축을 강하게 지향	단독주택 · 도심 속 주거를 강하게 지향
재정문제	어느 정도 의식하고 있음	세금 등 시민부담 증가를 회피	재정부담이 적은 도시구조로 강하게 기대
토지소유 제도 · 도시계획 수법	공공보유지가 많고, 강한 토지이용 규제 시스템, 행정 · 기업 · 시민 등의 동반관계 수법, 계획과정의 민주주의	조닝(zoning)에 의한 토지이용 규제 시스템, 협의형, 투표상자의 민주주의, 지자체의 독자성	기반정비 중심, 입지규제 약함. 강한 지주권한, 약한 시민참가 시스템

콤팩트 시티의 과제

교외지역의 재생

현대도시에서는 이미 시가지가 확산되고 분산되어 거대하게 넓어지고 있다. 거대하게 스프롤 현상을 겪은 시가지를 모든 중세도시와 같이 콤팩트하게 재구성할 수 있을까? 콤팩트 시티는 중세에 형성된 도시의 일부로밖에 적용할 수 없는 로맨틱한 향수기만 한 것인가. 콤팩트 시티가 유럽에서 도시환경 정책으로 자리 잡은 이후, 이 점에 대해서는 유럽에서도 계속해서 비판되어 왔다. 현대도시의 교외를 어떻게 계획·재생해야 하는 것일까.

『유러피언 드림The European Dream』에서 문명평론가인 제레미 리프킨J. Rifkin은 아메리칸 드림과 대비시켜 다음과 같이 말하였다.

유럽을 방문한 미국인은 꼭 무엇이든 콤팩트하게 정리되어 있는 것, 좁은 도로, 모든 건물의 밀집, 붐비는 카페의 모습, 그리고 그곳에서 나오는 식사의 양이 적은 것을 느낀다. … 20세기에 들어오면서 교외에 주택을 소유하는 것이 아메리칸 드림을 살려나가는 수단이 되었다. … 문화적인 향기도, 특징도 전혀 없는 미국의 교외는 떨어진 작은 섬과 같은 거주지가 되어버릴 가능성이 있다. 어떤 의미로는 이것은 아메리칸 드림의 마지막 장을 상징하고 있다고도 할 수 있다.[13]

사진 3.4 탄광지던 보타 산을 공원으로 재생. 독일 엠셔파크 구 루르(Ruhrgebiet) 공업지대 800㎢가 대상. 주가 출자하여 1989년 설립된 민간회사가 기획운영을 하며 산업유산 활용·환경공생 등의 수법으로 재생되었다.

그러나 현실적인 행정을 행하는 데 있어서는 교외부의 낮은 밀도로 분산된 시가지가 가진 적극적인 측면을 평가해, 도시를 다시 구성하고자 한다. 일반적인 유럽의 도시는 스프롤 현상을 막아내고 활기 있는 중심시가지를 지속시켜 오고 있다. 독일의 행정담당자며 연구자인 지바츠T. Sieverts는 교외를 재구성할 필요성을 대략 다음과 같이 말하였다. 콤팩트 시티의 실현을 위해서는 개별적인 이해를 가진 조직과 개인의 자유로운 활동을 규제할 필요가 있다. 그러나 현대 민주적인 사회에서는 그러한 정치적·행정적 권한을 행사하기 곤란하여 콤팩트 시티의 실현도 어려운 실정이다. 그래서 전통적인 도시와 전원 사이에 있는 도시공간의 질을 높이는 것이 현실적인 대응법이 된다. 거기서는 생태계의 개선이 중요하다. 광역도시권의 환경에 의미가 될 만한 창조적인 과정의 모델로는 엠셔파크 건축박람회Internationale Bauausstellung Emscher Park가 있다. 성장지향만이 아닌 내적인 변화가 경제와 내부의 질을 높이도록 하고 문화를 집약적으로 침투시키는 것이 중요하다.16

지바츠의 이러한 제기는 콤팩트 시티 정책의 한계를 지적하고 있다. 즉, 콤팩트 시티 정책은 스프롤 현상을 억제하고 활기 있는 중심시가지를 형성하려고 하지만, 한편으로 교외의 재구성에 대해서는 거의 대상 밖으로 밀려나 있다. 그러나 현실적으로는 콤팩트한 전통도시가 많이 남아 있는 독일에서도 시가지의 교외확산은 19세기 말부터 계속되어, 단조롭고 밀도가 낮은 교외가 도시 주변에 생기게 되었다. 그러한 도시의 재구성이 한편으로 요구되고 있지만, 어반 빌리지와 신도시주의17도 신규개발, 성장형의 도시형성에서는 유용하더라도 기존의 교외를 재구성하는 것에 대해서는 아직 명확한 도시상이 제시되어 있지 못하다.

농·산촌의 재생

여행의 거장이자 민속학자인 미야모토 즈네이치宮本常一가 지적한 것과 같이, 오늘날 국경 변두리 땅인 벽촌의 토지가 이전에는 문화적·경제

적으로 풍요로운 지역이었다. 나는 2006년 8월, 이시가와 현石川県 하쿠잔
시白山市 시라미네白峰 지구를 방문했다.사진 3.5 2005년의 합병 전부터 시라
미네는 마을사람들이 떠나던 마을이었다. 숙박시설에서 식사를 마련해
준 중년부인도 지금은 마을에서 가장 나이든 사람이 되어버렸지만, 그
지방에서 태어난 남편이 죽고 나자 자신은 산을 내려와 눈으로 덜 고생
하던 마을에서 살게 되었다고 한다. 겨울에는 눈이 4m 넘게 쌓여, 겨울
에 매번 눈을 치우지 않고 지내기 위해 각 집이 많은 돈을 들여 눈을 녹
이는 장치를 지붕에 설치하는 등 눈을 이겨내기 위해 많은 노력을 들여
야 한다.

막부의 직할영지인 천령이던 무렵에는 지역을 다스렸던 대신의 건물
도 남아 있다. 에도, 메이지 시기에는 양잠에 사용된 거대한 목조건축물
이다. 관혼상제 시에만 사용된 화려한 문도 있다. 평지가 부족하여 논이
없는 이 지역에서는 봄이 되면 하늘을 올려다보고, 올해는 무엇으로 돈
을 벌까 고민했다고 한다. 눈이 지금은 생활에 장애가 되며, 눈사람을 관
광명물로 만들었지만, 이전에는 주변 산에서 겨울에 목재를 자를 때에는
없어서는 안 될 눈길이 되어 지역경제를 살려주는 중요한 지역자원이었
다. 지구의 인구는 가장 많을 때인 3,600명에서 곧 1,000명이 밑돌 정도
가 되었다. 합병을 하여 행정적으
로는 출장소로 지속되고 있지만 고
용을 감소시키는 결과가 되었다.

영국과 유럽 각국이 콤팩트 시
티 정책을 진행하는 목적 중 하나
는 경제성장의 중심이며 많은 사
람들의 생활공간인 도시에 활기를
재생·지속시키는 것이다. 한편,
스프롤 현상을 억제하려는 노력으

사진 3.5 일찍이 천령이 자라온 풍부한 산
촌도 과소화가 진행되었다. 하쿠잔 시 시라
미네 지구

로 자연환경을 보존하고자 하는 국민의식과 각 활동이 있다. 나아가 농업자원을 개발하여 지키고자 하는 사회적인 합의와 농지소유자의 의지가 있다.

그러나 일본과 같이 논농사 중심의 농업지역에서는 이미 경작면적을 줄이는 비율이 평균 약 40%가 되어, 농업후계자의 부족과 더불어 농지를 적극적으로 지키고자 하는 농업자, 농지소유자가 부족하다. 도시개발로 빨리 매각대금, 임대수입을 얻고자 하는 농업자의 행동을 윤리적인 잣대만으로 막는다는 것은 어렵다.

콤팩트 시티 정책은, 한편으로 농지정책, 농업행정과 결부하여 지역공간의 종합적인 토지이용 계획과 토지경영의 구조를 지켜내지 않는다면 스프롤 현상을 막기는 힘들다.

콤팩트 시티의 디자인

교외와 농·산촌의 독자적인 과제에 대응하기 위해서는 콤팩트 시티만으로는 충분치 않다. 한편으로 기존 시가지를 콤팩트하게 구성하는 것은 계획 시스템에 의한 규제이며 유도다. 나아가 구체적인 공간의 모습으로 만들기 위해서는 도시디자인이 필요하다. 그러나 일본은 이 분야의 확립이 매우 뒤쳐져 있다.

EU의 지속 가능한 도시디자인

유럽에서는 콤팩트 시티가 환경과 관련된 도시디자인으로 자리 잡고 있는 것은 EU의 정책으로도 알 수 있다. EU는 2004년 11월에 새로운 도시환경 정책인 「지속 가능한 도시디자인 보고서」[18]를 작성, 공표했다.사진 3.6 보고서는 도시환경 문제에 대처하기 위해서는 도시수준에서 토지이용과 교통을 결부시켜, 자동차이용을 줄이고 시가지가 확산되는 것을 극복하는 것이 순서라고 하였다. 그러한 점에서 EU가 1990년대부터 추진해 온 콤팩트 시티 전략은 지속해야 할 필요성이 있으며, 환경보존 수법을 더욱 도입하여 도시에서는 그린 콤팩트 시티, 도시권에서는 폴리센트릭 패턴분산적 집중19과 같은 개념이 효과적이라고 하였다.

영국의 계획 시스템과 도시디자인

유럽의 일반적인 계획 시스템과 같이 영국에서도 대부분의 개발행위, 건축행위, 용도변경은 개발허가의 대상이 된다. 그때의 판단기준으로 사용되는 것이 지자체의 토지이용계획인 개발계획과 정부가 정한 분야별 계획방침서다. 지금 영국에서는 계획 시스템, 지자체의 시스템이 크게 바뀌려고 한다. 정부는 계획 시스템 개혁의 목적을 간략하게 전략적으로 하여 절차상 속도를 향상시키고 유연하게 대응하는 데 있다고 설명하였다. 예를 들어, 25종류의 계획방침서도 기존의 계획방침 가이던스Planning Policy Guidance, PPG에서 계획방침 설명Planning Policy Statemant, PPS으로 순차적으로 이행 중이다. 또한 각 지자체에서는 개발계획을 개발골격framework으로 전환 중이다.

정부 계획방침의 기본이 되는 『PPS1 – 지속 가능한 개발을 가져오다(2005년)』에서는 좋은 디자인과 좋은 계획은 서로 다른 것으로서, 디자인의 역할을 다음과 같이 정의내리고 있다.

- 사람들이 업무와 주된 서비스를 이용할 수 있도록 장소를 연결한다.
- 자연환경의 직·간접적인 영향을 고려하여, 기존의 도시형태와 자연·시가지 환경을 통합한다.

사진 3.6 EU의 「지속 가능한 도시디자인 보고서」 표지 유럽 전체의 주택지개발, 수변정비까지 다양한 공간수준이 대상이 된다는 것을 나타내고 있다.

- 누구나 사회의 일원으로 받아들일 수 있는 환경을 만들고, 영국 정부의 중요 시책인 '사회적 배제'20의 극복에 기여한다.

구체적인 도시디자인 분야의 방향성을 구체적으로 나타낸 것이 2000년에 정부가 출판한 『By Design』계획 시스템에서의 도시디자인이다.21 이 책에서는 도시디자인의 목적으로 개성적인 장소, 도로의 연속성과 닫힌 공간, 공공공간의 질, 이동의 자유로움, 알기 쉬움, 변화로의 대응성, 다양성이라는 7가지 항목을 들고 있다.

다양성Diversity에 대해 구체적으로는 다음과 같이 서술하고 있다.

- 용도가 다양하며, 한 장소에서 살고, 일하고, 놀 수 있다.
- 복합용도의 단일건물, 다른 용도의 건물이 늘어선 거리, 용도가 정리되어 있는 인접한 근린지역과 같은, 규모가 서로 다른 공간에 용도의 복합성을 배려해야 한다. 이를 통해 서로 용도를 바꿀 수 있는 균형 잡힌 커뮤니티가 형성된다.
- 복합용도는 여러 시간대에, 여러 사람들이 한 장소를 사용하기 때문에 장소에 활기를 가져온다. 단, 용도복합을 올바르게 하지 않으면 안 된다.
- 배치, 건축형태, 소유형태의 다양성은 뛰어난 거주환경과 취업기회를 만들어낼 수 있다. 사회적 교류, 사회주택 공급에도 좋은 디자인은 중요하다. 큰 부지를 세밀하게 만들어 각각의 장소에 직접 접근할 수 있으며, 다른 건축가를 활용하면 또 다른 디자인이 적용된다. 정면이 좁은 건물은 다양한 요구에 대응할 수 있는 소규모 쇼핑몰의 상업활동을 활발하게 할 수 있다.

도시디자인과 다양성

먼저 소개한 제이콥스는 『미국 대도시의 생과 사』에서 다양성이 얼마

나 중요한지 반복해서 강조하고 있으나, 한편으로 경쟁이 최종적으로 다
양성을 상실시킨다고도 서술하였다. 영국에서도 클론 타운센터복제 번화가
라는 비판이 나오고 있다. 활기 넘치는 번화가라도 그곳에 입주해 있는
기업, 상업시설은 전국적인 체인점같이 특징이 없다. 교외로 무분별하게
들어선 쇼핑센터가 도심부를 쇠퇴하게 만든 것은 명백하지만, 한편으로
획일적으로 들어선 점포와 입지유동성도 같이 비판받고 있다. 일본의 쇠
퇴한 상점가에는 매력 없는 상품과 서비스가 남아 있지만, 전국 체인점
에는 없는 지역 독자적인 상점과 서비스 시설이 유럽에 비해 아직 많은
것도 사실이다. 그러나 이러한 특징도 앞으로 중심시가지가 활성화되는
지역에서는 세계적인 기업이 형성되어 일본에서도 클론 타운센터가 출
현할 우려가 있다. 그러나 다양성을 잃은 생물계, 식물계가 환경변화에
약한 것처럼, 다양성을 잃은 도시와 지역은 매력이 떨어지게 되는 것만
이 아닌, 경제사회의 변화에도 대응하기가 어렵다.

콤팩트 시티의 기본적인 구성요소는 고밀도 주거와 용도의 복합성이
다. 용도의 복합성은 복합기능이라고도 불리며, 공간적인 특성으로서는
다양성을 가져오는 것, 그것에 의한 지속 가능성을 높여나가는 것에 의
의가 있다. 지속 가능한 커뮤니티의 방향을 논한 휴 바르통H. Barton은 근
린을 에코 시스템으로 받아들일 때, 다음과 같은 요소가 중요하다고 지
적하였다.22

- 지역의 자치를 높인다 - 기술적, 사회적, 환경면에서 실현 가능한 범
  위에서 부하를 줄여나가며 주민의 요구에 대응한다.
- 선택과 다양성을 높인다 - 다양한 사람들이 있고, 특히 주택, 이동,
  업무, 서비스, 열린 공간에는 다른 요구를 가지고 있다.
- 장소의 대응성 - 토지는 계획의 필수요소지만, 독자적인 지형, 경관,
  수맥, 생물환경, 풍토 등을 배려하여 개발하여야 한다.
- 연계와 통합 - 연계성은 단순히 인간영역의 문제다. 근린은 다른 근

린이나 도시와 복잡하게 연결되어 있다.
- 유연성과 쉬운 적용성 – 미래 변화에 대응할 수 있도록 한다. 예를 들어, 건축용도의 변경, 가족의 변화에 대응할 수 있는 주택, 증대하는 부하에 대응할 수 있는 기반시설, 기능이 많은 열린 공간 등.
- 사용자에 의한 통제 – 집권적인 시장과 관료적인 행정은 다양성을 해치는 부적당한 결론을 내릴 경향이 있다. 보완성의 원리[23]가 근린과 가족, 기업에 적용되어야 한다.

다양한 도시의 사례연구에서 살기 좋은 도시의 조건을 고려한 샤프트 H. Shaftoe는, 우리는 안전하고 느낄 필요가 있으며, 그것을 위해서는 다음과 같은 요소가 중요하다고 서술하였다.[24]
- 주택의 질 – 대량으로 지어진 저가주택은 장기적으로는 높게 매겨진다. 1960년대에 지어져 지금 부서지는 주택이 그 예다.
- 다양성또는 지역자립성 – 복합기능의 지역이 보다 안전하며, 다양성은 연령계층, 소유형태, 소득에 따른 주택과 주요한 쾌적시설상점. 주차장, 레저에도 적용해야 한다.
- 개성 – 근린은 적당한 휴먼스케일의 크기, 즉 인구 약 5,000명 이하, 직경 1km 이하의 크기라면 지역과 연결되어 있다고 느껴지는 독자성을 가진다.
- 소유 – 참가와 근린의 밀도규제를 통해 주민은 근린의 현재와 미래에, 상태와 생활의 질이 관계된 것으로 느끼게 되고, 사람들의 행동도 그에 따른다.
- 안전성과 계속성 – 주민이 근린을 일시적인 체류장소라고 생각한다면 좋은 장소로 만들고자 하는 노력을 하지 않는다. 마지막 거처라고 생각한다면 그 지역에 남고자 한다.

이렇듯 영국에서는 도시의 지속성과 살기 좋은 주변 환경을 누리려
하기 때문에 다양성의 의의와 우리 마을이라는 의식을 가져오는 다양한
방법을 도시디자인에서 고려하고자 한다.

고밀도의 다양한 도시중심부의 매력

도심부의 역할-영국의 예

정부의 지침

영국 북부에 있는 버밍엄 등 옛 공업대도시는 18세기 후반부터 시작된
산업혁명이라는 거대한 사회적 변혁 속에서 진행된 공업화, 도시화로 인
해 형성되었다. 도심부에는 제조업을 유지하는 공장, 창고, 사무소, 운하
등이 들어서 있으며, 그 주변에 노동자의 거주지가 형성되었다. 생산관련
시설의 일부는 경제적인 번영을 말해주는 역사적인 건축물군으로 지금도
남아 있다. 19세기에는 빈민가로 불리는 열악한 주거환경이 시가지로 퍼
져나갔다. 거주지구의 개선문제는 여러 번 정치적인 과제가 되었으며 지
금도 계속해서 언급되고 있다. 도심부는 일반적으로 내부연결 도로에 둘
러싸여, 상업, 업무, 행정, 문화가 모여 있지만 주거기능은 열악하다.

영국 정부는 PPG6타운센터, 1996년을 개정하여 PPS6Planning for Town Centres
(ODPM, 2005년)을 책정했다. 기존에는 개발허가에 적합한 판단지침이었지
만, 보다 적극적인 대응을 통한 개성창출을 계획담당부국에 요구하고 있
다. 구체적으로는 다음과 같이 정해져 있다.

① 중심가 활성화의 목표

• 다양한 수준의 도심이 될 수 있도록 개선하여 사회적인 포섭력을
  촉진한다.

• 빈곤지구의 재생, 고용의 확대, 물적 환경을 개선하여 투자를 촉진

한다.

- 광역에서 지구까지 다양한 공간수준에서 경제발전을 촉진한다.
- 고밀도, 복합기능, 지속 가능한 교통수단으로 자동차이용을 줄여 지속 가능한 발전을 가져온다.
- 질 높고 포용력 있는 디자인을 촉진시켜, 공공공간과 열린 공간의 질을 개선하고, 중심지구의 건축·역사적 유산을 보전하고 개선하며 장소성을 높여 매력적이고 접근하기 쉬운 안전한 도심을 만든다.

② **활성화의 수법**

활기 있는 중심가를 만들기 위한 계획주도 수법, 즉 도심의 적극적인 계획이 주제가 된다.

- 기존 중심가 내에서의 적절한 개발·재개발·용도전환 등의 지구의 선정, 전문가의 육성, 성장지역에서의 새로운 중심가의 설정 등을 통해 성장촉진과 관리개혁을 진행한다.
- 일상생활을 위해 기초적인 중심가에서 광역까지의 중심가를 정해필요하다면 새로운 중심가도, 성장과 빈곤지구의 개선을 위한 전략, 공간행정과 제안 또는 구역활동 계획, 강제수용 지구 등을 포함한 개발계획을 작성한다.
- 질 높은 디자인과 토지를 효과적으로 활용하는 것도 중요하다. 계획부, 국은 주민과 관계자와 함께 소매·오락 그 외의 신규수요의 양적·질적 필요량과 개발가능 용량을 조사한다. 나아가 이러한 필요성의 특성과 양의 적절성, 개발장소의 설정에 있어 연속적 수법25의 적용, 개발규모의 적절성, 영향평가, 개발지가 되기 위한 교통접근성 등을 계획당국이 보고 결정한다.
- 계획당국은 중심가 계획에서 야간의 경제활동영화, 극장, 술집, 레스토랑, 바, 나이트클럽, 카페과 시장야외와 실내도 배려해야만 한다.

이렇듯 새로운 지침에서는 기존보다도 적극적으로 중심가를 계획하고, 촉진시키고 있기 때문에 향후 각 지자체의 현장에서 어떻게 실제로 운용되는가가 주목받고 있다. 그러나 일본의 중심시가지 활성화계획과의 큰 차이에도 주목해야만 한다. 먼저 중심가 네트워크로서 근린에서의 일상적인 쇼핑과 같은 서비스로의 접근성에도 배려하도록 요구할 것, 두 번째로는 계획당국이 신규개발·재개발에서 규모 등의 질과 양이나 개발영향 등을 평가하지 않던 기존의 수법을 답습하지 않고 적절하게 평가할 수 있도록 요구할 것, 나아가 도심계획의 목표인 지속 가능성과 사회적 포용성, 경제성장 등 일본보다도 폭넓은 목표를 설정하고 있는 것을 여기서는 지적할 필요가 있다.

버밍엄의 중심지구의 재생

영국 제2의 대도시 버밍엄에서는 중심지구의 보행자 전용공간화와 그 주변의 상업개발, 오피스 개발·사이언스 파크, 원형 투기장과 국제회의장, 박물관 등의 문화시설, 지역분단을 해소한 환경개선을 지향한 도로정비, 역사적인 건물·시설의 보전·재생 등을 진행하고 있다.사진 3.7 중심 철도역부터 운하 주변까지 이어진 보행자공간을 정비하고, 그 일대에 상업, 문화, 회의, 스포츠, 업무 등의 시설을 개발하여 새로운 환경적 가치를 창출했다. 자동차도시의 이미지를 부수고, 보행자가 편하게 이동할 수 있도록 연결도로의 일부를 지하에 만든 효과는 크다. 새로운 마스터플랜에서는 다음과 같은 목표를 들어 중심지구가

사진 3.7 브린들리(Brindley) 스페이스(7ha, 1993~2004) 시가 주도하여 공장·창고용지를 재개발한 사업지구. 많은 상을 수상한 복합기능 개발의 모델로도 유명하다. 공공공간을 둘러싸고 대기업이 입주한 오피스 건물, 운하 주변의 수변 레스토랑, 호텔, 주택, 수족관, 갤러리 등이 들어와 있다.

도시의 성장엔진으로 자리 잡고 있다.

- 상업, 레저 등의 소비활동을 지역 내로 가져온다.
- 사업소, 서비스업 등 다양한 취업기회를 창출한다.
- 도시의 이미지를 높여 투자를 불러와 시민의 긍지를 높인다.
- 관광 등 외부인들의 유입을 촉진한다.
- 인구증가로 도심부를 활기 넘치게 만든다.
- 복합기능으로 새로운 활기와 매력을 강화한다.
- 새로운 도시형, 창조적·문화적 산업기반을 형성한다.

중심지구 주변

도시경제 전략에서는 문화분야에서 독창적인 소규모 사업소의 입지가 주목받고 있다. 이 분야는 광고, 건축디자인, 미술·공예, 공업디자인, 패션, 영화, 레저 산업, 음악, 출판, 소프트웨어, 방송 등이 포함된다. 이러한 기업은 일반적으로 거주지 중에서도 주로 CBDCentral Business District, 중심부의 비즈니스, 상업지구인 중심지구 주변에 입지한다. 그러한 곳에는 대부분 쇠퇴한 건물과 지구가 있으며, 시설재생이나 재이용, 재개발로 가격이 싸고 안전하며 정보접근 설비가 갖추어져 특별한 분위기를 가진 도시공간을 만들고 있어, 창조적인 업무를 하는 첨단감각을 지닌 젊은 사람들이 모여든다. 이러한 공간이 성립된 도시는 일정 규모 이상의 인구와 산업이 모인 도시, 즉 성숙한 도시다. 또한 근처에 있는 대학과의 연계가 매우 중요하다.

버밍엄 시의 문화지구와 보석지구는 새로운 산업육성의 가능성을 볼 수 있다.

사진 3.8 버밍엄의 카스터드 팩토리 지구
민간사업을 통해 공장을 재이용하였다. 문화창조와 관련된 소규모 비즈니스가 들어와 있다.

문화지구에는 도심재개발로 태어난 새로운 백화점에서 300m 정도 떨어진 위치에 124개의 스타트업 유닛조작을 시작하기 위한 작은 공간과 카페, 소매점, 갤러리, 영화관, 바, 댄스 스튜디오 등이 들어선 카스터드 팩토리 디그베스Custard Factory Digbeth, 100년 전에 카스터드 소스 공장을 재생, 약 2ha, 24곳의 작은 사업소가 포함된 본드 파즈2Bond Phase 2, 디 아크The Arch가 2001년에 문을 열었다.사진 3.8 이러한 시설은 보조금에 의존하지 않는 민간사업으로 개발, 운영되고 있다. 맨체스터의 노던Northern 지구, 셰필드의 시프밸리Sheaf valley 지구의 e캠퍼스와 문화산업 지구에도 같은 집적과 시도가 보인다. 랜드리도 『창조도시』에서 최근의 정보산업, 패션 디자인 등의 성장산업이 20세기 말부터 유럽 대도시의 문화지구에서 생겨나고 있다고 말하였다. 그러한 지구의 대부분은 언젠가 도심과 가까운 거대산업의 공장으로 다시 이용할 수 있게 될 것이다.26

일본의 중심지구의 매력과 가능성

번화가

'도시의 본질은 건물과 도로, 경제활동이 아닌, 확대되는 인간의 각종 접촉행위다. …… 구체적으로는 쇼핑이자 업무상의 회의이며, 오락·사교·감상 등이다'라고 핫토리服部 등이 『도시의 매력都市の魅力』에서 주창했다.27 그러한 도심의 놀이공간을 나타내는 단어가 번화가다. 번화가에도 다양한 유형이 있으며 시대에 따라서 변화되어 왔다.28 제2차 세계대전을 기점으로 도시에는 매력이 사라지고, 소비와 교류, 서비스 산업이 발달한 도시로 많은 사람들이 모여들게 되었다. 또한 도심의

사진 3.9 다양하고 밀도 높은 공간의 도심 번화가. 후쿠오카 시 다이묘 지구 지구 안에 있는 전문학교의 학생들이 기발한 패션으로 거리를 청소하고 있다.

번화가 중에서도 예를 들어, 후쿠오카福岡 도심·하카타博多의 다이묘大名
지구는 주거, 음식, 쇼핑, 전문학교, 사무실 등이 혼재된 도심지구로서
많은 젊은 사람들을 끌어들였다.

다이묘 지구에 마케팅 플래너 사업을 운영하고 있는 경영자는, '다이
묘에 가는 목적은 사람들마다 제각각이지만 나는 사람을 만나러 가는
경우가 많다. 상담할 상대를 찾아가거나, 술 한 잔 할 친구를 찾기도 하
며, 또한 재미있고 새로운 화제를 듣기 위해 다이묘에 방문한다고 말한
다. 다이묘 지구에는 그러한 공간이 여기저기 있으며, 외롭지 않은 거리
의 매력을 말하고 있다.29 다이묘 지구는 에도 시대에 형성된 휴먼스케
일의 거리공간에 다양한 계층이 겹쳐 생겨났다. 일본적인 고밀도, 다기
능 공간인 것이다.

도심형 성장산업의 입지

도심의 매력은 시민과 방문자에게만 즐거운 공간이 아니다. 일터도
중요한 장소가 된다. 지리학에서도 오래전부터 도심은 CBD의 역할을 찾
아냈다. CBD는 교통의 편리함과 사무실의 집적성 또는 행정기관과의 편
리한 연결성으로 입지를 설명하였다. 그러나 최근 성장하고 있는 서비스
산업 부문, 특히 정보, 문화, 예술, IT산업에서는 지금까지와는 다른 도
심의 매력이 산업입지와 취업자를 끌어들이는 경향이 있다.

백만 도시 히로시마広島에서는 시가지가 넓어진 삼각형 지대의 녹지
주변부에 자리 잡고 있던 기존의 산업이 쇠퇴하는 한편, 도심에는 많은
도시형 IT산업이 입주해 있다. 1986년부터 1996년까지 옛 산업지역의
종업원 수가 약 5,500명 정도 감소한 반면, 도심지역에서는 2만 6,000명
이 증가했다. 도심 500m 범위에 인터넷 관련, 통신, 소프트웨어, PC시스
템과 같은 많은 도시형 IT산업이 입주해 있다.그림 3.1 도심의 집적이익에
더해져 세련된 도심공간에서 일하는 업무스타일이 젊은 사람들에게 인

기를 얻고 있다. 도심은 도시형 IT산업의 부화기라고 할 수 있다.[30]

도시의 스페이스, 플레이스, 그리고 창조성

플로리다는 2002년에 『창조계급의 도래』를 집필하고, 현대의 경제성장을 지탱하는 새로운 사회계층을 정의내리고 미국 도시를 사례로 삼아 창조계급이 모이기 쉬운 도시조건을 검토했다.[31] 창조계급의 사람들이 많이 모이는 장소가 창조적인 경제가 모이고 발전한다고 생각하여, 플로리다는 그러한 장소가 가진 특성으로 세 가지 T를 제안하였다. Technology기술, Talent인재, Tolerance관용성가 그것이다. 최근작 『창조계급의 비행The Flight of the Creative Class』에서는 세계 각국의 주요 도시의 해석도 실었다. 그 책에서 9·11 테러 이후 미국에서는, 창조계급은 교외

그림 3.1 히로시마 시. 도시형 IT산업의 입주(2001년) 각 점은 인터넷관련 통신, 소프트웨어, PC 조립·판매, PC시스템 관련 사무소의 위치를 나타낸다.
출전: 『廣島の都心戰略·交通戰略』, (社)中國地方綜合硏究センター

로 탈출하는 경향이 강해지고 있으나, 밀도가 높은 도시중심부는 창조성의 잠재력을 품고 있다고 지적했다.32

도시 안이나 건축적 공간만이 아닌 창조계급이 견고한 막을 형성하고 있는 장소는 두터운 노동시장, 예술문화적인 환경, 사회적인 교류, 다양성·선택제, 신뢰성, 개성과 같은 장소의 질Quality을 갖추고 있다.사진 3.10

디지털 네트워크는 도시라는 장소를 필요로 하는가

마르크스는 엥겔스와는 달리 공간적인 입지에는 관심이 없었다고 전해진다. 그런데 1970년대 프랑스의 마르크스주의자는 국가의 역할에 있어 계획이 중요하다고 생각하여 1970년대부터 다양한 연구를 진행했다. 소비자가 한 자리에 모이는 것에 착안한 마누엘 카스텔M. Castells도 그 중 한 명이다.33

그는 유럽이 경제적 세계화, EU에 의한 유럽통합, 정보기술 혁명과 정보사회의 도래로 인해 도시는 문화적으로 독자성을 상실Identity Crisis할 위기에 직면했다고 말하고 있다. 한편, 주요 대도시는 큰 공간변화가 진행되고 있다. 그것은 국내 또는 국제적 비즈니스 센터가 도시의 경제적 엔진이 되고 있다는 것과 새로운 엘리트는 교외가 아닌 도심부에 거주하기를 선호하고, 다른 것을 배제한 특별한 지역을 형성하는 것과 교외는 산업공간임과 동시에 노동자층의 거주지가 되었다고 진언하고 있다.

또한, 카스텔은 창조적인 사람들을 끌어들이는 도시의 조건을 다음과 같이 들고 있다.

• 풍부한 노동시장취업의 기회
• 생활방식에의 대응음악·예술·교외 스포츠 등

사진 3.10 관용의 도시로 평가받는 샌프란시스코의 거리

- 사회적 교류유동성과 익명성도
- 다양성선택의 가능성
- 역사와 문화가 계승된 주체성
- 다른 곳에 없는 독자성
- 질 높은 장소

　프랑소와즈 패랜은 도시에서 개인의 네트워크가 어디에서 형성되는
가에 대해서, 오늘날과 같은 디지털 네트워크도 밀도가 낮은 교외도 없
었던 19세기 파리를 대상으로 관찰하였다.[34] 19세기 전반, 파리에는 500
곳 정도의 독서클럽이 있었다고 전해진다. 독서클럽은 공공 도서관이 없
던 시대에 싼값으로 책과 신문을 읽을 수 있는 시민의 문화활동 장소였
다. 독서클럽에는 다양한 계층의 사람들이 모였으며, 인구밀도가 높은
지구에 클럽이 많았던 것은 아니었다. 은행과 호텔, 레스토랑, 출판사가
모여 있던 센 강변 우측과 학교와 인쇄소가 많던 라탱Latin 지구인 강변
좌측에 집중되어 있었다. 패랜은 독서클럽이 들어선 이유를 '그 공간이
불러 모은 여러 가지 활동과 기능이며, ⋯ 상업적 · 문화적 활기의 장이
기 때문'이라고 해설하였다.그림 3.2

형식적과 비형식적인 공공공간

　사람은 도시에 모여들고 다양하게 접촉하고 토론을 한다. 그러한 활
동은 실제로 도시와 농촌을 떠나 인간이 사회활동을 할 때 빠질 수 없는
행동양식이다. 인간이 사회적 동물이라는 본질에서 태어났기 때문이다.
예를 들어, 고대 그리스 도시의 중심부에 만들어진 광장 아고라는 단순
한 공공광장이라기보다는 오히려 도시의 집중지역, 그 심장인 것이다.[35]
　공공공간에는 형식적인 공간과 비형식적인 공간이 있다. 영국에 7만
곳 정도 있다고 전해지는 펍public house은 바로 이웃사람들과 술을 마시

며 만나는 비형식적인 공공공간이다. 19세기 파리의 독서클럽과 이하라
사이카쿠井原西鶴가 그렸던 에도 시대의 목욕탕, 이발소도 또한 비형식적
인 공공공간의 전형이다. 형식적인 공간으로는 도로와 광장 등을 들 수
있다. 랜드리는『창조도시』에서 자연스런 경계구역인 도심부의 중요성
을 강조하였다. 다양한 사람들이 자유롭게 만나는 공간의 중요성과 도
시에 가져오는 활기와 창조성을, 런던의 수많은 클럽, 파리의 카페 등을
예시로 들고 있다. 또한, 그는 예술가가 자유롭게 거주하며 일할 수 있
는 런던의 소호와 캠든타운의 특징을 도심과 가깝고 저렴하면서도 재미
있는 공간이라고 소개하였다.

필자는 부다페스트를 2006년 9월에 방문하여 두 곳의 밀레니엄 센터
로 안내를 받았다. 한 곳은 10년 정도 전에 오래된 시가지인 부다 지구
에 설치된 곳으로 예술문화 센터가 있으며, 저녁이 되어도 많은 시민, 가
족 동반, 젊은 사람들, 연인들이 모여들어 활기로 넘쳤다. 또 한 곳은 최
근 만들어진 곳으로 정부의 노력으로 만들어졌다. 도나우 강 옆의 오래

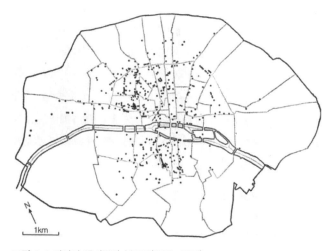

그림 3.2 파리의 독서클럽 분포도(1815~1830)
출전: 프랑소와즈 패런 '파리의 독서클럽 – 복고왕제 하의 문화활동과 사회공
간(『都市空間の解剖』, 新評論), 1985년

된 공장지대를 재개발하여 정비한 곳으로, 신시가지 페스트 지구에 속한다. 넓은 잔디와 큰 극장 등이 있지만 교통사정도 열악하고 활기가 없다. 정부의 선전을 위해 건설되었다고 안내해준 일본어과 학생이 설명해 주었다. 이전의 독재정치 시대에는 공공공간은 권력자를 위한 것으로 시민이 편하게 교류한다는 것은 비형식적 공공공간에서만 이루어졌다. 새로운 밀레니엄 센터는 권력적인 시대를 떠올리게 한다고 했다.사진 3.11. 12

스웨덴의 룬드 대학의 선생이 2006년에 도쿄를 방문했을 때, 공공시설 안에서 정치적인 주장을 쓴 구호판을 떼어내는 모습을 보고 매우 놀랐다고 한다. 공공공간은 시민이 자유로운 의견을 표현하는 것도 중요한 기능의 하나이며, 시민사회의 기조임에도 일본에서는 왜 그러한 것을 이해하지 않는가 라며 놀라워했다. 성숙한 시민사회에 있어 자유로운 활기와 즐거운 공공공간의 존재는 필수불가결한 요소다. 쇼핑센터, 쇼핑몰은 교외에 있건 도심에 있건 우리에게 편리한 생활과 쾌적함을 전해주는 것은 분명하다. 그러나 자유로운 시민사회의 실현을 위해서는 누구라도 제약 없이 모여, 교류할 수 있는 풍부한 형식적·비형식적 공공공간과 지역성, 문화성이 깃든 공간이 빠져서는 안 된다.

사진 3.11 신 밀레니엄 센터. **부다페스트** 건축과 광장은 웅대하지만, 인간적인 매력이 부족하다.

사진 3.12 구 밀레니엄 센터. **부다페스트** 도심과 가까워 걸어서 갈 수 있는 장소에 있으며, 문화예술적인 친밀한 분위기로 사람들에게 인기가 있다.

변하는 경제사회에 어울리는 도시를

컴퓨터 속의 가상공간이 급격하게 확대된다고 해서 2차원, 3차원의 토지나 건물을 이용하는 가치가 작아지는 일은 없다. 반대로, 사람의 능력이 기능으로 바뀌어 인간의 지적 활동이 경제활동에서도 더욱 중요한 역할을 하게 될수록 인간에게 바람직한 생활공간과 노동현장이 중요해진다. 계획 또는 도시계획은 정치적인 성격을 강하게 띠고 있다. 연속성과 공간적인 한계성을 가진 토지공간과 같은 자원을, 무엇을 우선시하여 어떻게 분배하는가를 정하는 것이 계획이다. 유럽에 비해 느슨한 규제와 중앙집권적인 획일성이 1980년대 이후 규제완화 노선으로 나타나 한층 빈약해진 시스템이 되었다. 그것이 2006년에 개정했던 마을만들기 3법으로 대규모 집객시설의 입지 등에 관해 규제강화가 도입되었다. 자유로운 경제활동을 지원하고 급속한 개발을 막기 위해 도로 등의 도시 인프라가 변화하려고 하는 것은 분명하다.

콤팩트 시티를 지향하고자 하는 사고가 이렇게 시스템을 변경하는 이념이 되었다. 이러한 방향으로 다양한 지역에서 계획이 작성되어, 보조사업이 적용되고 지역에서는 기업과 시민이 협동하려는 시도가 진행될 것으로 기대된다. 그러나 지속 가능한 도시공간 모델인 콤팩트 시티가 구체적인 공간으로 형성되고, 도시지역이 재생되기 위해서는 도시디자인의 질이 높아지지 않으면 안 된다. 그러기 위해서는 물론 인재육성이 빠질 수 없지만 앞으로 경제, 사회, 환경 모든 분야에 걸쳐 도시디자인의 수법, 기술을 개발하기 위해서는 많은 실천과 성공사례를 모으는 수밖에 없다고 생각한다.

앞으로 도시가 나아갈 방향으로 다양성과 창조성이 중요한 테마인 것은 명백하다. 유럽의 도시는 역사적인 공간을 소중히 해나가며 도시재생 프로젝트를 통해 눈에 보이는 변화를 만들어내고 있다. 일본도 확

대성장만을 쫓던 도시개발 시대에서 도시의 문화, 도시의 산업, 도시의
생활방식, 생활의 질이 중시되는 시대가 시작되려고 하고 있다. 실천을
모으는 한편, 기본적인 질문, 시도, 탐구 또한 우리 전문가에게 요구되
고 있다.

《주·출전》

1. Cuthbert, Alexander R., *The Form of Cities -Political Economy and Urban Design*, Blackwell Publishing, 2006.
2. J. ジェコブス, 黒川記章 訳, 『アメリカ大都市の生と死』, 鹿島出版社, 1969(Jane Jacobs, The Death and Life of Great American Cities, Modern Library Edition, 1993, 初版 1961).
3. 어반 빌리지는 영국 찰스 황태자가 1980년대 말부터 캠페인을 전개하여 그 후 영국 정부도 추천하고 있는 개발패턴이다. 중간 정도의 밀도, 복합기능, 대중교통과 자동차·보행자교통 중시, 마을 등의 전통적 디자인을 응용한 것이 특징이며, 미국의 '신도시주의(New Urbanism)' 운동 (주17 참조)의 이론과 같다. 『コンパクトシティ』(海道清信, 学芸出版社, 2001) 참조. 어반 빌리지·포럼은 캠페인조직으로 활동하지만 오늘날에는 Prince's Foundation으로 발전해 개발사업 등도 전개.
4. Gratz, Roberta Brandes, "Authentic urbanism and the Jane Jacobs legacy", HRH The Prince of Wales and Peter Neal, eds., *Urban Villages and the Making of Communities*, The Princes Foundation, Spon Press, 2003.
5. 용도의 혼재, 교차점 간격이 짧은 지구, 건설연대가 다른 건물의 공존, 고밀도 주거.
6. Jacobs, Jane, *op. cit.*, p.585.
7. 中村良夫, 「子どもたちへのメッセージ」, 『建築雑誌』, 日本建築学会, 2006年 6月号, p.5.
8. 2006년 9월 매스컴은 후쿠오카 시에서 일어난 음주운전으로 인해 유아 3명이 목숨을 잃은 비참한 교통사고에 대해 보도했다.
9. 経済産業省産業構造審議会, 『合同会議中間報告·参考資料集(案)』, 2005. 12.
10. 시가지화 구역 내는 시가지를 적극적으로 개발·정비하고, 시가지화 정비구역은 시가지화를 억제해야 하는 주역이다. 일반적으로 '선긋기 제도'라고 한다. 기존에는 원칙적으로 인구 10만 명 이상의 도시에서는 선긋기를 행하고 있었으나, 2002년의 법 제정으로 지방권에서는 선긋기를 하지 않아도 좋다는 선택제가 도입되었다. 가가와 현의 다카마츠 시를 포함한 지역 등에서 시가지화 구역, 정비구역의 설정이 폐지되어, 교외에서의 개발이 진행되고 있으며 그 영향에 대한 해석이 시작되고 있는 단계다.
11. 마을만들기 3법이란, 개정도시 계획법, 중심시가지 활성화법, 대규모점포 입지법. 2006년도 개정에서는 대형점포 입지법을 개정하지 않았다. 중심시가지 활성화법은 같은 해 8월에 시행, 개정도시 계획법은 2007년 가을에 시행될 예정에 있다.
12. 중심시가지 활성화 기본방침(2006년 9월 각료결정)에서는 '다양한 도시기능이 콤팩트하게 모인 걸어서 살 수 있는 생활공간을 실현할 것'(콤팩트한 마을만들기)을 지향하도록 명기되어 있다. 또한, 2007년 2월에 최초로 두 개 도시의 중심시가지 활성화 기본계획이 설정되었지만, 후

쿠야마 시에서는 '대중교통을 활성화시킨 콤팩트한 마을만들기', 아오모리 시는 '콤팩트 시티의 형성'을 목표로 하고 있다.

13. 법 개정을 담당한 행정관에게 얻은 정보. 또한, 토지소유권과 개발규제와의 관계에서 요시다 가츠미(吉田克己)는 다음과 같이 지적하고 있다. '토지는 생산할 수 없는 것으로, 위치와 관련된 독점성 등 많은 점에서 여느 상품과는 다르게 취급하고 있다. 그러나 일본의 경우에는 토지상품의 특수성이 매우 희박하다. 토지소유권을 일반적인 상품소유권으로 되돌려 '토지=상품'이 라는 논리를 관철하는 것을 보면, 일본의 토지소유권 개념의 현저한 특징이 있다.'(吉原純孝 編, 『日本の都市法 I』, 東京大学出版会, 2001, p.374)

14. 中井検裕, 「中心市街地活性化と都市計劃法等の改正」, 『季刊まちづくり 12号』, 0610, 学芸出版社, 2006.

15. ジェレミー・リフキン, 『ヨーロピアン・ドリーム』, NHK出版, 2006, pp.201-206.

16. トマス・ジーバーツ, 『都市田園計劃の展望-「間にある都市'の思想』, 学芸出版社, 2006.

17. 미국에 있어 저밀한 교외 스프롤 주택지개발에 대항하여 건축가, 도시계획가들이 1990년대부터 진행하고 있는 개발패턴. 어반 빌리지(주3)와 같은 사고. 많은 개발사례가 있으며 부동산개발로서도 성공하고 있다고 평가받고 있다.

18. *The Expert Working Groupe on Urban Design for Sustainability*, EU, 2004.

19. 폴리세트릭(polycentric) 패턴은 EU의 지역공간 전략의 기본이 되어 있다. 여러 가지 규모의 도시가 각각의 일정한 중심성을 가지고 네트워크로 연결되어 있는 구조.

20. 사회적 배제(Social exculusion)는 예를 들어, 실업, 빈곤한 주택, 범죄, 인종차별, 낮은 기술습득, 저수입, 비건강, 가족의 붕괴 등이 일어난다. 그것들은 불행의 연쇄를 일으키지만 개인이나 지역의 책임으로 일어나는 것이 아니기에 다양한 정책으로 극복해야만 한다.

21. Cabe, UCL and DETR, *The Value of Urabn Design*, 2001(도시디자인의 가치). DETR/CABE, *By Design- Urban Design in the Planning System*, 2000(디자인에 의한 계획 시스템을 위한 도시디자인), pp.16-32.

22. Barton, Hugh, "The Neighborhoods as Ecosystem", Hugh Barton, ed., *Sustainable Communities, The Potential for Eco-Neighborhoods*, Earthscan Publications 1td, 2002, p.89.

23. EU에 있어 통치원리이다. 주민에 가까운 기관이 문제해결을 하는 것을 기본원칙으로 하지만 보다 상위기관이 담당하는 편이 명확히 잘 진행되는 경우에 한정하여 상위기관이 행하는 것.

24. Shaftoe, Henry, "Community Safety and Actual Neighborhoods", Hugh Barton., ed., *Sustainable Communities - The Potential for Eco-Neighborhoods*, Earthscan Publications 1td, 2002, p.243

25. 시퀀셜(sequential) 수법이란, 새로운 상업개발 등이 필요할 때 먼저 도심, 그것이 부적당하다면 이하, 중심가 주변, 시가지 내・외의 순서로 적당한 개발장소를 선정하는 것과 같이 개발을 허가하는 개념.

26. Landry, C., The Creative City: A Toolkit for Urban Innovators, Earthcan, 2000(後藤和子 監訳, 『創造的都市』, 日本評論社, 2003).

27. 清水馨八郎・服部銈二郎, 『都市の魅力』, SD選書, 鹿島出版社, 1970.

28. サントリー不易流行研究所 編著, 『変わる盛り場-'私'がつくり遊ぶ街』, 学芸出版社, 1999.

29. 佐々木喜美代, 「夢のアジト-自己実現の場としての大名一」(『アジア都市研究 Vol.3, No.1』, 九州大学P&Pアジア都市研究センタープロジェクト研究体), 2002. 3.

30. 杉江・牧野・佐藤, 『広島の都心戦略・交通戦略』, (社)中国地方総合研究センター, 2002.

31. Florida, Richard, *The Rise of the Creative Class*, 2002. Florida, *Cities and the Creative Class*, 2005. 플로리다(2002)에서는 크리에이티브 클래스로 다음과 같은 직업분류를 사용하고 있다. 슈퍼 크리에이티브 코어(컴퓨터・수학, 건축가・기술자, 생명과학・인체과학・사회과학, 교육・훈련・도서관, 예술・디자인・오락・스포츠・의료), 크리에이티브 프로페셔널(매니지먼트, 비즈니스・금융관계, 보건・의료, 고급 세일즈・세일즈 매니지먼트).

32. Floroda, Richard, *The Flight of the Creative Class*, 2005, pp.49-54.
33. Castells, Manuel, "European Cities, the Informational Society and the Global Economy", Peter Hall, ed., *The City Theory*, 1996.
34. フランソワーズ・バラン, 「パリの読書クラブ－復古王制下における文化行動と社会空間」, 『都市空間の解剖』, 新評論, 1985.
35. ウィッチャーリー, .小林文次 訳, 『古代ギリシャの都市構成』, 相模書房, 1980.

창조성의 동기와 도시정책
문화정책과 산업정책의 종합적인 시점으로

고토 가즈코(後藤和子, 사이타마 대학)   *chapter* **4**

창조적인 도시정책의 빛과 그림자

　최근 일본에서도 창조적인 도시에 대한 관심이 높아져 몇몇 도시에서 창조도시를 지향하는 움직임이 확대되어 가고 있다. 또한, 2002년부터 일본경제 전체가 회복세로 돌아서는 와중에, 지자체 파산으로 상징되던 많은 문제로 인해 자력으로는 다시 일어서기 힘들어 보이는 지역과 순조롭게 발전하는 지역과의 격차가 점점 벌어지고 있다. 빈곤층의 문제가 커지고 있는 가운데, 개인 간의 격차는 지역 간 격차에 따라 벌어지고 있으며, 지자체는 어떻게 하면 지역·도시 정책을 구상하고 실행할 수 있는가를 찾아나가고 있다.

　그러나 비교적 순조롭게 발전하는 듯이 보였던 도시에서도 한편으로는 창조도시를 표방하고 있으나, 그 배후에는 지자체의 재정위기로 인한 재정악화와 지정관리자 제도로 대표되는 뉴 퍼블릭 매니지먼트가 확대되고 있다. 이러한 상황 속에서 문화를 활용한 도시정책의 현실은, 문화를 관광자원으로 활용하여 관광객을 모아 지역 활성화와 경제효과를 지향하든지, 아니면 문화산업과 창조산업을 유치하는 것과 같은 기존 도시

정책의 개념을 문화로 확장한 것에 지나지 않는 경우가 많다. 예를 들어, 다음의 두 가지는 일본 특유한 것이라고 생각되는 도시정책 발상의 한 단면이다.

한 가지 예는, 현의 북부에서는 첨단기술 산업을 유치하여, 과학기술 산업발전을 지향하며, 현의 남부에서는 문화유산을 관광으로 활용하여 지역활성화를 목표로 하는 등, 전혀 관계없는 산업과 문화를 정책으로 만든 것이다. 종래의 모노즈쿠리는 숙련된 기술만을 강조하였으나, 디자인과 아이디어 등의 창조성과 부가가치에는 가치를 두지 않았다. 그러나 일본 유수의 안경 생산지에 있는 몇 명의 디자이너만으로 이탈리아 등의 세련된 디자인을 가진 안경산업과 경쟁한다는 것은 불가능하다. 산업과 모노즈쿠리와 지역경제와의 관계를 숙련된 기술의 계승과 발전의 시점에서만 보지 않는 발상 그 자체를 전환할 필요가 있다.

두번째는 지역의 실태를 깊이 분석하며 정책을 펴나가는 것보다는 해외를 포함한 다른 사례를 수박 겉핥기식으로 보고 따라하거나, 그 본질은 이해하지 못한 채 보조금만 축내기 쉬운, 세금만 갉아먹는 애물단지로 전락하는 경향이 아직 뿌리 깊이 남아 있는 것이다. 따라서 현실의 문제와 문제의 배경을 모른 채로 유행하고 있는 정책만을 쫓기 때문에 현실과 정책의 부조화가 발생된다. 백화점식으로 정책을 반영하다보면 투자한 만큼 효과를 얻기 힘들며 지역에 부채만을 남기게 된다는 점을 심각하게 생각해야 할 것이다. 도시정책의 전환에는 각각의 지역과 도시가 안고 있는 고질적인 문제의 배경을 먼저 깊이 분석하고, 기존과는 다른 발상과 조직으로 문제를 해결하기 위해 정책을 구상할 필요가 있다.

또한, 최근 지역의 문화산업을 살린 마을만들기에서도 유행어가 되어버린 '지역 일으키기'와 고객만을 끌어들이기 위한 '관광'에 역점을 두어, 가장 중요한 문화자원과 문화적인 내용에 대해서는 고려하지 않아질의 저하를 가져오고 있다는 비난도 적지 않다. 즉, 일본에서는 문화와 창조성을 도시의 브랜드로 활용하거나 마을만들기와 관광에 활용할 경우, 문화와 창조성을 진부하게 여겨 고객만을 끌어 모으는 단기적인 계획에 눈을 빼앗겨버려, 결국 질 낮은 도시정책으로 추락해버리는 현상도 일어나고 있다는 것에 유의할 필요가 있다.

또한, 창조산업으로 눈을 돌려보면, 일본에서도 새로운 비즈니스 모델에 주목한 콘텐츠 산업도 연구하고 있다. 그러나 오키나와沖繩로 대표되는 매력적이고 강한 힘을 가진 지역문화를 배경으로 생긴 음악산업이 반드시 지역경제와 도시경제를 견인한다고는 할 수 없다. 그것을 비즈니스 모델을 넘어 지역과 도시를 연결하는 시점으로 분석할 필요가 있다. 그를 위해서는 창조산업의 특징과 그것이 도시공간과 어떤 관계가 있는가를 파악해야 한다.

케이브스R. E. Caves는 창조산업은 비영리적이고 창조적인 활동과 영리적이며 단조로운 노동이 계약으로 결합한 것이라고 하였다.[1] 그 핵심인 창조성이 개인의 창조성, 그것의 상호작용인 집합적 창조성, 도시환경의 창조성이라는 3가지 수준으로 구성된 것은 『도시공간을 창조한다都市空間を創造する』에서 서술한 대로다. 창조산업은 도시공간 속의 클러스터로 뭉치는 경향이 있으며, 창조적으로 발전하려면 세 가지 창조성이 꼭 필요하다. 또한, 클러스터 중에 집합적 창조성은 유통과 조직을 어떻게 적절히 조정하느냐에 따라 그 방향이 크게 좌우된다. 이러한 창조산업의 구조에 깊이 관계된 유통과 조직의 적절한 조정과 논리적인 변화에 관해서는 다음 장에서부터 자세하게 다루며, 창조산업의 핵심인 창조성의 동기구조가 어떻게 되어 있는지에 대해서도 주목한다. 나아가 기존의 산업혁명과 창조산업에 있어 혁명의 차이도 다루면서 개인의 창조성과 집합적 창조성을 육성하기 위한 도시환경과 도시정책의 문제점에 대해서도 생각해 보고자 한다.

일본에서의 창조산업의 특징 – 미국의 영화산업과 비교

일본의 창조산업은 콘텐츠 산업이라고도 불리며, 그 비즈니스 모델로 연구하고 있는 영역과 겹치는 부분이 많다. 창조성이 중요한 역할을 하는 것이 기존의 산업과는 다른 특징이며 과학기술과 결합하여 복제된 상업적 요소가 부가된다. 한 가지 산업 속에서는 여러 가지 기술을 가진 다른 직종의 사람들이 작은 단위로 활약하며, 프로젝트마다 계약으로 이루어진 협동이라는 산업조직의 특징을 가지고 있다. 또한 뒤에 이야기하겠지만, 한 기업 속에서조차 창조적이고 비영리적인 동기를 가진 사람들과 영리적이며 상업적인 동기를 가진 사람들이 혼재해 있는 것도 한 가지 특징이다.

역사적으로 본 창조산업의 변화 – 스튜디오 시스템에서 프로젝트 제작으로

긴 시각으로 보면 창조산업은 창조적인 인재와 산업을 하나의 거대한 회사가 안고 있는 수직적인 통합에서, 독립된 개인과 작은 회사가 프로젝트마다 계약을 통해 같이 일을 하는 수평적인 네트워크로 변해 왔다. 사례로 자주 인용되는 것이 할리우드 영화산업의 조직변화다.

할리우드에 영화산업이 집약된 것은 그렇게 오래된 일이 아니다. 1909년에 시카고에 거점을 둔 영화회사 중 한 곳이 악천후로 인해 회사를 정리하고 쾌청한 날이 많은 캘리포니아로 거점을 옮긴 것이 최초라고 알려져 있다. 그 후, 다른 회사도 차례로 거점을 옮겨 할리우드는 영화제작의 집약지로 발전해 왔다. 그 발전을 지탱한 것이 스튜디오 시스템이라고 불리는 수직적 통합에 의한 산업조직이다.

스튜디오 시스템이란, 영화의 제작·배급·흥행을 하나의 거대한 회사가 도맡아 하는 것으로, 영화감독과 각본가, 배우 등의 창조적인 업무를 하는 사람들을 장기계약으로 고용하여, 제작된 작품은 자신이 소유한 극장에 배급하고 흥행수입을 얻는 방식이다. 스튜디오 시스템이 붕괴하고 할리우드가 쇠퇴하기 시작한 것은 1948년에 독점금지법이 적용되어 흥행사업이 끊어지고 나서부터다. 제작된 영화가 반드시 흥행하리라 보장되지 않기 때문에 스튜디오는 경영위기에 직면하여 제작사업의 아웃소싱을 진행하지 않으면 안 되었다.

일본의 영화산업을 비즈니스의 시점에서 분석한 야마시타山下는 Miller and Shamsie1996의 문헌을 인용하여, 할리우드의 산업조직이 변화함에 따라 달라진 경영자원에 대해 다음과 같이 지적한다.

즉, 지금까지는 특정 스타나 감독, 큰 설비와 같은 눈에 보이는 자산을 소유하고 있는 것이 강점이었지만, 1950년대 이후는 외주로 인해 배우와 기술 스태프가 모여 오리지널 작품을 만들어내는 지식과 경험, 노하우 등 눈에 보이지 않는 자산을 축적하고 있는 것이 강점이 되었다.[3]

할리우드가 다시 생기를 띠고 새로운 영화제작의 틀을 확립한 것은 1970년대다.

영화산업의 새로운 경영자원은 눈에 보이는 자산을 소유한 것에서 눈에 보이지 않는 자산을 축적한 것으로 변했지만, 이것을 스튜디오 회사만이 실현할 필요는 없다. 외주로 계약된 배우와 기술 스태프를 정성껏 조합하여 작품을 만들어내는 역할은 프로듀서와 같은 개인에게 허용되었지만, 스튜디오에 고용된 사원 프로듀서는 사내의 다양한 제약에 구속받는 경향이 있어 결과적으로 뛰어난 작품을 제작하기 힘들었다. 이러한 상황 속에서 사원 프로듀서를 대신하여 1970년대 전후에 두각을 나타낸 것이 대형 스튜디오에서 독립한 독립 프로듀서다.[4]

나아가 야마시타는 문맥을 인용하며, 독립 프로듀서의 역할에 대해, 소재가 될 만한 원작을 발견하여 배우들에게 확실한 약속을 받아내어 제작현장의 인사를 정하고, 스튜디오를 설득하여 제작자금을 확보하여 최종적으로는 프로젝트를 성공시켜 나가는 것이라고 지적한다. 그리고 이러한 방법은 영화산업뿐만 아니라 음악산업에서도 마찬가지라고 지적하였다.

일본의 영화산업 – 배급회사의 장기지배와 침체

일본에서 독립 프로듀서가 중요하다는 지적은 그것만으로도 진일보한 것이며, 프로듀서를 양성하는 대학을 계속해서 창설하고 있지만, 사실 영화산업의 산업조직에 있어 미국과 일본 사이에는 큰 차이가 존재한다. 일본 영화산업의 침체가 30년 이상 지속된 원인에 대해 야마시타는 일본이 스튜디오배급회사에서 흥행이 되지 않기 때문에 영화제작의 새로운 시스템이 구축되지 않았던 점을 들고 있다.

1997년 시점에서, 일본에 있는 1,741개의 영화관 중에서 30.2%에 달하는 525개관은 대형 배급회사의 계열사인데, 방화 전문관으로 제한하면 대형 3사의 시장점유율은 88.1%에 이른다. 따라서 계열사 극장과 같은 안정된 배급망을 가진 채로 배급회사=스튜디오는 그 자산배급망에 의존하며 뛰어난 영화를 개발하기 위해 보이지 않는 자산의 축적을 게을리 했고, 동시에 시장의 평가를 경시하게 되었다. 그리고 단적으로 평하자면 영화작품의 질적인 면보다 얼마나 많은 극장에서 상영되겠는가, 바꿔 말하면 배급력에 의존하고 있다는 것이다.

여기서 뛰어난 작품을 만드는 창조와 질에 대해 동기가 움직이지 않는 시스템이 되어 계속해서 존재해 왔다는 지적이 중요하다. 다음으로 영화제작을 둘러싼 동기구조에 대해 더 상세히 살펴보자.

창조산업에서의 동기구조－일본과 미국, 유럽의 비교를 통해

일본의 영화, 지상파 텔레비전에 있어 위험요소와 이익의 배분구조

야마시타는 일본의 영화산업이 1990년대 후반부터 제작－배급－흥행이라는 관계 속에서, 제작은 대중매체를 가진 대형 제작회사대형 출판사나 텔레비전 방송국나 배급회사에서 독립한 종합 영화사의 등장으로 인해 긴 침체기를 벗어나고 있는 것처럼 보인다고 서술하였다. 그러나 큰 자금이 없는 독립된 프로듀서는 여전히 구조적인 약자기 때문에 대형 배급회사에 흡수되는 경우도 나오고 있다고 지적한다.

그리고 무엇보다 큰 문제는 제작부문에 인재를 육성할 만한 안정된 받침대가 없는 점, 외주화된 배우와 기술 스태프를 합쳐 오리지널 작품을 만들어내는 지식과 경험, 노하우 등 눈에 보이지 않는 자산을 쌓아가는 방안이 없는 점도 지적한다. 일본에서는 왜 영화의 질을 좌우하는 제작부문이 구조적으로 약할 수밖에 없는 것일까?

마찬가지로 기시모토岸本는 『히토츠바시 비즈니스 리뷰一橋ビジネスレビュー』 중에서 일본의 영화제작이 통상 텔레비전 방송국이나 배급회사, 출판사가 출자하는 제작위원회가 프로덕션에 제작을 위탁하고, 저작권은 각 출자자가 공유하는 방식이기 때문에 프로덕션의 자금조달을 이 제작위원회에 의존하고 흥행수입은 아래 단계인 극장으로 우선 배급되기 때문에 프로덕션이 매우 높은 위험성을 가지고 있다고 지적한다.

마찬가지로 지상파 텔레비전 방송도 5대 회사가 유통기능을 나누어 자체적으로 제작기능을 갖고 있기 때문에, 중·소기업이 대다수인 제작사업자에 비해 압도적으로 유리한 입장에 서 있다는 점을 지적한다. 이러한 구조에 대해 기시모토는

콘텐츠 그 자체의 가치를 만들어내는 생산부문이 유통부문의 하도급

으로 전락해 반드시 성과에 맞는 수익을 얻을 수 없기 때문에 우수한 인재가 계속해서 확보되지 않으며, 본래의 잠재력을 발휘하기 힘든 상황이다.5

라고 분석한다.

저작권과 창조의 동기–유통부문의 우위성과 창조부문의 하도급화

저작권이란, 본래 창조된 작품을 이용할 때, 창조자의 권리와 이익을 지키기 위해 존재하는 것이다. 그러나 기시모토는 영화의 저작권이란 앞서 이야기한 바와 같이 영화작품을 제작한 프로덕션이 아닌 제작위원회를 구성하는 출자자가 공유하는 구조이다 보니, 텔레비전 방송에서도 콘텐츠를 만든 제작자가 방송국에게 일방적으로 저작권을 넘겨받는 경우도 있음을 지적한다. 저작권을 둘러싼 이러한 구조도 콘텐츠의 가치 그 자체를 만들어내는 생산부문이 유통부문의 하도급이 되어 성과만큼의 수익을 얻기 힘든 구조가 뚜렷하다고 말할 수 있다.

또한, 지상파 텔레비전 방송 프로그램을 제작할 때는 방송국이 얻는 광고비가 프로그램 제작비의 최고액이 된다. 예를 들어, 애니메이션의 경우 한 편에 800만 엔에서 1,200만 엔이 제작회사에 지불하게 되는 제작비의 대략적인 금액이라고 알려져 있다. 또한, 제작비는 건네면 그만이기 때문에 해당 방송의 질과 시청률의 성과는 단기적으로는 제작사업자의 보수에 반영되지 않는 경우가 많다. TV방송국이 제작비를 400만 엔으로 제한한데다 저작권까지 가져가는 극단적인 경우도 있으며, 중·소규모의 제작회사가 구조적으로 약자에 위치해 있다는 것은 영상산업과 마찬가지다.6

기시모토는 2003년의 『닛케이 엔터테인먼트日経エンタテインメント』의 인건비 조사를 인용하며, 애니메이션 업계의 선두주자인 도에이東映 애니메이

션의 평균 연수입은 707만 엔평균 연령 40.2살, 업계 2위인 토마스 엔터테인 먼트는 482만 엔평균 연령 33.6살이며, 많은 제작회사는 더욱 낮은 급여수준 인 점을 지적한다. 반면, TV방송국의 선두인 후지테레비의 평균 연봉은 1,497만 엔평균 연령 39.8살이다.

창조의 동기가 결여된 일본의 광고산업

놀랍게도 일본의 창조산업에 있어 그 질을 좌우하는 가장 중요한 창 조성의 동기, 즉 가치에 대한 보수를 정당하게 받지 못하는 것은 광고표 현에 있어서도 마찬가지다. 여기까지 보면, 단순히 업계마다의 문제라기 보다는 일본의 창조산업, 특히 정보와 미디어에 관련된 산업 전체에 공 통된 구조적인 문제라고 할 수 있다.

가와시마河島는 일본과 미국, 유럽에서의 광고표현의 질에 관한 시간 에 따른 변화와 인터뷰를 기반으로 다음과 같이 지적한다.

광고 관계자가 생각하는 '뛰어난 작품'이란 단순히 상품을 팔기 위한 가격과 기능 등의 요구사항을 나열하는 타입의 광고와 눈에 띄려고 소란 을 떠는 것이 아닌, 무엇인가 '창조적인 발상'을 구현하는 것이다. 그것에 는 독자성, 의외성이 있으며 시각적인 면 또는 스토리의 전개로 인해 소 비자의 마음을 강하게 움직이는 것이다. 파란 하늘과 녹음 속을 질주하는 자동차와 같이 '강한 것을 강하게' 직접적으로 표현하기보다는 그 질을 다른 각도에서 표현하여 브랜드의 이미지를 소비자 심리에 남기는 광고 야말로 높은 평가를 받는다. … 생략 …

여기서 국제적으로 눈을 돌려, 광고업계 관계자 사이에서 '발상의 독자 성'을 중요한 기준으로 한 광고물의 창조성을 겨루는 국제공모의 상황을 보자. … 생략 … 칸, 클리오Clio에서 일본의 수상현황을 보면 최근의 침체 된 상황을 알 수 있다. 칸에서 일본의 광고작품이 이전에는 가끔 그랑프 리, 금상을 수상한 적이 있었지만, 1996년의 금상을 마지막으로 최근에는

전혀 수상한 적이 없다. 1987년~1989년에는 그랑프리, 금·은·동상을
합해 12, 13개의 작품이 수상했지만, 1997년부터 2003년까지는 매년 은이
나 동상을 한 점씩, 또는 전혀 수상하지 못하고 있다. 2003년, 일본이 필
름 부문에 330점을 출품하여 출품 수에서는 세계 3위였음에도 1점만이
입상한 상황은 비참한 것이다.[7]

이러한 광고표현의 창조성이 침체된 것에 대해 가와시마는, 일본의
섬세한 문화의 문제나 크리에이터의 능력과 노력의 문제라기보다도 광
고제작을 둘러싼 조직적, 사회적, 경제적인 면에서의 조건이 광고표현의
발전을 방해하고 있다고 분석하였다. 예를 들어, 일본의 광고회사는 광
고주기업 등가 신문과 TV 등의 매체에 지불한 출고매체료의 일부를 매체
로부터 받고 있다. 즉, 광고제작의 기획개발 자체에 대한 직접적 보수는
없다는 말이다.
　이에 대해 광고주로부터 제작비, 기획비, 조사비와 같은 구체적인 제
작물을 동반하는 업무에 대해 광고회사에 지급되는 보수방식을 피fee라
고 부른다. TV, 신문과 같은 대중매체의 매체료는 고액이며, 그에 따라
광고회사가 받는 제작비의 일부도 크기 때문에, 광고주가 광고제작비 등
실비를 같이 지불하는 경우는 커미션출고료의 일부 수입을 포함하여 광고
회사에 지급되는 것이 관례가 되어 있는 점도 지적하고 있다.[8]
　이를 위해

　덴츠電通, 하쿠호도博報堂(일본의 대표적인 2대 광고대행사)에서 잘나가던 플래
너가 회사를 그만두고 독자적으로 플래닝 회사를 설립해도 광고주측에
기획료를 청구하던 관습이 없기 때문에 TV방송의 틀을 갖추지 않는 한,
수입을 확보하기 어렵다. 그러나 현실은 TV방송의 틀 중 가장 경쟁적인
부분은 덴츠와 하쿠호도가 지배하고 있다. 크리에이터들이 독립하지 못

하고 사내에 남는 이유에는 제작의 제1선에서 벗어나 다른 크리에이터의 관리직이 될 수밖에 없기 때문이다. 그러다 보니 크리에이티브 부문은 사내에서 '돈벌이'가 아닌 만큼 외적인 화려함과는 반대로 사내에서의 영향력은 약하며, 크리에이터가 사내에서 출세하는 데에는 한계가 있다. 즉, 광고회사가 수입원을 미디어 수수료에 의존하는 한 광고회사의 창조성을 자극하는 구조는 약할 수밖에 없다.9

나아가 가와시마는 이러한 일본의 상황에 대해, 영국에서는 1980년 전후로 독점금지법과 관련해서 '15% 커미션 제도'광고주가 미디어에 지급하는 출고료의 15%가 광고회사의 수입이 됨가 붕괴되어 커미션 비율이 줄어들기 시작했다. 광고회사는 미디어 구입부문을 없애고 광고전략의 입안, 표현제작을 특화시켜, 이러한 서비스 대가로 보수를 청구하는 방향으로 변화했다. 때문에 광고회사는 광고전략의 입안, 기획, 제작과 같은 창조에 대한 보수를 청구하게 된다. 이러한 비즈니스 구조로 인해 영국의 광고표현은 새로운 표현수법을 개발하여 광고는 단순한 선전에서 대중문화의 한 부문, 또는 예술의 지위까지 획득하게 되었다고 지적한다. 미국에서도 최근 10년 사이에 미디어 구입기능을 없애고 광고회사와 광고주 사이에 보수제도를 확립하여, 강한 개성과 창조력을 자랑하는 회사가 지방도시를 중심으로 등장하여 광고계를 활성화시켜 왔다.10

가와시마 분석의 논점은 광고의미의 국제비교와 TV방송국에서 광고 방영시간의 단축에 따른 영향, 광고주기업의 광고에 관한 의사결정의 변화 등 다양하지만, 이 글에서 설명한 관계를 보면 일본의 광고회사가 광고전략의 입안, 기획, 제작과 같은 창조력에 대한 보수를 요구하는 구조가 마련되지 못한 점이 광고의 질을 저하시키는 하나의 원인이 된 것도 주목하여야 한다.

TV방송 제한에 따라 광고제작이라는 창조활동의 대가가 지불되는 구조는, 일본의 영화산업이 배급과 흥행이 분리되지 못했기 때문에 극장에서 얼마나 상영되었는가, 바꾸어 말하자면 배급력에 따라 흥행의 성패가 갈린다는 공통점을 가지고 있다. 즉, 영화와 광고에 있어 창조활동으로의 대가가 유통량으로 인해 좌우되는 것이다. 그것에는 질을 평가할 기틀이 잡혀 있지 않기 때문에 창조의 질을 높이는 동기자극가 없다고 간단하게 추측할 수 있다. 또한, 창조활동이 유통의 하도급으로 전락하는 구조가 될 우려도 높다.

미국의 영화산업, 영국과 미국의 광고산업에서는 배급과 흥행이 분리되어 15% 커미션제가 붕괴됨에 따라, 광고제작과 미디어 구입부문의 분리가 독점금지법에 기반을 둔 정부의 규제로 인해 실현되었다. 창조적인 산업 내부에서 창조부문이 유통으로부터 독립을 실현하게 된 점은 주목할 만하다. 그것이 새로운 산업조직과 비즈니스 모델을 태동시켜 창조를 향한 강한 동기로 움직이도록 하는 것이다.

일본에서 창조성이 중요한 역할을 하는 창조산업을 발전시키기 위해서는 산업조직이 창조를 향한 동기를 부여하는 구조로 변화해 나갈 필요가 있다. 결국, 프로듀서와 크리에이터 등 창조를 담당하는 사람들이 유통의 하도급이 아닌 스스로 비즈니스를 일으키고, 그 창조성기획, 미디어, 제작과 질이 정당히 평가되어 그것에 대한 대가가 지급되는 구조가 필요한 것이다.

비영리적이고 창조적인 활동과 영리적이고 단순한 활동의 딜레마

서두에서 창조산업의 특징으로, 비영리적이고 창조적인 활동과 단순하고 영리적인 활동이 계약을 통해 결합하는 점이라고 지적했다. 바꾸어 말하면, 창조적이며 실험성을 가진 문화가 상업과 결합하는 것이라고 말할 수 있다. 사토佐藤는 출판에 대해 출판사가 하나의 기업문화와 상업이라는 두 가지 요소를 가지고 있다고 지적한다.11

    문화산업에 대한 분석에 있어 반복적으로 지적되는 것에 의하면, 다양한 장르의 문화생산문학, 회화, 영화, 음악 등과 관계된 산업은 각각 '예술을 위한 예술'이 아니라 '표현을 위한 표현'을 주된 목표로 한 집단이나 조직으로 구성된 하부분야와 문화적 콘텐츠를 이용하여 수익을 올리기 위한 것을 목적으로 하는 하부분야로 구성되는 경우가 적지 않다.12

    전자는 생산자 조직 내지는 생산지향 조직으로 불리며 소극단, 독립영화제작 회사, 소규모 출판사 등이 있으며, 후자에는 유통업자 조직 내지는 유통지향 조직으로 불리며 전국 네트워크로 구성된 방송회사, 대형 레코드사, 대형 영화배급사 등을 들 수 있다.13 사토는 여기에 출판사가 이러한 두 가지 요소만 가진 것이 아닌, 편집자가 두 가지 요소를 잇는 중요한 위치에 있으며, 더욱이 출판을 통해 사회적·문화적으로 큰 영향을 미침과 동시에 지식과 미디어의 수문장 역할을 하고 있다는 점을 거듭 지적한다.

    더욱이 흥미로운 점은 출판사가 문화와 상업이라는 딜레마를 안고 협동하는 두 가지 측면, 즉 그 조직원리가 기술조직과 관료제 조직이라는 어울리지 않는 두 가지 측면을 동시에 가지고 있다고 지적한다. 편집자는 출판사 밖에 있는 영향력 있는 저자와 함께 작품을 창작하는 조직에 묶이지 않는 기술노동을 하고 있으며, 한편으로 출판사에서는 편집·영업·경리·회계·제작 등을 총괄해야만 하는 관료조직의 측면도 있다. 사토는 출판사가 문화사업체NPO, 영리기업체비즈니스, 기술조직, 관료조직체피라미드라는 네 가지 얼굴을 가지고 있다고 서술한다.

그리고 미국의 출판업계의 M&A에 대한 경위를 분석하여, 출판사가
지나치게 비즈니스, 관료화로 흘러가버리자, 편집자가 그로부터 독립한
뒤 문화사업체로서의 출판사를 설립하여 지금까지 친분을 쌓아왔던 저
자 대부분을 옮기게 했다는 사례도 지적한다. 즉, 코앞의 이익에 눈이 멀
어 향후 얻어질 장기적 이익을 잃어버리는 것이다. 사토는 출판사에서는
콘텐츠 제작의 핵심에 저자라는 조직 외의 인재에 크게 의존하여야 하
는 창조적인 과정이 존재하며, 또한 그 창조과정에는 늘 불확실성이 따
라다니기 때문에 그 불확실성이 가져올 위험에 대비해 주의 깊게 키워
나가는 장기적인 시점이 필요하다고 분석한다.14

　나아가 일본의 출판업계에는 유통의 독과점, 저작물 재판매 제도와
위탁판매 제도에 지나치게 의존한 서점경영 등의 유통과 관련된 많은
과제가 있다. 그러한 유통의 문제에 관해서는 다음 장의 도시정책의 시
점에서 이어나가고자 한다.

창조산업과 도시정책–생산, 유통, 소비를 잇는 시점

창조산업의 기반인 눈에 보이지 않는 자산의 축적

　창조산업은 긴 안목으로 보면, 창조를 맡은 사람들이 지배적인 유통
구조에서 독립되어 네트워크를 형성하며, 외부의 인재와 기술 스태프를
모아 독창적인 작품을 만들어낼 수 있는 지식과 경험, 노하우 등 눈에
보이지 않는 자산의 축적을 통해 든든한 힘이 되는 구조로 변해가고 있
음은 분명하다. 창조산업 대다수는 특정지역에 모여 있는 경우가 많지
만, 그것은 거리비용의 경감보다는 이러한 지식과 경험, 노하우 등을 모
은 네트워크의 강점이 창조적인 일을 지향하는 사람들을 연결하여 혁신
의 원천이 되기 때문일 것이다. 어떤 지역에서는 이러한 눈에 보이지 않

는 자산이 저장되어 있다. 도시정책과의 관계에서는 그러한 눈에 보이지 않는 자산을 만들어내는 것을 긴 안목으로 보며 지원하는 것이 중요할 것이다.

지금까지 산업정책은, 눈에 보이는 큰 자산시설과 설비을 갖추는 것이 중요했다. 그러나 창조산업에서는 눈에 보이지 않는 자산을 키워가는 것이 새로운 산업창출의 기반이 될 것이다. 문화라는 시점에서 도시재생을 보면, 눈에 보이지 않는 관련된 자산을 눈여겨보면서 감춰진 도시구조와 뛰어난 유통의 틀을 발굴해 나가는 것도 필요하다.

창조와 유통의 관계성을 둘러싸고

다음으로 그러한 창조를 위한 네트워크의 형성을 통해 새로운 비즈니스가 시작되기 위해서는, 창조와 유통이 동등한 관계가 되어야만 하는 것은 미국과 일본, 유럽의 영화산업과 광고산업을 비교해 본 그대로다. 사토의 말을 빌리면, 생산지향 조직과 유통지향 조직의 관계인 것이다. 일본의 영화산업도 오랫동안 계열극장이라는 안정된 배급망을 가진 배급회사스튜디오는 배급망에 의존하여 뛰어난 영화를 개발하기 위한 보이지 않는 자산을 축적하는 데 소홀히 해왔다는 점, 그리고 시장의 평가와 영화작품의 수준보다 얼마나 많은 극장에서 상영되었는가를 중요하게 여긴, 극단적으로 말하자면 배급력에 의존하고 있다는 것은 앞서 이야기한 대로다.

출판에서도 유통구조는 같다고 이야기할 수 있다. 출판물의 유통을 맡고 있는 것은 중개회사다. 일본출판중개협회에 가맹한 중개회사는 33개지만, 도한과 일본출판판매, 이 두 거대 중개회사가 주요 7대 출판사의 판매량 중 85%를 차지하고 있는 독과점 상태. 이 중개독점 상태는 제2차대전 중에 형성된 것으로, 문제는 중개회사가 서점의 규모와 판매경향에 따라 잡지와 신간을 서점에 배포하는 시스템으로 인해 출판사와 서점

이 시장의 동향을 파악하지 않아도 서적을 유통시킬 수 있는 것이다.15

더욱이 유통의 독점상태에 제도적으로 밀착된 재판가격제도독점금지법의 특례로서 제조업자가 도매가격을 정하는 일와 위탁판매출판사는 서적의 판매를 소매점에 위탁하여 반품 시에는 대금을 반납하는 일로 인해, 서점은 재고를 안고 도산하는 위험을 피하기 위해 어쩔 수 없이 위탁판매를 통해 제품구비를 중개점에 의존하게 된다. 따라서 제품구비를 중개점에 의존하지 않으면, 중개시장이 독점으로 유통되기 때문에 서점마다 책을 개성 있게 구비해 놓을 수 없으며, 더욱 반품이 늘어나는 악순환으로 이어진다.

위탁판매에는, 신간서적을 위탁하는 '신간위탁', 간행본을 협의하여 장기간 판매하는 '장기위탁', 출판사와 서점이 계약하고 1년간 위탁하여 팔린 서적을 보충하는 '상비위탁'이 있다. 위탁판매는 우선 신간의 대금을 지불하고 반품 시에는 대금을 회수하는 방식이므로, 경영이 어려운 출판사는 차례로 신간을 내어 자금을 순환해야 하지만, 서점이 신간을 앞쪽에 비치조차 하지 못하고 반품하여 대금을 회수해가는 '금융반품'이라고 불리는 현상마저 발생하고 있다고 지적하고 있다. 따라서 서적의 반품률은 35~40%에 이르며, 업계 전체비용의 큰 비중을 차지한다.

유통의 독점상태가 창조성을 불러일으키는 동기를 저해하는 것은 다른 창조산업과 크게 다르지 않다. 그러나 소매점인 서점 스스로 책을 개성 있게 배열하게 되면 배본에 의존하는 비율은 감소하며, 개성 있는 서점이 되는 것만이 아닌 소비자의 다양한 요구에도 응할 수 있게 된다. 준쿠도우ジュンク堂 이케부쿠로 점에서는 서적의 판매대마다 판매를 담당하는 점원이 그 전문분야의 배열을 제안하고, 판매동향을 지켜보기 때문에 소비자의 다양한 요구에 맞춰 배치하게 된다. 그 판매대를 담당하는 점원은 방문한 고객에게 책에 대한 문의 외에도 가벼운 대화를 통해 소비자의 요구를 파악하기 위해 노력하고 있는 것이다.17 또한, 돗토리 현鳥取県 마이코米子에 있는 이마이今井 서점과 같이 독서학교를 개최하여 서점

만이 아닌 도서관의 방향까지 고려하여 출판산업 전체에 대한 의견을
주고받는 서점도 있다.18

　덧붙이자면 재판제도와 위탁판매의 폐지로 경쟁이 생겨 출판산업이
활성화되리라는 단기적인 규제완화론을 서술한 것은 아니다. 위탁판매
로 인해 서점에 진열되어 소비자의 눈에 띄는 서적의 종류와 수가 보장
되는 측면도 있기 때문이다. 여기서 말하고자 하는 것은 창조성의 동기
가 얼마나 효과적인가라는 시점에서 창조산업의 유통을 새롭게 보고자
하는 것이다. 미국의 영화산업에 있어 배급과 흥행의 분리가 영화제작의
새로운 시스템을 만든 것과 같이, 출판에 있어서도 각 서점이 중개점 배
본에 대한 과도한 의존을 멈추게 되면 그 효과는 서적의 창조와 관련된
출판사에도 미치게 될 것이다.

　사토는 출판업계에서 시장동향을 중시하는 사고방식과 관련해 수문
장인 편집자의 역할로서,

　　출판운영이 독자가 현재 요구하는 것만을 제공하는 산업이 될 경우,
　출판업을 장기적인 안목에서 본다면 사회적 역할이라는 측면에서도, 경
　제적 잠재력이라는 측면에서도 쇠약해질 우려가 있다. 먼저 서술한 바와
　같이 출판사의 개성적인 조직을 구성하는 본질적인 요소 중 하나는 문화
　사업체라는 점이다. 이것은 역사적으로 볼 때, 출판사가 문화의 혁신자
　역할을 맡아 왔다는 사실에 기반하고 있다.19

고 지적한다.

　이것은 소비자의 현재 요구를 무시하거나 시장동향을 파악하지 않아
도 된다는 의미가 아니라, 미래를 감안한 혁신자로서의 역할을 기대한다
는 의미다. 게이브스는 창조산업의 혁신은 일반산업의 제품혁신과는 다
르며, 과정의 혁신이라고 지적한다. 즉, 새로운 기술이 중요한 것이 아닌

새로운 아이디어와 가치가 사람들에게 평가받는 것이 중요한 것이다.

바꿔 말하면, 예술가, 편집자, 비평가, 소비자와 같이 정보의 흐름 속에서 사물에 대한 견해와 가치가 변화하는 과정이 혁신인 것이다. 편집자는 새로운 창조의 문화적 가치를 이해하고, 그 가치를 공유하는 사람들을 개척하면서 시장과 관련된 문화기업가로서의 역할을 수행해야 한다고도 할 수 있다.[20]

1980년대 이후의 물류의 변화

물류Logistics: 생산에서 소비까지의 물적(物的) 유통시스템과 여기에 원자재 및 중간재의 조달까지를 포함한 업무와 소매관리에 주목하여 1980년대 이후의 유통변화를 다룬 연구도 행해지고 있다. 이러한 연구의 대상이 꼭 창조산업만은 아니지만 정보화와 탈경계화 속에서 유통이 어떤 구조로 변화해 왔는가를 아는 것도 유익할 것이다.[21]

그 연구에 의하면, 유통은 구조적으로 변화한 것이다. 본래 공급자 중심의 구조에서 소비자 반응을 바로 알 수 있는 소매업자의 정보가 중요해져, 소비자의 요구에 관한 정보를 생산자와 소매업이 공유하는 구조로 변화하고 있다. 부분적인 효율만이 아닌 공급체인조달·생산·도매·소매 전체로서, 부가가치를 낳지 않는 과정을 없애고 재고를 줄여 고객에게 최상의 서비스를 제공할 것, 고객의 요구에 민감히 반응할 것 등의 새로운 유형인 수요기반의 개념으로 전환하고 있는 것이다. 새로움이란 수요예측 한계를 넘어 재고를 줄이고 의식적으로 품귀현상을 만들며 발 빠르게 세계적인 공급체인의 관리로 극복한다는, 기존과는 다른 유형의 수요기반의 개념이다. 여기서 주목할 것은 소비자와 소매업, 제조업이 제품의 흐름만이 아닌 위험성의 흐름, 금융자본과 지불의 흐름, 정보의 흐름과 관련된 것을 파악하고 있는 것이다.

사례 중에서 스페인을 본거지로 한 자라Zara라는 의류산업이 있다. 자

제4장 창조성의 동기와 도시정책 103

라는 1975년 스페인 북부에서 탄생했지만, 20년 후에는 스페인의 주요 의류산업으로 성장했다. 원재료의 조달은 전 세계에서 이루어지고 있으며, 금융은 네덜란드의 지주회사가 이어받아 유럽과 미국, 그리고 최근에는 일본에도 점포를 여는 등 세계로 진출하고 있는 성장기업이다. 18 살에서 35살의 여성을 대상으로 자라의 디자인부에는 패션과 더불어 상업과 소매 전문가도 있다. 그 디자인은 패션쇼와 경쟁업체의 점포, 대학의 캠퍼스, 카페와 클럽, 생활방식에 관련된 행사 등에서 얻은 영감과 국제적인 패션 트랜드를 기반으로 고안된다. 트랜드에 관한 지식은 자라의 의류를 판매하고 있는 점포의 정보로 보충한다. 디자인부의 패션 전문가가 최초의 디자인, 천의 선택, 프린트와 색의 선택에 관한 책임을 지고, 그 상업성은 다른 멤버가 책임지는 것과 같이, 팀별로 제품개발의 책임감을 갖는 것이다.

이러한 방식은 출판사에 편집자와 경영담당자가 있는 구조를 상기시킨다. 그러나 출판의 경우에는 중개로 인한 배본이 그 유통 시스템의 일반적인 흐름이 되어버린 것은 이미 말한 그대로다. 출판사·중개·서점이라는 공급체인 전체로 정보를 공유하고, 부가가치를 낳지 않는 과정과 재고를 줄이고, 소비자의 요구와 주문에 민감하게 반응할 수 있는 구조라고 말하기는 어렵다.

우선 자라는 패션 수준이 높은 생산기업이므로 전문서적을 다루는 출판과 단순히 비교하는 것은 무리다. 그러나 대규모 생산이라 해도 기획에서 패션 담당자가 하고 있는 창조적 역할, 창조성과 상업성의 결합, 그리고 무엇보다 소매와의 정보공유에 의한 피드백과 생산과 소매 사이의 부가가치를 생산하지 않는 과정을 없애고 재고를 줄여, 소비자의 요구에 민감히 반응할 수 있게 한 생산·유통·소비 전체를 엮는 구조적인 변화는 창조산업에 있어서도 필요한 시점이다. 일본에서 창조산업의 발전을 막고 있는 큰 요인 중 하나가 창조성을 불러일으키는 동기를 저해하는 유통의 문제라는 점은 이미 반복해서 지적한 대로다.

물류의 변화 중에서 서술한 새로운 형식인 수요기반의 개념은 수요를 예측하는 데 한계가 있다. 이것은 소비자가 미리 모든 것을 알고 있다라는 전제와는 다르며, 새로운 아이디어와 창조가 소비자의 수요를 변화시키면서 받아들여질 수 있으리라는 여지가 있다는 것을 의미한다. 이러한 논점은 과정의 혁신과도 겹치는 흥미로운 것이다.

일본의 전통적인 기술산업과 도시

여기서 잠시 지금까지 이야기했던 방향을 현대적인 창조산업의 시점에서 일본의 전통적인 기술산업으로 돌려, 도시와의 관계를 생각해 보자. 창조산업은 비영리적이며 창조적인 활동과 영리적이고 단조로운 활동의 결합이며, 출판에서는 이 두 가지에 기술조직과 관료조직이라는 융합되기 힘든 4가지 조직의 요소를 동반하고 있다는 점도 살펴봤다. 지금까지 전통산업이라고 불러온 일본의 전통과, 수작업을 기본으로 생활과 관련된 재원과 서비스를 생산하는 산업도 그 문화성, 기술성에 주목해 보면 창조산업의 시점에서 고찰할 수 있다.

교토의 니시진오리西陣織: 교토의 염색을 종합한 명칭와 교유젠京友禅: 교토의 전통공예품으로 흰색 천에 그림을 그리고 염색을 함, 기요미즈야키淸水燒: 교토를 대표하는 도자기라고 하는 산업을 전통산업이라고 부르게 된 것은 1950년 무렵부터다. 1974년에는 전통적 공예품산업 진흥에 관한 법률이 시행되어 국가차원의 전통산업 진흥이 행해졌다. 이 전통산업은 모노즈쿠리를 의미하며, 경제산업성당시는 통상산업성의 정책대상이었던 예술과는 다른 분야로 다루어지게 되었다. 반대로 같은 공예품이라도 작가가 만들면 문부과학성과 문화청의 정책대상이 되었다. 즉, 그 시기에 전통산업이라는 틀은, 문화성과 예술이 가진 혁신성을 분리시켜 전통적인 기술과 기법, 수작업과 같은 요소를 강하게 강조하게 되었다고 할 수 있다. 그리고 산업진흥의 방향도

이러한 산업을 어떻게 근대화할 것인가에 역점을 두게 되었다. 또한, 주
목해야 할 점은, 전통산업으로서 행정의 지원을 받기 위해서는 개인만이
아닌 조합을 결성하여 10기업, 30인 이상과 같은 규모가 필요하게 된 것
이다.22 지금의 창조산업의 강점인 수평적 네트워크와는 정반대 방향으
로 정치지도가 이루어지고 있었던 것이다.

  오늘날 겉으로 드러난 결정적인 문제점은 장인의 수작업에서 문화성
이나 예술성과 같은 시점을 분리시켜 버렸다는 것이며, 산업조직에서도
조합이라는 거대한 조직을 단위로 하는 발상을 정착시켰던 것이라고 생
각한다. 이는 창조산업의 요소인 비영리적이고 창조적인 활동과 영리적
이며 단순한 활동문화성과 상업성, 기술성과 관료성 중, 문화성, 기술성의
측면을 배제하고 창조성과 상업성을 연결해주는 조정자 역할에 주목하
지 못했기 때문이다.

  예를 들어, 교유젠은 염색공장 또는 시카이야恐皆屋라고 불리는 직종의
염색업자가 고객의 주문에 따라 세분화된 수작업을 공정에 맞게 하나씩
조정하는 역할을 맡고 있는데, 도매상이 조정기능을 점점 강화해 나가는
것은 설명한 대로다. 도매상은 시장의 정보를 독점하는 동시에 공예품을
소매점에 유통시키기 때문에, 창조적인 장인의 수작업은 도매상의 주문
을 맞추기 위해 세분화된 하도급이 될 수밖에 없었다. 대규모 생산에서
도 디자인 개발을 위해 다양한 장소로 발품을 팔아가며 영감을 얻거나,
국제적인 유행과 소매상에게서 얻은 정보를 기반으로 디자인 개발에 힘
을 쏟고 있다는 점은 이미 자라의 사례에서도 알 수 있다. 국제적인 시
야와 창조성이 결여된 전통적인 기술산업이 지금의 시장에서 경쟁력을
갖기 어려운 것은 이러한 이유에서다.

  그러나 교토에서도 그 도매제도가 붕괴되었다고는 보기 어렵다. 2005
년에는 교토 부 교토 시가 '교토 시 전통산업 활성화추진 조례'를 제정
했다. 여기서는 전통적인 기술산업이 가진 문화적 의미도 강조되어 산업

연구면에서도 '문화와 경제의 거점, 지역의 개성, ～다움, 미래로의 포석'이 강조되어 있다. 그러나 구체적인 정책을 살펴보면, 교토의 전통산업 기업은 기술이 뛰어나고, 감성이 풍부하여 어느 지역보다 유리한 입장이지만 마케팅과 시장전략이 약하다[23]고 하는 마케팅 문제로 해결해 버리는 경향이 강하다. 전통산업이 가진 문화성, 문화와 경제의 접점이라는 단어가 구체적인 개념으로 다루어지고 있지 않기 때문이다.

　일본의 창조산업이 안고 있는 문제는, 창조와 공예기술의 자율성, 충분한 동기를 가지고 상업성과 관료조직성이라는 결합하기 힘든 요소와 타협하여 어떻게 산업조직으로 재생시키는가에 있다. 이를 위해서는 유통 전체의 구조를 고쳐나가야 한다. 또한, 창조성 또는 문화성과 상업성을 연결하는 수문장 또는 문화기업가로서의 프로듀서나 편집자, 조정자가 새로운 도시문화의 형성에서도 중요한 역할을 지속적으로 해나가게 하려면, 전통산업에 내재된 도시문화 담당자는 동업자 조직이 아닌 문화기업가로서의 개인이라는 것을 행정이 자각해야만 할 것이다.

　창조산업을 미국과 일본, 유럽과의 비교에서도 알 수 있듯이, 재생의 방향은 유통의 하도급 구조에서 벗어나고 한 사람 한 사람의 창조성이 평가되는 구조, 창조성과 상업성을 연결하는 프로듀서와 편집자와 같은 문화적 가치를 평가할 수 있는 수문장의 역할이 발휘될 수 있는 시스템일 것이다. 니시진오리와 교유젠에서와 같이 도매유통를 수직적으로 통합하는 힘을 약하게 만들면, 그러한 산업을 창조산업으로 재편성할 기회가 된다. 결코 마케팅 능력이 약하다는 시점에서 정책을 생각해야 하는 것은 아니다.

　전통적인 기술산업이 도시의 생활문화와 밀접한 연계성을 가지고 발전해온 것을 생각하면, 전통산업과 분리된 예술과의 관계를 재생시켜 새로운 디자인과 기획을 개발할 창조성을 회복시키는 것이 중요하다. 또한, 창조성과 상업성의 연계기능을 맡은 사람들이 문화기업가 또는 새로운 도시문화를 확산시킬 수문장으로서의 역할을 해나갈 수 있는 환경을 마련하는 것, 눈에 보이지 않는 자산의 축적에 시선을 향하게 하는 것도 넓은 의미행정이 하는 도시행정이라는 의미가 아닌에서 도시정책의 과제가 될 것이다.

도시정책의 전망

이상으로 창조산업의 특징을 개념으로서만이 아닌, 일본과 미국, 유럽에서 산업조직이 역사적으로 어떻게 변화해 왔는지에 주목하여 구체적으로 고찰하였다. 이제부터 일본의 전통산업과 모노즈쿠리의 분석에서 결여된 시점도 추가하고자 한다. 산업정책 속에서 분리된 문화성과 공예 기술성을 현대적인 형태로 재생시킬 필요가 있기 때문이다.

2006년 가을, 가나자와 21세기 미술관에서는 가와사키 마즈오川﨑和男의 〈Artificial Heart〉전이 개최되었다. 가와사키는 인공심장과 의료기기, 음악기기, 나이프 등 다양한 공업디자인을 만드는 디자인 연출가며, 후쿠이福井를 거점으로 세계적인 활동으로 주목받는 작가다. 더불어 예술과 산업을 융합하여 창조적인 세계를 구축한 사례도 있지만, 그 전시가 생활과 산업과는 무관한 미술관에서 열린 것은 흥미로운 것이다. 이러한 산업과 문화 사이의 깊은 관계를 상기시키는 행사가 확실히 늘어나고 있다.

창조산업은 오랜 역사 속에서 살펴보면, 수직적 통합에서 작은 단위인 수평적 네트워크로 옮겨가고 있다는 점은 이미 서술한 대로다. 암스테르담에서는 그러한 작은 단위가 구 시가지와 워터프론트를 중심으로 축적되어 왔다는 점도 조사를 통해 분명해졌다.그림 4.1 즉, 기존의 제조업이 쌓아왔던 것과는 다른, 창조성을 고무하는 분위기, 새로운 사람과의 교류를 통해 아이디어와 발상을 확대시키는 환경이 조성되어 있는 것이다.

유럽에서는 창조산업과 도시가 함께 발전하는 사례를 많이 볼 수 있다. 예를 들어, 1980년대부터 패션도시로 세계적인 주목을 받는 벨기에의 안트워프Antwerp도 그 중 하나다. 플랑드르 지방의 직물과 의류산업이 쇠퇴할 때 보조금만을 지원하기보다, 예술 아카데미에서 젊은 디자이너를 육성하는 데에 힘을 쏟아, 패션관련 사람들로 구성된 NPO가 거리디자인과 마을만들기에도 관여하여 패션관련 산업과 도시는 비약적으로 발전하게 되었다. 예술 아카데미에는 전 세계의 학생들이 모여, 졸업할 때는 안트워프에서 거리 부티크를 열었다. 부티크는 낡은 창고나 공장터였던 곳도 많다. NPO는 패션과 관련된 역사와 화제의 부티크를 게재한 거리 안내서를 작성하여 관광에도 기여하고 있다.24

최근 일본에도 장소 매니지먼트와 같은 도심부의 기존 시가지를 매력

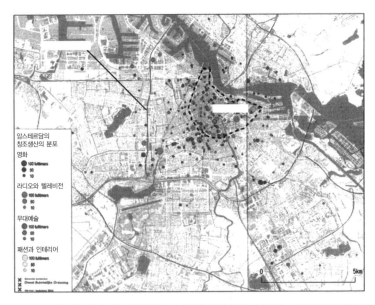

그림 4.1 암스테르담의 창조산업(영화, 라디오와 텔레비전, 무대예술, 패션과 인테리어의 4종류)의 거점을 나타내는 분포도
출전 : Plan Amsterdam Special, nr.8. 2004, pp.14-15.

적인 거리로 만들기 위한 움직임이 확대되고 있다.25 그에 따르면, 일본
에서는 기존 중심시가지의 활성화는 중심상업의 활성화라는 색채가 강
하여 그를 위한 행정과 상공회의소, 상공업만이 문제해결의 방안이었다.
그러나 장소 매니지먼트는 그 장소에 관련된 다양한 주체와 도시의 문
화와 역사를 중시한다. 다양한 주체란, 주민, 교통기관 관계자, 금융기관
관계자, 사무소, 호텔 등 중심시가지에 관련된 모든 사람들을 말한다. 그
리고 그러한 다양한 주체가 행정에서 독립된 NPO 등의 조직을 만들기
시작한 것이다.

  그리고 흥미로운 점은 장소 매니지먼트가 기존 도시만들기에 비해 과
정을 중시하고, 기초적이며, 획일적인 사회자본을 중시하는 것이다. 또
한 행정을 중심으로 한 이미 확정된 계획으로 도시를 만드는 것을 상부
하달식의 비선택적이고 경직된 것이었다고 비판하고 있다. 여기서 들고
있는 요소, 특히 행정을 중심으로 한 상부하달식인 비선택적이고 경직
된, 사전에 확정된 계획 등은 집합적인 창조성을 육성하기 위해서도 결
코 바람직한 것이 아니다.

  문화정책과 산업정책의 통합은 산업정책에서 괴리된 문화적인 측면
을 재생시키는 것에 그치지 않는다. 재생을 담당하는 조직의 조정자와
도시환경을 포함한 종합적인 문제지만 그 해결의 씨앗은 장소 매니지먼
트의 움직임 속에서도 발견할 수 있다. 작은 창조산업이 사전에 확정된
것이 아닌, 즉흥적 연쇄반응이 일어나는 것과 같은 다양한 주체의 상호
작용을 키워 도시공간으로 전환시켜 나가는 것이 필요한 것이다.

《주·출전》

1. Caves, R. E., *Creative Industries, Contracts Between Art and Commerse*, Havard University Press, 2000.
2. 後藤和子, 「創造性の3つのレベルと都市－欧州の動向を踏まえて」(端信行ほか 編, 『都市空間を創造する』, 第8章(2006)을 참조.
3. 山下勝, 「日本の映画産業の『ダークサイド』－企画志向の座組戦略と信頼志向のチーム戦略の間で」(一橋大学イノベーション研究センター 編, 『一橋ビジネスレビュー』, 東洋経済新報社, 2005. 53巻 3号), p.25.
   야마시타가 참조한 것은 Miller, Danny, and Jamal Shamsie, "The Resourse-based View of the Film in Two Environments: The Hollywood Film Studio from 1936 to 1965", *Academy of Management Journal, 39*, 1996이다.
4. 上同 論文, p.25.
5. 岸本周平, 「日本のコンテンツ産業と政策のあり方」(一橋大学イノベーション研究センター, 前掲書), pp.6-20.
6. 上掲 論文.
7. 河島伸子, 「広告表現の低迷－創造性を取り巻く構造と変化するビジネス環境への考察」(『広告科学』, 第46集), 2005. 8.
8. 湯浅浅敏ほか, 『メディア産業論』, 有斐閣, 2006.
9. 河島, 前掲 論文, 2005, p.34.
10. 河島, 前掲 論文, 2005, p.34-35.
11. 佐藤郁哉, 「ゲートキーパーとしての出版社と編集者」(『一橋ビジネスレビュー』, 2005, 53巻 3号).
12. 上同 論文, pp.37-38.
13. 上同 論文, p.38.
14. 上同 論文, pp.43-46.
15. 湯浅ほか, 前掲 論文, pp.150-153.
16. 上同書, p.154.
17. 이 부분의 기술은 2002년~2003년도에 개최된 도요시마 구 '문화정책 간담회'의 전문부문에 있어 전문조사원, 이와모토 요이치(岩本洋一) 씨의 설문조사를 기반으로 한 것이다. 저자는 전문부 회장이었다.
18. 佐野真一, 『だれが本を殺すのか』(新潮文庫, 2004)에서는 많은 서점경영자와 중개에 대한 인터뷰를 실시했다.
19. 佐藤, 前掲 論文, 2005, pp.49-50.
20. 문화기업가에 대해서는 고토 가즈코, 『文化と都市の公共政策－創造的産業と新しい都市政策の構想』(有斐閣, 2005)의 마지막 장에 자세히 기술되어 있다.
21. 이 부분의 기술은, Fernie, J. and L. Sparks, eds., *Logistics and Retail Management, Insights into Current Practice and Trends from Leading Experts*, Kogan Page, 1999를 참조했다.
22. 西口光博, 「京都府・市における伝統産業振興条例制定について」(『京都産業学 研究』, 第4号) 2006년에는 전통산업의 정의와 경위가 상세히 소개되어 있다.
23. 上同 論文.
24. 안트워프에 대해서는 고토 가즈코의 전 참고서적(2005)을 참조.
25. 小林重敬, 『エリアマネジメント』, 芸出版社, 2005.

민간이 담당하는 공공의 가능성과 그 재원
마음의 투표와 맨션형 재단

데구치 마사유키(出口正之, 국립 민족학박물관)   *chapter* 5

창조도시와 문화의 다양성

유네스코 문화다양성 조약

제33회 유네스코 총회는 2005년 10월 20일, '문화적 표현의 다양성을 보호하고 촉진하는 조약문화다양성 조약을 채택했다. 교통·통신 수단의 발전에 따라 언어, 민족, 종교가 다른 사람들의 교류가 늘고 있다. 또한, 세계 각지에서 NGO비정부 조직의 국제적인 연대 등, 기존의 국민 국가의 틀에는 없던 연대가 세계 각지로 확대되고 있으며, 국경을 넘어 사람들의 의사소통이 심화되고 있다. 나아가, 인터넷을 통한 일상적인 장소에서의 교류가 이전에는 없던 형태로 넓어지는 것이다. 편리하게 이용할 수 있는 반면, 강한 문화가 세계를 장악하게 될 위험성도 생기게 되었다.

따라서 유네스코는 다른 문화 사이의 상호이해를 심화시키고 관용과 대화, 협력을 통한 이異문화 간 교류를 발전시켜 세계평화와 안전을 연계시키기 위해, 이미 2001년에 '문화다양성에 관한 세계선언'을 선포했다. 이번에 그 연장선상에서 문화다양성 조약이 채택된 것이다.

표준화에 의한 효율성의 중시인가, 다양성의 중시인가

문화다양성 조약을 둘러싼 토론은, 창조도시에 관한 담론에 미치는 시사점이 많다. 효율성에만 주목한다면, 세계의 모든 규칙을 표준화하는 편이 훨씬 편리할 것이다. 예를 들어, 언어가 다양하지 않고 세계가 단일 언어를 사용한다면 커뮤니케이션 비용은 확실히 준다. 이러한 단순한 논리는 받아들여지기 쉬운데, 한 예로 논리적 동일선상에 WTO세계무역기구가 주장하는 자유무역 원칙론이 있다. 문화다양성 조약이란, 어떤 의미에서 이 원칙론과 충돌을 일으킬 수밖에 없다. 미국이 이 채택을 강하게 반대했지만, 프랑스 등이 주도하는 유네스코가 이 같은 조약을 이미 채택한 것은 이미 서술한 바와 같다. 배후에는 할리우드의 영화산업을 둘러싼 자유무역론과 다양성을 방어막으로 하는 보호무역론과의 불화라는 견해도 나오고 있다.

일본의 반응

이러한 세계적인 조류에 대해 일본은 어느 정도 대응하고 있는 것일까? 문화심의회 문화정책부회의 문화다양성에 관한 작업부회 「문화다양성에 관한 기본적인 개념에 대한 보고」2004년 9월에서는 문화다양성에 관해 '다른 문화의 만남은 창조성을 가져오고 혁신을 자극하여, 21세기 인간생활을 풍요롭게 할 가능성의 사회적·경제적 활력을 원천으로 한다. 문화적 다양성의 확보, 촉진은 여유로운 사회의 형성과 경제적 활성화를 촉진하고 나아가서는 세계평화의 기여로 이어진다고 생각된다'고 서술하였다.

이 논지는 창조적 도시론의 중요한 발상과 대부분 동일한 것이다. 필자 자신은 이 논지를 강하게 지지하지만 문화적인 다양성을 확보하는 것이 경제활성화와 어떤 연관이 있는지에 대해서는 충분히 증명되어 있지 않은 점도 인정하지 않을 수 없다. 말하자면 가설을 넘어서지 못한 것이다. 모습을 바꾼 자유무역론에 기반을 둔 반대론이 발생하기 쉬운 빈약한 면도 가지고 있는 점을 알아둘 필요가 있다.

나아가 같은 작업부회에서는 '국가경제가 세계시장 속에서 곤경에 처한 상황에서 선진국의 문화산업이 도상국의 시장에 침투하여, 각 지역의 역사와 문화 기반 위에 발전해 온 고유의 문화를 잃어버려 지역문화의 창조성과 개성이 사라질 수 있다는 목소리도 있다'고 서술했다.

또한, 구체적으로는 '일본은 전통문화에서 현대문화까지 폭넓은 분야에서 다양한 문화가 있지만, 이러한 일본문화의 매력이 대외적으로 충분히 침투하고 있지 못하다는 지적도 있다. 따라서 관계부처와 지방 공공단체가 협력하여 국제영화제나 국제예술제 등의 문화교류의 기회를 충실히 살리고 동시에 지역문화를 살린 마을만들기와 미술관, 박물관 같은 문화시설을 정비하여 일본의 문화적 자력을 높여나갈 필요가 있다. 이러한 시도는 세계 사람들이 문화를 소중히 여기는 나라 또는 즐거운 문화를 창조하는 나라로서 일본만의 매력을 발견하고, 계속해서 방문하고 싶은 나라로서 동경하도록 한다. 또한, 일본에 사는 모든 사람들에게 있어서도 긍지를 가지고 즐겁게 살 수 있도록 '살기 좋고, 방문하고 싶은 나라만들기'를 실현하도록 해야만 한다'고 서술한다. 이것은 경제의 세계화와 관계된 취약한 부분을 강조한 것이며, 받아들이기 쉬운 논지다.

이러한 문화다양성의 토론을 고려하면서 여기서는 창조도시 정책의 문제, 비교적 반론이 나오기 쉬운 재원문제에 주목하여 논의해 보자.

창조도시 정책에서 민간이 담당하는 공공에 대한 기대

창조도시 정책의 재원은 있는 것인가

마사유키가 소개한 바와 같이, 창조도시론은 에베르트의 '예술활동이

가진 창조성'에 주목하여, 자유로운 창조적인 활동과 문화활동, 문화 인
프라에 충실한 도시야말로 혁신성을 이루어낸 산업을 포용하고, 해결하
기 어려운 문제에는 창조적인 문제해결 능력으로 대처할 수 있으며, '그
연쇄반응이 기존 시스템을 혁신한다'는 가설1에 기반하여 논의되고 있
다. 창조도시론에 있어서도 가설을 벗어나지 못하고 도시론이 도시론 속
에 갇혀 있어도 되는가, 이것이 도시정책의 도마 위에 올랐을 때는 우선
재원문제가 나오게 된다.

　일본에서도 지방분권이 강해진 만큼 지자체의 자기책임도 강하게 요
구되어졌다. 유바리ゆうばり 시와 같이 거액의 적자를 안고 재정재건 단체의
가입을 표명한 지자체가 늘고 있으며, 그 당시 이 재건계획에는 시 직원
을 대폭 감원하는 것 외에도 국정자산세와 경자동차세 등의 증세, 보육
료와 하수도사용료 인상 등 시민의 부담액까지 요구하고 있다. 지방재정
심의회에 따르면 지방의 재정은 교부세 특별회계 차입금의 지방부담분
34조 엔을 포함하여 204억 엔의 부채가 있으며, 정부가 함께 우려해야만
하는 수준이다. 유감스럽게도 재정적인 논의를 제외하고 다른 도시정책
론은 이야기하기 힘든 상황이다. 창조도시론을 지지하는 배경에는 몇 가
지 성공사례와 가설이 있으며, 그 내용이 아무리 좋더라도 현행의 재정
상황에서는 지지받을 가능성은 매우 낮다고 할 수 있다.

민간이 담당하는 공공의 대두

　이런 가운데 주목받는 것이 민간이 담당하는 공공이다. 지금까지 사
회과학자와 정책결정자는, 공공부문을 맡은 곳은 정부이며, 민간부문은
시장에서 영리를 추구한다는 '공사이원론公私二元論'이라는 고정관념에
오랫동안 지배당해 왔다. 시장에만 맡기면 세상은 사회적으로 후생을 실
현하기 어렵다. 따라서 시장주의의 그늘은 정부가 책임을 지고 대응해야
만 한다는 것이 전형적인 복지국가의 개념이다. 이러한 개념은 정부만이

시장주의의 그림자를 책임져야 한다는 주장과 반드시 일치하는 것은 아니다. 일본에서는, 정부 측의 공익적인 것은 민간에 맡길 수 없다는 높은 자부심이 있으며, 또한 민간 측에서도 스스로의 문제를 스스로 해결하려는 자각이 그리 충분하다고는 말하기 어렵기 때문에 국가 공익독점주의와 같은 신념이 존재하고 있다고 해야 좋을 것이다. '작은 정부론'에서도 복지국가를 부정하는 것이 아니면서도 공익적인 역할에 대해서는 여전히 정부에 거는 기대는 크다. 바꿔 말하자면 정부는 공공적인 것은 무엇이든 자신들이 하는 편이 좋고, 민간에서도 공공적인 것은 무엇이든 정부에 의존해 버리는, 관과 민의 의존체질이 있어 왔다고 할 수 있다.

그러나 현실을 바라보면 공공을 맡아야만 하는 민간인들의 공공정신이 나타나고 있다. 정부도 민간 영리부문도 아닌, 제3의 눈을 가진 부문으로서 민간에 의한 공공부문이 각국에 존재하며, 일본에서도 예외는 아니다. 일본에서는 오랜 동안 이 존재에 대한 의문을 가진 적도 있었지만 한신대지진 이후 생겨난 자원봉사 활동을 시작으로, 그 존재에 많은 이목이 집중되었다. 1998년, 특정비영리활동촉진법NPO법의 제정으로 시민활동의 환경이 정비되어, 민간 비영리 활동이 활발하게 전개되었다. 예를 들어, 2000년도 국민생활백서『자원봉사자로 깊어지는 인연』과 2004년도 같은 백서『사람의 연결로 변하는 삶과 지역－새로운 공공을 향한 길』등에서 민간에 의한 새로운 공공이 국민생활 속에 정착하고 있는 것이 보이며, 그 중요성 또한 강조되고 있다.

민간이 담당하는 공공의 규모

그러나 그렇다고 해도 민간이 담당하고 있는 공공은 여전히 대견스런 놀이의 범위이며, 고려할 만한 규모인가에 대해서는 의문을 갖는 사람이 많은 것은 당연한 것이다. 이러한 질문에 답한 것이 1990년대 중반에 발표된 미국의 존스 홉킨스 대학이 진행한 연구 프로젝트다.

이 프로젝트에서는 먼저 비교 가능하도록 이 범위에 대해 정의를 내리고, 이를 기반으로 각국의 민간 비영리 부문의 규모를 측정했다. 데이터를 수집할 수 있는 22개국의 국내총생산과 비교한 결과를 보면 4.8%에 이르며, 나라마다 큰 차이는 있지만 무시할 정도로 큰 차이는 아니라는 점이 밝혀졌다.

일본의 경제사회에 있어 다양성의 진전

다양성과 민간 비영리 부문

존스 홉킨스 대학의 프로젝트는 다양한 논의를 불렀는데, 두 가지를 정립했다는 점에서 큰 의미가 있었다. 하나는 각국에 비영리 부문이 존재하고 있다는 점이다. 두번째는 비영리 부문의 규모가, 학술은 물론 정책에 있어서도 세계적으로 비영리 혁명이 일어나고 있다고 프로젝트 리더인 레스터 살라몬L. M. Salamon은 선언했다.3

또한, 이 비영리 연구에서 많은 것이 발견되었다. 그 가설 중 하나인 다양성의 이론이다. 사회가 다양해지면, 조세에 의해 획일성에 얽매이는 정부만으로는 충분한 공공재가 공급되기 힘들며, 비영리 부문의 중요성이 늘어난다는 점이다. 이러한 이론을 실증할 기회는 없었지만, 이 연구 프로젝트에서 다양성과 민간 비영리 부문의 규모와의 관계도 일정한 연관성을 가지고 있다는 점이 인정되었다.인과관계 또는 많은 상관성이 있는 것이 아니라는 점도 유의할 필요가 있다4

국가의 다양성을 어떻게 측정할 것인가에 대한 의문이 남지만, 이 점은 창조도시의 다양성을 고려하는 관점에서도 시사하는 바가 있다. 적어도 지금까지의 일본은 동질성이 높고, 공공요구도 획일적이었다. 국가 공익독점주의 시대가 오랫동안 지속되어도 이상할 것은 없었으며, 그 편이 효율적이었다고 할 수 있을 것이다. 그러나 반대로 고령화, 저출산과 외국인의 유입을 시작으로 한 사회적·문화적인 변화요인에서 일본 사회가 지금까지 없던 다양화로 가고 있다고 가정한다면, 그러한 동질성의 잔상을 반영한 시책은 타당하지 않을 가능성도 있다. 더욱이 창조도시를 지향한다고 한다면 이 경향은 더욱 명백하다.

일본의 다양성의 확대

그것을 상징하는 것이 2004년 6월에 발표된 정부 세제조사회의 '일본 경제사회의 구조변화의 실상에 대해, 양에서 질로, 그리고 표준에서 다양으로'다.

정부 세제조사회는 먼저, '잃어버린 10년'의 일본 경제사회에 대해 구조적인 변화가 존재한 것은 아닌가, 두번째로그러한 변화가 존재한다면 이러한 구조변화의 메커니즘과 배경요인은 무엇인가, 세번째로 이러한 구조변화 속에서 사회를 구성하는 각 주체개인, 가족, 기업, 지역사회, 정부 등에 어떤 변화가 생기는가, 또한 앞으로 어떤 변화가 예측되는가. 네번째로 이것을 통해 이후의 공익부문의 방향성에 대해서 어떤 것을 생각해야 하는가에 대한 네 가지 기본적인 시점을 가지고, '가족'을 시작으로 '취업', '가치관·생활방식', '분배', '저출산·고령화인구', '세계화', '환경', '공공부문' 등의 분야와 테마에 대해 관련된 기초 데이터를 폭넓게 수집, 정리, 분석하면서 각계 유력인사 21명에게 인터뷰를 실시했다.

그 결과, 세제설계의 전제가 된 표준모델은 다양해졌다는 평가를 받고 있다. 먼저 다양성이론의 상관관계에만 주목한다면, 일본 경제사회의 구조변화로 인해 민간 비영리부문의 규모가 변화해도 이상할 것 없다는 예측도 나올 것이다. 같은 보고서에서 민간이 맡은 공공의 영역에 강한 기대를 갖는 것은 이론적으로는 매우 합리적이다.

정부 세제조사가 이러한 시도를 하는 것 자체가 어떤 의미에서는 세

계 공공정책사에서 자랑할 만한 것일 것이다. 이것은 '세제는 경제사회
를 받치는 중요한 기반 중 하나다. 동시에 경제사회 구조를 기초로 구축
된 것이며, 경제사회를 반영하는 거울이기도 하다'같은 보고서라는 인식에
서 실시된 것이라는 것도 말하고 싶다.

정치의 투표와 비영리 부문의 마음의 투표

기부금 공제를 향한 기대

2006년 5월, 110년 만에 민법이 개정되어, '일반사회법인 및 일반재단
법인에 관한 법률', '공익재단법인 및 공익재단법인의 인정 등에 관한 법
률', '일반사회법인 및 일반재단법인에 관한 법률 및 공익사회법인 및 공
익재단법인의 인정 등에 관한 법률의 시행에 수반되는 관계법령의 정비
등에 관한 법률'인 공익법인 개혁관련 3법이 성립되었다. 또한 같은 해
12월에는 신 신탁법도 성립되어, 논의가 진행 중인 공익신탁의 개정도
의사일정에 올라가 있다. 민간이 담당하는 공공에 관한 사법상의 정비가
차례로 진행되고 있다.

세제는 이후 논의를 갖게 되지만, 이미 2005년 6월의 정부 세제조사
회 기초문제 소위원회, 비영리 법인과세 워킹 그룹의 보고서인 「새로운
비영리 법인에 관한 세제 및 기부금 세제에 대한 기초적 개념」에서 공익
사단, 공익재단으로 인정받은 단체에는 기부금 공제를 인정하는 것이 제
안되어, 드디어 일본에서도 민간이 맡은 공공의 발전이 이루어지도록 세
제측면에서 정비가 착수되고 있다고 할 수 있다.

기부금 공제에 정당성은 있는가

여기서 공사이원론적인 근대 시민사회를 다시 한 번 살펴보자. 기본
적인 사회상은 다음과 같다.그림 5.1 그림의 왼쪽 반에는 공공재의 공급에

대해, 시장이 실패하면 국가는 그 비용만큼 권력을 이용해 세금을 징수
한다는 것을 보여준다. 선거제도로 선택된 대표자가 공약에 기반을 둔
수입과 지출을 결정한다. 국민이 경우는 유권자이 할 수 있는 권리의 행사는
정치의 투표다. 이것이 일반 민주주의라고 불린다. 공공은 정부부문이
맡고, 민간은 영리활동에 종사한다. 여기에는 제3의 부문민간 공공부문이란
존재하지 않는다. 따라서 어떤 형태로든 기부금 공제제도를 도입하면 그
것은 국가에 들어갈 세금의 감소를 의미하며, 바꿔 말하면 그 감소분은
보조금으로 지출한 것과 같은 것이 된다. 기부금 공제제도와 관련해 종
종 논의되는 조세 세출론이 그것을 대표하고 있다.

공사이원론의 구조는 말할 것도 없지만, 이론적으로는 잘 되어 있다.
정부에 의한 공공의 일원적인 지배로 공공재를 균형 있게 공급하도록
유지하며, 조세와 세출로 인한 소득재분배가 이루어질 수 있다. 근대 시
민사회가 이 구조를 만들기 시작한 것이다. 민간 공공부문이 들어오면
균형 잡힌 공공재 공급에 차질이 생기며, 전체 후생은 마이너스가 되는
것이다.

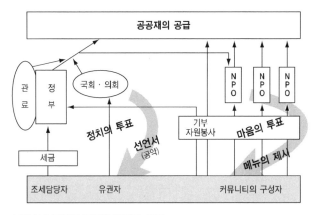

그림 5.1 마음의 투표와 정치의 투표

그러나 실제로는 공공재 공급의 균형은 경직되고 부처 간의 기본적인 예산 점유율로 나타난다. 민의를 반영한 최적의 공공재 균형이 정부에 의해 집행된다는 것이 거의 불가능하다는 것은 다 아는 사실이다. 또한, 이 개념에는 국민이 바라던 공공재의 질과 양을 정부가 충분히 알고 있다는 것에 근거하고 있다. 그러나 그것도 있을 수 없는 이야기다. 따라서 선거에서 유권자가 표현할 수 있는 공공재의 질과 양은 대부분 없다고 봐도 좋다.

다양한 분야를 넘어선 예술과 문화를 창조도시의 문화정책 속에서 어떻게 고를 것인가는 머리 아픈 문제다. 국론을 둘로 나누는 문제, 예를 들어 큰 정부인가, 작은 정부인가와 같은 경우에는 유권자의 목소리는 반영되기 쉽다. 그러나 음악보다도 연극을, 뮤지컬보다는 오페라를 등과 같은 유권자의 선호는 선거정치 투표에서는 나타나지 않는다.

마음의 투표로서의 기부

한편, 민간 공익부문을 적극적으로 부여한 사회상을 그림 5.1의 우측에 나타냈다. 지금 논의하기 쉽도록 비영리 단체를 예술단체에 한정하여 논해보자. 그림에서는 NPO라고 표현하고 있지만 단지 법인만이 아닌 비영리 부문 전체를 나타내고 있다. 음악, 예술, 연극, 전통문화 계승 등, 다양한 예술단체가 NPO를 형성하고 있다고 하자. 그들은 자신들의 활동을 기부자에게 전달한다. 기부자 측은 다양한 자신의 공공재의 선호에 맞춰 기부할 단체를 정한다. 이 경우에는 많은 NPO가 있어, 기부자에게 공공재의 메뉴가 다채롭게 제시된다. 예를 들어, '기성세대가 연기하는 연극', '어린이 교육에 도움이 되는 연극' 등, 상세한 메뉴를 제시할 수 있다. 이것을 '공공재 메뉴의 제시'라고 여기서는 부르자.

자금이 있는 찬조자는 기부라는 수단으로 암묵의 동의를 표현할 수 있으며, 시간이 있는 찬조자는 자원봉사자로 그 활동에 참가하며 동의의 뜻을 나타낸다. 이렇게 생각하면 동의의 의사표시는 정치의 투표만이 아닌, 무엇인가에 투표하는 행위와 유사한 활동이라고 봐도 좋을 것이다. 여기서는 이것을 '마음의 투표'라고 부르자.5

기부금 공제로 세수는 주는가?

그러나 기부금 공제는 세수를 줄이고, 그만큼 정부의 공공재 제공에 마이너스가 되는 것은 아닐까? 그 의문에 답하기 위해 먼저 납세자이 경우에는 개인 납세자의 소득세만을 생각해 보자.여기서는 생략하지만 지방세의 영향도 크리라 예상하며, 그 점을 논할 필요도 있다

민간 공공부문의 기부에 소득세의 공제가 인정되어도, 정부가 거두는 모든 공공재를 만족시키는 납세자라면 세금만을 거둔다. 기존과 같이 선거 때만 자신의 의사를 나타내면 된다.

만일, 부족한 공공재에 대한 요청이 있으면, 그 공공재를 공급하는 기부금 공제대상인 공익단체, 공익재단 또는 인정 NPO법인 등에 기부금을 낸다. 그렇게 되면 정부에 들어오는 소득세는 과세대상이 되는 소득이 줄어드는 만큼 감소하지만, 기부금의 잔액은 기부자의 사유재산에서 공공재로 전환한 것이 된다. 정치의 중심과제 중 하나는 세수 및 세출을 결정하는 것이며, 민주주의의 표는 그 의사결정을 하는 대표자를 선택하는 것이다. 기부금의 경우는 납세자 자신이 납세액을 결정하고, 그 사용처까지 지정하는 것이므로, 이른바 참가형 민주주의의 한 형태가 된다고 봐도 좋다. 알기 쉽게 말하자면, 들어와야 할 조세가 줄었다고 볼 것인가, 나가야 할 지출이 늘었다고 볼 것인가, 그 두 가지 견해가 나올 수 있는 것이다.

나아가 창조도시론과의 관계를 명확히 하자면, 기부처를 NPO가 아닌 지자체로 하는 방법도 있다. 이 경우는 국세인 소득세가 감소하고, 그 감소액을 넘는 액수의 기부가 지자체로 들어오는 것이다. 결국, 지자체에

기부하는 것은 납세자에 의해 국가에서 지방으로 세원이 이양된 것이다. 일본에서는 지자체로의 기부금을 많이 지원하고 있으므로, 지방세제가 전체 기부금 공제의 발목을 잡지 않도록 하는 것이 지자체에게는 유리한 것이다.

마음의 투표에 의한 사회비용 전체의 감소

시장주의의 어두운 부분이 다양하게 표출되었을 때, 세출면에서 그것을 대응하기 위해서는 막대한 재원을 필요로 한다. 특히, 예술과 같이 납세자의 의향이 중요한 경우, 집행자가 공평하게 특정예술을 골라 재원을 투입하기 어렵기 때문에 총체적인 정책이 되기는 힘들다. 가령, 집행자가 납세자가 기대하는 특정예술에 집중적으로 재원을 투입하더라도, 민주주의 사회에서 반드시 일어나는 집행자의 교체로 지속적인 재원투입은 어렵게 될 것이다. 따라서 최종적으로는 이 부분을 어느 정도 민간 공공부문에 맡김으로써 사회 전체로서는 비용을 줄일 수도 있다. 단, 충분한 기부가 없게 되면 항상 문제가 방치될 위험성이 있는 점도 유의할 필요가 있다.

기업 메세나는 기업에 의한 마음의 투표

일본의 경우, 기부금 공제제도의 준비가 부족해 지금까지 민간이 맡은 공공의 주역인 개인에게 걸었던 기대가 적었다. 한편으로, 기업은 사회로부터도 기부요구를 강하게 받았고, 기부의 주역은 기업이라고 여겨왔다. 특히, 문화・예술에 관해서는 기업메세나협의회의 공적이 컸다고 말할 수 있을 것이다. 기업메세나협의회는 1990년에 영향력 있는 기업가들이 모여, 기업 메세나 활동을 상호 촉진시키기 위한 취지로 발족했다. 거품경제 붕괴시기를 넘어 흔들림 없이 메세나 활동을 전개해 온 배경에는 이러한 단체가 기반을 다지는 활동 등의 영향이 있었다. 그림 5.2에서는 2005년도의 기업 메세나 예술분야다. 기업 메세나 활동을 보면,

그 활동의 기초인 음악이 40.5%, 미술이 29.1%, 전통예능 8.9%, 연극 7.3%, 문학 6.8%로, 음악·예술에 지원이 집중되었다. 앞으로 기부금 공제라는 새로운 제도가 충분히 움직인다면, 개인에 의한 민간이 담당하는 공공의 무게도 높아질 것으로 예측되며, 기업 메세나의 동향은 창조도시를 위해 큰 실마리를 전해줄 것이다.

기업 메세나도 기업이 하는 마음의 투표 중 하나다.

창조도시를 받치는 맨션형 재단

맨션형 재단의 특징

여기서 창조도시를 지탱하는 민간이 담당하는 공공의 구체적인 장치에 대해서 생각해보자.

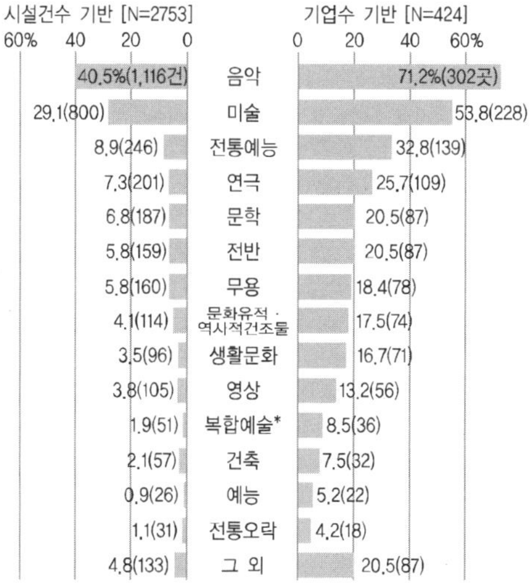

* 복합예술은 두 가지 이상의 분야의 요소를 합한 표현활동을 나타낸다.

그림 5.2 메세나 활동의 예술분야
출전: 사단법인 기업메세나협의회

그 중에 필자가 가장 주목하는 것은 커뮤니티 재단이다. 조성재단은 비영리조직NPO의 하나이며, 사업형 NPO에 자금을 제공하는 단체다. 커뮤니티 재단은 기능면에서는 지역사회의 조성재단인 것이다. 최초의 커뮤니티 재단은 미국의 클리블랜드에서 1914년에 태어났다. 그 지역의 은행가이며 변호사였던 프레데릭 고프가 소규모 공익신탁과 재단을 모아 각 기금의 명칭은 남겨둔 채 하나의 커뮤니티 재단으로 재생시킨 것이다.

조성재단은 일정한 사무소와 이사회 등 통치기능이 필요한데, 작은 재단에서는 그러한 관리비가 큰 부담이 된다. 이러한 관리비를 공유하고 자금을 효과적으로 활용할 계획을 마련한 것이다. 필자는 이 구조적인 면에 주목하여, 이것을 맨션형 재단이라고 부르고 있다. 그림 5.3은 이것을 그림으로 나타낸 것이다.

통상 조성재단을 '단독주택', 커뮤니티 재단을 '맨션'으로 표시한 것이다. 단독주택이라는 것은 각각 현관과 정원이 필요하며, 유지비도 상

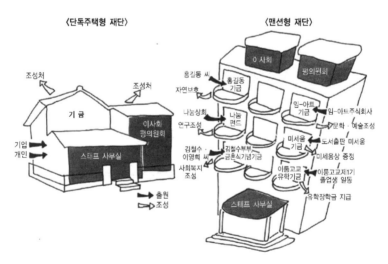

그림 5.3 단독주택형 재단과 맨션형 재단
안: Masayuki Deguchi, 그림: Yukie Takeuchi

대적으로 많이 필요하다. 맨션은 이러한 것을 공유하기 때문에 그 비용이 저렴한 것이다. 한편, 주거공간은 명찰을 붙여 각각 독립된 존재로 개성을 발휘한다. 맨션형 재단이란 이러한 특징을 가지고 있는 것이다.

미국의 커뮤니티형 재단의 이점

이렇듯 커뮤니티 재단의 특징은 단순하지만, 반면 매우 많은 이점을 가지고 있다. 먼저 개인이 조성재단을 만들려면 많은 비용이 필요하다. 존재감을 나타내려면 100억 엔 정도의 규모가 필요하다. 한편, 커뮤니티형 재단이라면, 이미 존재해 있는 재단에 기금을 만들면 되므로 수십만 엔에서 수백만 엔 정도의 기부라면 자신의 이름을 붙인 재단을 설립할 수 있다.

다음으로 점검기능이다. 한 명의 자력가가 만든 재단에서는 사람들이 재단활동에 관심을 기울이기 어려워 부정이 일어나도 알아채기 힘들다. 많은 기금으로 만든 맨션형은 이해관계자가 많고, 그만큼 관심의 정도가 높다. 운영하는 이사와 평의원은 민간재단이면서 공적인 성격이 강한데, 미국의 커뮤니티 재단에서는 이사, 시장, 의회 회장, 변호사회 회장 등 공직에 있는 사람이 이사를 각각 한 명씩 지명하도록 되어 있는 것이 일반적이다.

세번째로 사무국 기능의 충실함이다. 개인재단의 사무국 업무는 웬만큼 큰 재단이 아닌 경우, 한직이 되기 쉽고 전문성을 발휘하기 어려운 것이 현실이다. 커뮤니티 재단이라면, 미국의 경우 1,000억 엔을 넘는 기금을 가진 곳도 적지 않고, 사무국은 꽤 정립된 조성활동을 전개하고 있어 조성전문가가 육성되기 쉽다.

네번째로 기부의 동기가 개

사진 5.1 뉴욕 커뮤니티 신탁의 기부자들

인재단보다 월등하다. 미국 커뮤니티 재단에서는 많이 기부한 사람의 생
애를 기록한 팸플릿을 준비해,사진 5.1 수표 조성금과 함께 조성처로 발송
하도록 되어 있다. 이것이 기부자의 동기를 크게 높이는 것은 두말할 필
요도 없다. 각 기금은 조성분야를 지정하거나 조성단체까지 지정할 수도
있어 기부자의 다양한 요구에 응할 수 있다.

　이상과 같이, 맨션형이라는 구조에서 이러한 이점이 생겨나는 것이다.
물론 이것은 미국의 이야기이며, 세제상의 우대도 매우 큰 것도 유의해
야 한다. 예를 들어, 토지를 기부한 경우는 재단이 그것을 매각하여 기금
으로 운용할 때에도 세금이 없다. 유산을 많이 증여하는 것도 세제에 의
한 혜택이 크지만, 일본의 세제는 아직 이러한 상황이 아니란 점도 알아
야 한다.

　이렇듯 커뮤니티 재단은 사람들의 작은 선의에 기대하여 사회의 작은
개선을 지향해 가는 방법이다. 그 창설은 소비에트 연방보다도 빠르며,
생명력도 길다. 그래서인지 최근 세계로 빠르게 확대되고 있다. 오늘날
미국에는 600곳의 커뮤니티 재단이 창설되어 있다. 클리블랜드 재단은
커뮤니티 재단의 조성금 규모로는 미국에서 10위다. 2004년의 조성실적
은 6,200만 달러로 기금은 16억 달러에 달한다.사진 5.2 커뮤니티 재단은
오랫동안 미국만의 사례로 알려져 왔지만, 1989년 동유럽 개혁이 합의
되면서 1990년대에 들어와 세계 각지로 확산되고 있다.그림 5.4, 5.5 대륙

사진 5.2 폐허가 된 극장(좌)을 클리블랜드 재단의 주도로 재생(우)　폐
허가 되어 사용하지 않던 극장을 클리블랜드 재단의 자금으로 재생했다
(우측 사진). 좌측 사진은 아직 개장하기 전의 극장 창문

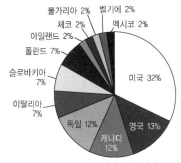

그림 5.4 국제 네트워크 가맹 커뮤니티 재단
출전: 대륙 간 커뮤니티 재단 네트워크

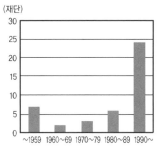

그림 5.5 국제 네트워크 가맹 커뮤니티 재단
의 설립연차별 커뮤니티 재단 수
출전: 대륙 간 커뮤니티 재단 네트워크

간 커뮤니티 재단 네트워크라는 단체의 조사에 따르면 현재는 약 1,100
곳이 존재하고 있다.

일본의 맨션형 재단

일본에서는 오사카 상공회의소가 기업과 개인의 사회공헌 활동을 지
원하기 위해 미국에서 생겨나 발전하고 있는 커뮤니티 재단을 시찰, 연
구하였다. 재단창설에 필요한 기본재산 1억 엔을 출자하여 1991년 11월
12일에 통상산업성현 경제산업성의 설립허가를 얻어 (재)오사카 커뮤니티
재단을 설립했다. 주로 오사카 부 및 그 주변 지역에서 사업을 진행하지
만 전국해외 포함을 대상으로 하는 재단이며, 이것은 지역사회에서의 조성
재단이기 때문에 커뮤니티 재단이라고 불리는 미국과는 다른 것이다.

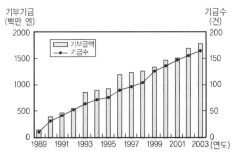

그림 5.6 오사카 커뮤니티 재단의 기금 기부금액, 기금 수의 추이(연도별)

맨션형 재단으로서는 일본에서 첫번째이며, 현재까지 일본 유일의 맨
션형 재단이다. 오사카 부, 오사카 시도 각 2,500만 엔을 출자하고, 이사
는 오사카 상공회의소와 오사카 부, 오사카 시의 대표, 교직경험자 등으
로 구성되어, 기금의 설립자와는 전혀 관계없는 사람이 운영한다. 설립
은 거품경제의 붕괴시기였지만, 기금은 166기금, 기부금 총액은 17억
9,032만 엔에 이르렀으며, 기금 제공자 대부분이 개인이었다.그림 5.6

일본에서는 세제관리가 미국과는 전혀 다르며 아직 규제도 많아, 미
국과 같이 자유로운 활동이 아직까지는 어려우나, 거품경제 붕괴 이후
로 개인기부를 중심으로 이 정도의 큰 재단이 된 것은 주목해야 할 점
이다. 공익재단의 제도개혁과 함께 이러한 창조도시에 상응하는 재원공
급 기관을 설치해 나가는 것도 검토할 필요가 있을 것이다.

《주 · 출전》

1. 佐々木雅幸, 『創造都市への挑戦』, 岩波新書, 2001, p.39.
2. Salamon, L. M. and H. K. Anheier, *The Emerging Nonprofit Sector : An Overview*, Manchester, 1996.
3. Salamon, L. M., "The Rise of Vovprofit Sector", *Foreign Affairs*, July/August 1994.
4. 교육분야에 관해서는 상호관련성이 인정되지 않으므로 샐러먼은 반드시 이 결과를 중시하지는 않는다. 단, 그 결과 다양성 이론은 일정한 힘을 가진다고 생각해도 좋다. 출전: Salamon, L. M. and H. K. Anheier, "Social Origins fo Civil Society : Explaining the Nonprofit Sector Cross-Nationally", *Voluntas : International Journal of Voluntary and Nonprofit Organizations*, Issue Volume 9, Number 3/ September, 1998.
5. 터크빌은 '미국의 민주주의' 중에서 미국의 시민참가 활동에 감동받아 그것을 '마음의 관습'이라 불렀다. 또한, 경제학자 티보는 주민이 스스로 선호하는 공공재를 공급하는 지방을 선택하여 지방공공재가 가장 적당히 공급되도록 했다. 이것은 일반적으로는 '발에 의한 투표'로 부른다. 여기서는 그 두 가지 중에서 '마음의 투표'라는 표현을 사용했다.

《참고문헌》

• Salamon, L. M., "The Rise of Vovprofit Sector", *Foreign Affairs*, July/August 1994.
• Salamon, L. M. and H. K. Anheier, *The Emerging Nonprofit Sector : An Overview*, Manchester, 1996.
• Salamon, L. M. and H. K. Anheier, "Social Origins fo Civil Society : Explaining the Nonprofit Sector Cross-Nationally", *Voluntas : International Journal of Voluntary and Nonprofit Organizations*,

Issue Volume 9, Number 3/ September, 1998.

• Richard, Ronald B., *Revitalizing American's Post-Industrial Cities: Some Lessons from Cleveland*, 2006.
• 「ボランティアが深める好縁」(『国民生活白書』, 2002).
• 「人のつながりが変える暮らしと地役−新しい『公共』への道」(『国民生活白書』 2004)
• 佐々木雅幸, 『創造都市への挑戦』, 岩波新書, 2001.
• 政府税制調査会, 『わが国経済社会の構造変化の「実像」について−量から質へ, そして標準から多様へ』, 2004. 6.
• 政府税制調査会基礎問題小委員会・非営利法人課税ワーキング・グループ, 『新たな非営利法人に関する課題及び寄附金税制についての基本的考え方』, 2005. 6.
• 出口正之, 『フィランソロピー』, 丸善ライブラリー, 1993.
• 出口正之, 「シビルソサエティとNPO」(林雄二郎・今田忠 編, 『フィランソロピーの思想』, 日本経済評論社), 1999.
• 三島祥宏, 『コミュニティ財団のすべて−篤志家とNPO(非営利組織)に奉仕する』, 清文社, 1996.

다문화 지역정책과 지역재생
외국인과의 공생과 문화적 다양성, 창조성

이자사 사요코(飯笹佐代子, 종합연구개발기공)   *chapter* **6**

다문화 공생과 마을만들기 - 두 가지 정책과제의 만남

2006년 3월 총무성으로부터 「다문화 공생의 추진에 관한 연구회 보고서 - 지역에 있어 다문화 공생의 추진을 위해」가 공표되었다. 지금까지의 국가수준의 논의가 전적으로 노동력을 위한 외국인정책 또는 입국·재류관리에 집중했던 것에 비해, 이 보고서는 늦은 감은 있지만 지자체의 다문화 공생을 체계적으로 진행해야 하는 중요과제로 제안한 정부최초의 보고서였다. 지역에서는 다문화 공생을 '국적과 민족 등이 다른 사람들이 상호 문화적인 차이를 인정하고, 대등한 관계를 만들면서 지역사회의 구성원으로 함께 살아가는 것'이라 정의한다. 이미 선진적인 시도를 실시하고 있는 지자체에 비하면 뒤늦은 감이 있지만, 일본 정부가 공식적으로 일본에 거주하는 국적과 민족이 다른 사람들을 지역사회의 구성원으로 명시하고 있다는 것은 의미가 크다.

보다 주목해야 하는 점은 다문화 공생을 지역활성화와 마을만들기의 추진과 연계시키고 있다는 점이다. 이 보고서에는 다음과 같이 기록되어 있다.

세계로 열린 지역사회 만들기의 추진으로 인해 지역사회가 활성화되면 지역산업, 경제진흥으로 이어진다. 나아가 다문화 공생의 마을만들기를 진행하면서 지역주민이 다른 문화를 이해하려는 노력도 향상되고, 다른 문화와의 의사소통에 힘을 기울일 젊은 세대를 육성할 수도 있다. 다양한 문화적 배경을 가진 주민이 공생하는 지역사회의 형성은 유니버설 디자인이라는 시점에서 마을만들기를 추진하게 된다.[1]

한편, 마을만들기와 지역재생의 육성방안으로 일본에서 뜨거운 주목을 받고 있는 것이 문화에 의한 도시재생 또는 유럽에서 유래한 창조도시의 개념이다. 유의해야 할 점은, 유럽의 창조도시론에서는 창조성의 원천으로 문화적인 소수민족과 이민으로 인한 문화의 다양성이라는 점을 중요시한다는 것이다. 다문화성은 창조도시 형성의 요건이며, 실제 정책에도 이민과 소수민족을 어떻게 사회에 통합해 가는가, 그것을 통해 그들의 활력을 어떻게 사회에 살려나갈 것인가와 같은 관점이 포함되어 있다. 그러면서도 이러한 관점은 일본의 행정수준에서 창조도시를 이야기할 때 종종 누락되어 버린다.

다문화 공생과 지역재생이라는, 지금까지 일본에서는 접점을 찾지 못했던 두 가지 정책과제를 어떻게 융합해 나가야 하는 것일까? 세계화된 사람들의 이동이 일반화되고, 일본에서도 다문화가 진행되는 가운데 이의문이 각 지역에 있어 한층 중요성을 띠게 되는 것은 시대의 필연적인 현상이다.

종합연구개발기공NIRA에서는 2003년 12월부터 문화가 주도하는 도시, 지역재생의 시도를 '문화도시 정책'으로 다루어, 창조적인 지역만들기를 구축하기 위한 정책비전을 고찰하기 위해 연구해 왔다. 이미 하나의 성과로 간행한 『도시공간을 창조한다』[2]의 각 논고와 더불어 이 책을 집필하기 전 단계였던 NIRA '문화도시 정책으로 만드는 도시의 미래' 연구

회에서의 토론과 조사를 통해 얻어진 지식을 기반으로, 다문화 공생과
지역재생을 잇는 문화도시 정책의 가능성에 대한 검토를 목적으로 한
것이 이 책이다.

외국인의 수용을 둘러싼 일본 사회의 현황

먼저 들어가기 전에 외국인 수용을 둘러싼 일본 사회의 현황에 대해
개략적으로 살펴보자.

다민족, 다문화화를 향한 일본 사회

2004년 3월부터 6월에 걸쳐 '다민족 일본－재일 외국인의 삶'을 제목
으로 한 특별전시가 오사카 부 후기다 시의 국립 민족학박물관에서 개최
되었다.그림 6.1 그 취지는 '일본에서 진행 중인 다민족화에 대해 개인으로
서 외국인을 알아가는 것', 나아가 '공생의 조건인 다양성을 향한 관용의
중요함을 적극적으로 주장할 것'으로 기록되어 있다. 이주의 역사적 배
경과 경위에서 행정, NPO 등의 대응, 나아가 주요한 민족 그룹마다 다른

사진 6.1 특별전시 '다민족 일본'의 일환
으로 열린 한국계 아동의 춤
제공: 국립 민족학박물관

그림 6.1 특별전 포스터
제공: 국립 민족학박물관

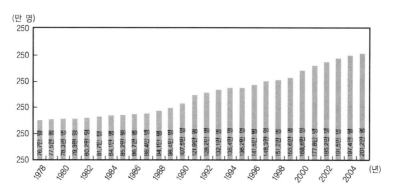

그림 6.2 외국인 등록자 총수 추이
출전: 법무성 입국관리국 편, 『헤이세이 18년도 출입국관리』, http://www.moj.go.jp/에서 작성

생활문화까지, 재일 외국인에게 정
면으로 초점을 맞추어 종합적·다
면적으로 소개한 전시회다. 박물관
으로서도 전국 최초의 시도였으며,
개최기간인 70일 동안 약 3만 7,000
명의 입장객이 방문했다.3 이 특별
전은 일반사회에 대한 일본의 다민
족, 다문화화를 두루 선언한 의의
를 갖고 있다고 할 수 있다.

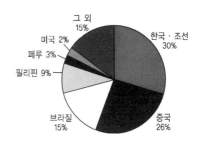

그림 6.3 외국인 등록자 수의 국적별 내역
(헤이세이 17년 말)
출전: 법무성 입국관리국 편, 『헤이세이 18
년도 출입국관리』, http://www.moj.go.jp/에서
작성

재일 외국인은 1990년 이후 지속적으로 증가하고 있다. 법무성 입국
관리국에 의하면, 2005년 말에 일본의 외국인등록자는 200만 명을 처음
으로 돌파하여 201만 1,555명에 이르렀으며, 전년에 이어 과거 최고기록
을 갱신했다.그림 6.2 그 수는 전 주민의 비율로서는 1.57%에 지나지 않지
만, 100만에 미치지 못했던 1989년과 비교하면 약 2배가 넘는 증가세다.
일본국적을 취득한 사람을 추가하면 그 비율은 더욱 높아진다. 또한 외
국인 주민의 다국적화도 진행되고 있다.그림 6.3 외국인 주민의 대부분은
전쟁 전후로 일본의 식민지 지배로 인해 일본으로 온 재일 한국인, 조선

인을 시작으로 한 '올드 타이머올드 컴'로 불리던 사람들이었다. 그에 비해 최근 1980년대 이후로는 중국과 브라질, 필리핀 등에서 일본으로 온 사람이 월등히 많다.

　시·촌·읍 수준에서 보면, 도쿄의 미나토 구港区와 신주쿠 구新宿区, 요코하마 시 나카 구中区, 간사이關西 등에서는 오사카 시 히가시나리 구東成区, 고베 시 추오 구中央区 등, 외국인 주민이 10%를 넘는 지자체도 있으며, 그 중에서도 오사카 시 이쿠노 구生野区에서는 주민 4명 중 약 한 명꼴로, 또는 군마 현群馬県 오이즈미초大泉町에는 15.8%라는 높은 비율을 나타내고 있다. 2000년에는 많은 일본계 브라질인을 포함한 지자체간 연대조직으로서 '외국인집주 도시회의'가 발족했다. 현재 시즈오카静岡, 아이치愛知, 기후岐阜, 미예三重, 군마, 나가노長野의 6현 18시·촌이 참가하고 있다.표 6.1

정책목적과 실태와의 괴리

　이 중에서 최근 저출산, 고령화의 우려를 배경으로 외국인 노동자, 이민자 수용에 대한 시비를 둘러싼 정책논의가 재연되고 있다. 수용론에 처음으로 불을 붙인 것은 1980년대 후반부터 1990년대 초반에 걸쳐서이며, '제1 논쟁'인 이 시기에는 거품경제 속에서 기업의 인력부족이 큰 사회적 문제였다. 역으로 1990년대 말부터 현재까지의 '제2 논쟁'은 저출산, 고령화로 인한 노동인구의 감소에 따른 일본 경제의 활력, 나아가서는 국제경쟁력 저하라는 큰 위기감에 기반하고 있다.

　수용에 관해 적극적으로 의견을 내놓은 곳이 경제계다. 예를 들어, 일본경제단체연합회경단련는 2004년 4월 활력과 매력 넘치는 일본을 지향하기 위해 고도의 인재뿐만 아니라, 이른바 단순노동자를 포함한 종합적인 수용시책을 내놓았다. 경단련의 오쿠다 히로시奧田碩 회장당시은 그 후로도 모든 직종에서 외국인 노동자를 수용할 필요성이 있다고 반복하여 언급했다.

표 6.1 외국인집주 도시회의 회원도시 및 데이터(2006년 4월 현재)

도시명	총인구(명)	외국인 등록자(명)	외국인 비율(%)	등록자 국적 1위	등록자 국적 2위	등록자 국적 3위
오타 시	21만 8,033	8,785	4.0	브라질	필리핀	페루
오이즈미초	4만 2,165	6,676	15.8	브라질	페루	중국
우에다 시	16만 7,731	6,270	3.9	브라질	중국	페루
이이다 시	11만 739	3,146	2.8	브라질	중국	필리핀
오가키 시	16만 6,342	6,910	4.2	브라질	중국	한국·조선
미노카모 시	5만 3,550	5,146	9.6	브라질	필리핀	중국
가니 시	10만 1,244	6,281	6.2	브라질	필리핀	한국·조선
하마마츠 시	81만 7,548	3만 772	3.8	브라질	중국	필리핀
후지 시	24만 3,287	4,640	1.9	브라질	중국	한국·조선
이와타 시	17만 5,263	9,031	5.2	브라질	중국	필리핀
고사이 시	4만 5,800	3,597	7.9	브라질	페루	인도
도요하시 시	37만 9,484	1만 8,577	4.9	브라질	한국·조선	필리핀
오카자키 시	36만 7,850	1만 706	2.9	브라질	한국·조선	중국
도요다 시	41만 2,207	1만 4,660	3.6	브라질	중국	한국·조선
니시오 시	10만 6,083	4,814	4.5	브라질	한국·조선	페루
요카이이치 시	31만 710	9,044	2.9	브라질	한국·조선	중국
스즈카 시	19만 9,975	9,195	4.6	브라질	페루	한국·조선
이가 시	10만 3,005	4,794	4.7	브라질	중국	한국·조선
(고마키 시)	15만 1,288	8,305	5.5	브라질	페루	중국
(즈 시)	29만 1,407	8,240	2.8	브라질	중국	필리핀
(고난 시)	5만 6463	3,274	5.8	브라질	페루	한국·조선

주: ( )의 시는 배석 도시
출전:http://homepage2.nifty.com/shujutoshi/

한편, 일본 정부는 단순노동의 수용에 대해서는 신중한 입장을 유지하고 있다. 1999년 8월에 내각회의에서 결정된 '고용대책 기본계획제9차'에서는 '전문적·기술적 분야의 외국인 노동자의 수용을 보다 적극적으로 추진하며, 이른바 단순노동자의 수용에 대해서는 일본의 경제사회에 큰 영향을 미치는 것 등이 예상되므로 신중하게 대응할 필요가 있다'와 같은 외국인 노동자 수용의 기본방침이 제시되었다. 이 기본방침은 최근

까지 변하지 않았다. 이 계획에서는 단순히 저출산, 고령화로 인한 노동
력부족을 대응하기 위해 외국인 노동자를 수용할 생각은 적당하지 않으
며, 먼저 고령자와 여성의 활용을 도모하고 있다.

　고령자와 여성인가, 그렇지 않으면 외국인인가. 여기서의 관점은 부족
한 노동력을 누가 대체할 것인가로 집약된다. 게다가, 앞으로 본격적으
로 받아들일 것인가, 말 것인가라는 지극히 미래의 문제로 논하는 경향
이 강하며, 거기에는 지금이 어떠한 상황이며 무엇이 문제인가라는 근원
적인 논의가 부족하다. 공식적이건 비공식적이건 일본은 이미 작으나마
외국인 노동자를 받아들이고 있으며, 그들이 일본 경제를 지탱하며, 주
민, 이웃으로서 일상을 함께 한다는 현실이 배경에 놓여 있다.

　차츰 일본의 외국인 수용을 둘러싼 정책과 실태 사이에 큰 괴리가 있
다는 것을 지적할 수밖에 없다. 반복되지만 앞에서 논한 바와 같이, 정부
의 공식적인 기본방침은 전문적·기술적 분야의 외국인 노동자의 수용
을 보다 적극적으로 추진하는 한편, 이른바 단순노동에 종사하는 것을
목적으로 하는 입국은 허용하지 않고 있다. 그러나 실제로는 정부가 환
대하고 있는 '고급인력'은 약 18만 명에 머물고 있는 것에 비해, 그 수치
를 훨씬 넘는 50만 명 이상의 외국인이 단순노동에 종사하고 있는 것으
로 추정된다.더구나 여기서 말하는 고급인력과 단순노동자라는 말은 직업의 성격을 나타내
는 것이며, 개인의 기능이나 학력과 반드시 일치하는 것은 아니다. 단순노동에 종사하고 있는
사람들 중에서는 고학력 또는 고급기능을 가진 사람도 적지 않다

　일본은 외국에서 온 단순노동자를 현관에서가 아닌 옆문 또는 뒷문으
로 받아들인다고 말할 수 있다. 왜냐하면, 제도상은 노동목적이 아닌 '정
착민'이나 '연수생·기능실습생', '유학생·취업생'의 자격으로 입국한 사
람들도 비정규 체류자가 되어 실질적으로는 단순노동의 공급원이 되어
있기 때문이다.그림 6.4 정착민은 1990년에 시행된 개정입관법에 의해 일
본계 2세, 3세와 그 배우자를 주된 대상으로 신설된 자격이다. 그 목적은

일본계 외국인이 일본에 있는 가족을 방문하고 일본 사회와 문화를 접
하기 위해 입국을 용이하게 한 것이며, 반드시 당초부터 노동자로 기대
했던 것은 아니라는 견해도 있다.[4] 그러나 결과적으로 정착민에게는 취
직에 제한이 있기 때문에, 이 자격으로 많은 일본계 남미인들이 일본에
들어와 단순노동자로 거품경제 시기에 인력부족을 메우게 되었다. 그 시
기가 지난 뒤에는 한동안 방일 붐은 사라졌지만, 밑바닥에 깔려 있던 노
동을 지탱하면서 정착화가 진행되고 있다. 연수생, 기능실습생은 개발도
상국으로 기술을 이전한다는 본래의 취지도 있지만, 실제로는 저임금의
단순노동자를 확보하기 위한 감춰진 방안으로 활용된다는 비판도 많다.

중·소기업과 제조업의 하청현장, 건설현장 등에서 그들은 종종 저가
이면서 고용조정이 용이한 일회용 노동자로 취급받고 있다. 일본은 교묘
하게 해외 각국으로부터 비공식적인 단순노동 수용정책을 채용하고 있
다고 봐도 이상할 것이 없는 상황이다.

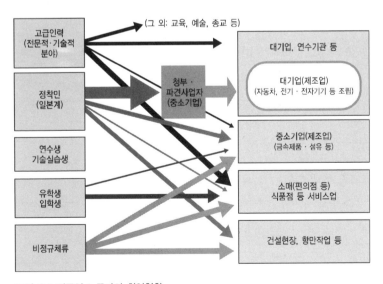

그림 6.4 외국인 노동자의 취업현황
출전: 경제산업성, 『외국인노동자 문제 – 문제분석과 바람직한 수용제도의 방향에 대해』,
2005, p.5.

한편, 전문적·기술적 노동자 또는 고급인력으로 보이는 외국인은 '교수'나 '예술', '종교', '의료', 연구' 등의 16종의 체류자격을 가진 외국인이다. 유의해야 할 점은, 고급인력 전체의 20% 이상을 차지하고 있는 흥행엔터테이너 자격으로 입국한 외국인의 실상은, 대부분 댄서나 호스티스로서 요식업에서 일하는 여성이라는 점이다. 흥행은 2004년도까지는 고급인력 중에서도 가장 많았으며, 30% 이상을 차지하고 있었다. 해외에서 일본 정부는 공인된 여성의 국제적인 인신매매에 가담하고 있는 것은 아닌가라는 비판도 있어 엄격한 심사기준이 시행되어, 2005년도에는 감소하고 있다.그림 6.5

종합적인 수용정책의 부재

이러한 정책목적과 현실 사이의 괴리와 함께 더 큰 문제는, 일본 정부가 이민, 외국인을 사회에 받아들이기 위한 종합적인 정책을 갖고 있지 못하다는 점이다. 이것은 외국인의 정착화를 적극적으로 인정하고 싶지 않은 세력이 등장한 탓도 있다. 그 결과, 도시정책에서도 그들의 존재는 종종 드러나지 않았다. 이미 거주하고 있는 외국인을 일본 사회에 수용하기 위한 국가 차원의 종합정책이 없는 것은 외국인주민, 비교적 단순노동을 맡은 사람들과 그 가족의 사회적 배제를 방치하고 있는 것을 의미한다.

학교교육을 시작으로 외국인주민이 직면한 사회생활에서 불거지는 문제해결의 대다수는 각 지자체나, NPO, NGO 등에 맡겨져 있다. 이전에 서술한 바와 같이 외국인집주 도시회의는 그러한 방임세력 정부에 대해 국가차원의 정책대응을 재차 요구하여 왔다. NIRA에서도 이미 2001년에 연구 프로젝트를 설립하여 외국적 주민을 사회의 구성원으로, 또는 시민으로 받아들여 다양한 문화적 배경을 가진 사람의 자유, 공정, 평등을 보장하면서 다문화가 함께 살아갈 수 있는 시민권의 방향에 대

해 검토하고 의견을 내놓았다.5

　그러한 가운데, 드디어 총무성이 '외국인 주민도 기본적으로는 일본인과 동등한 행정서비스를 받아야 한다'는 것을 확인하고 겨우 착수한 것이, 서두에 소개한 2006년 3월의 「다문화 공생의 추진에 관한 연구회 보고서」였다. 이 보고서에서는 지자체에서 검토가 필요한 다문화 공생시책의 4가지 축으로서 ① 커뮤니케이션 지원정보의 다언어화, 학습지원, ② 생활지원거주, 교육, 노동환경, 의료, 보건, 복지, 방재 등, ③ 다문화 공생의 지역만들기, ④ 다문화 공생시책의 추진체제의 정비가 포함되어 있다.

　세번째로, '다문화 공생의 지역만들기'를 목적으로 들고 있는 두 가지가, 지역사회에 대한 의식계몽과 외국인 주민의 자립과 사회참가다.6 이

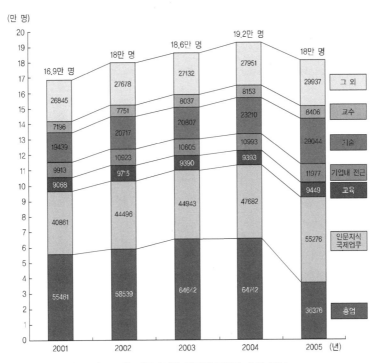

그림 6.5 취업을 목적으로 한 체류자격별 외국인 등록자 수의 추이
출전: 법무성 입국관리국 편, 『헤이세이 18년도 출입국관리』, p.34.
(http://www.moji.go.jp/NYUKAN/nyukan53-2.pdf)

를 위한 방안으로, 이미 일부 지자체와 NPO, NGO 등에 의해 진행되어
온 구체적 사례가 소개되어 있다. 그 중에는 문화활동을 소개하여 주민
이해를 촉진하기 위한 시도 등도 포함되어 있으나,7 문화적 사업으로의
관심은 아직 희박하다. 이 영역이야말로 문화활동에서 문화정책의 의미
에 주목하여, 그것을 유연하고 적극적으로 활용하는 것이 바람직하다고
제안하고 있다. 이하, 해외의 각 사례를 보면서 문화정책의 다양한 가능
성에 대해서 생각해 보자.

창조도시와 이민자, 소수에 의한 문화적 다양성

유럽의 여러 도시에서는 1980년대 이후, 도시재생의 방안으로 문화가
가진 힘에 주목해 왔다. 특히, 조선과 철광업 등 중대형 산업이 쇠퇴하
고, 심각한 산업공동화와 실업자 증대에 직면한 유럽의 여러 도시에서
오히려 대담한 문화정책이 대두되고 시행착오를 겪으며 일정한 성과를
올리고 있는 것이다. 시민의 창작활동을 중심으로 문화정책을 전개하며
공업도시에서 문화도시로 변신한 프랑스의 낭트 시에서는 시 예산의
10% 이상이 문화정책에 투입되고 있다. 2006년도 문화예산은 6,755만
유로로, 시 전체 예산의 15.6%를 차지하고 있다.표 6.2, 그림 6.6

일본에서 이러한 유럽의 시도와 창조도시론이 주목받게 된 것은 비교
적 최근부터다. 그 배경에는 거품경제 붕괴 이후 오랜 폐쇄와 재정난, 게
다가 분권화의 진전을 배경으로 도시, 지역재생을 향한 기존의 개발형과
는 다른 개성적인 새로운 활로를 개척해야만 하는 절박한 상황이 있다.
실제로, 요코하마 시와 가나자와 시, 후쿠오카 시, 하마마츠 시 등, 창조
도시를 만들려는 시도를 시책으로 삼은 지자체도 증가하고 있다.

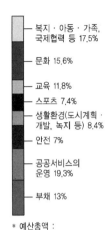

복지 · 아동 · 가족,
국제협력 등 17.5%

문화 15.6%

교육 11.8%

스포츠 7.4%

생활환경(도시계획 ·
개발, 녹지 등) 8.4%

안전 7%

공공서비스의
운영 19.3%

부채 13%

* 예산총액 :
43억 4,330만 유로

그림 6.6 낭트 시의 예
산 내역(2006년도)
출전: *Budget primitive
2006*, Mairie de Nantes,
http://www.nantes/budge
t2006/index.htm

표 6.2 낭트 시의 문화예산 내역(2006년도)

운영(사업운영 · 활동조성 등)		투자(건설 · 설비투자 추진비 등)	
내용	지출(단위:유로)	내용	지출(단위:유로)
총무관련	137만	관리비	179만
인건비	2,035만	아틀리에 뷔아잔	10만
문화활동	1,804만	듀크 성 수복 · 박물관관련	1,694만
아카이브	4만	프라네탈리움	0.2만
도서관	107만	미술관	38만
미술학교	27만	자연사박물관	10만
미술관	48만	주르베르 박물관	1만
듀크 성	15만	아카이브	2만
자연사박물관	21만	도서관 · 미디어도서관	253만
프라네탈리움	4만	미술학교	9만
디자인 국립학교	20만	예술학교	98만
		극장활동	18만
		음악 · 오페라 활동	210만
		설비조성	11만
소계	4,222만	소계	2,533만
합계		6,755만 유로	

출전: *Budget primitive 2006*, Mairie de Nantes, http://www.
nantes/budget2006/index.htm

외지사람과 창조도시

유럽의 창조도시론 내지는 문화를 활용한 도시재생의 시도에서 창조
성의 원천으로 중시된 것이 문화적 소수민족과 이민의 존재, 그리고 문
화의 다양성이다. 창조도시론의 제창자라 불리는 영국의 도시계획가 랜
드리는 다음과 같이 말하고 있다.

역사상 이민은 같은 국내 사람이든, 외국에서 온 사람이든 창조적인
도시를 확립하기 위한 열쇠가 되어 왔다. 그러한 이들의 공헌을 두려워하
지 않고 꽃피우도록 허용하는 환경에서는 그들의 다양한 기능과 재능, 문

화적 가치가 새로운 사고와 기회를 가져오게 한다. …… 극히 다양한 장
소의 혁신능력에 관한 역사적인 연구가 명확히 해둔 것은 소수파 집단이
어떻게 커뮤니티를 경제적·문화적·지적으로 활성화시키도록 도울 것
인가라는 것이다.8

또한, 도시 간 창조성을 비교한 미국의 플로리다는, 창조성을 측정하
는 3대 지표로서, 인재talent와 기술technology, 관용성tolerance을 들며, 그 관
용성을 제는 척도로 외국인 등록자 수에 주목하고 있다.9 플로리다는 동
성애자의 수도 관용성의 척도로서 중시하고 있으며, 이것은 외국인의 존
재와 함께 다양한 문화와 가치관, 생활방식을 수용하는 사회환경이 창조
성의 높이와 관계를 가진다고 주장한다.

유럽의 창조도시론에 있어, 도시의 다문화성은 무시할 수 없는 여건
으로, 오히려 이민과 소수민족이 많은 도시야말로 창조도시 형성의 무대
가 된 경우가 많았다고 봐도 좋다. 그들의 활력을 어떻게 사회에 살려나
가는가, 그것을 위해 그들의 사회참가를 어떻게 촉진시켜 나가는가라는
관점이 앞으로 전개될 정책에서도 포함되어 있다. 이러한 관점은, 일본
에서 창조도시가 일종의 화제가 되고 있음에도 종종 소외되어 왔다. 특
히, 행정차원에서 문화에 의한 도시재생이 회자될 때는 거의 관광객으로
서의 외국인은 의식되어도, 일상적인 주민의 다양성에 적극적으로 의미
를 찾고자 하는 관점은 대체로 희박하다.

애당초, 도시란 역사적으로 국내외에서부터 외지인랜드리의 표현을 빌린다
면이 유입되어 성립해 온 공간이라는 것을 상기할 필요가 있다. 그리고
많은 경우, 외지인이 원주민이 신경 쓰지 않던 문화자원을 발견하고, 그
곳에 새로운 창조성을 불어넣는 계기를 제공해 왔다고 봐도 좋다. 일본
에서는 이미 지방의 농촌에서 많은 사람들이 도시로 유입되어 도시의
번영을 일구어 왔다. 현재 이런 현상은 국내에서 유입된 외지인만이 아

닌 해외에서 유입된 외지인도 늘어나고 있다는 것이다.

그러한 가운데, 해외에서의 외지인이 가진 가치에 주목하여, 그들을 지역재생의 파트너로서 지역재생 전략에 적극적으로 관여시키려는 지역에서의 움직임도 나오고 있다. 2006년 6월에 지역 싱크탱크에 의해 공표된 연구가 그 하나다. NIRA의 조성연구인 ㈜지역계획건축연구소를 시작으로 하는 7곳의 연구기관이 공동으로 실시한 '지역재생 – 해외에 열린 커뮤니티의 실현에 관한 연구'다.10 여기서는 다문화 교류의 추진을 지역경제 진흥과 활성화에 큰 효과를 가져오는 수법으로 정하고, 외국인에게 같이 살아서 좋고, 일해서 좋고, 배워서 좋고, 방문해서 좋은 마을을 어떻게 만들어나갈 것인가를 묻는다. 예를 들어, 과소화가 진행 중인 중산간 지역에 외국인을 받아들여 빈집과 폐경작지를 제공하고, 그들과 함께 지역재생을 촉진해 나가기 위한 방안 등이 검토되고 있다.

이 보고서에서 주목한 것은 다문화 교류를 무엇보다 스스로 이해하는 것, 즉 해외에서 온 사람들의 시선을 통해 해외에서 바라는 일본 또는 지역의 개성을 자각하도록 하는 것이라고 정의한다. 이러한 다문화 교류의 적극적인 의미를, 지역에 있어 외지인이 활약할 수 있는 장을 넓히는 것이라고 랜드리는 말한다. 그들의 공헌을 두려워하지 않고 꽃피우도록 허용하는 환경의 창출이 꼭 필요한 것이다.

주민 자신이 최대의 지역자원

그럼, 현재 외국인 수용논의에 있어, 일본 사회에 활력을 전하는 외국인으로 환영받고 있는 것은 고급인력이다. 단순노동자의 도입은 사회불안을 가져온다는 부정적인 것으로 전해진다. 플로리다는 도시의 창조력 향상에 있어 그 수가 많아야 한다고 주장하는 창조적 계급creative class을 예술가와 과학자, 연구자와 같은 고급인력이라고 상정하고 있다. 이러한 발상은 그러한 계급에 속하지 않는 사람들의 존재를 어둠으로 부정하게 되는 것일지도 모른다.

　현재, 일본에 거주하는 외국인 노동자의 압도적 다수를 차지하고 있
는 단순노동에 종사하는 많은 사람들을, 시장의 수요에 필요한 노동력으
로 요구하면서도, 지역의 창조력과는 무관한, 지역사회가 환영하지 않는
존재로 보고 있다. 그들에 대한 정책을 소홀히 하고 단순히 밖에서 유능
한 인재를 유치하고자 하는 발상은 외국인 사이의 차별화와 일부 심각
한 사회적 배제를 한층 조장하게 된다.

　처음부터 창조성을 발굴하기 위해서는 단순한 노동도 꼭 필요하다는
것을 잊어서는 안 된다. 케이브즈의 창조산업에 관한 이론에 따르면, 창
조적인 사업이란 예술 등의 창조적인 활동과 단순하고 일상적인 노동과
의 비공식적 계약의 네트워크로 인해 구성된다고 하였다.11

　사회적 배제라는 문제에 관해서는 플로리다보다도 랜드리가 더 상세
하게 배려하고 있다. 문화경제학자인 고토 가즈코도 지적한 바와 같이,
랜드리의 『창조도시』를 읽다 보면 그곳에 사는 사람 자신이 최대의 지
역자원이며, 그 사람들의 창조성을 어떻게 이끌어내어 사회적 배제에서
참가로 변화시킬 것인가라는 시점12이 강하게 나타나 있다. 소수민족과
노숙자 등 사회적 약자의 포섭에 유의하면서 도시재생을 구상하는 자세
는 랜드리의 창조도시론의 핵심이며, 동시에 그것만이 유럽 여러 도시의
소수민족 소외문제가 심각한 것임을 증명하는 것일 것이다.

　한편, 플로리다의 창조계급론도 주의 깊게 읽어보면, 결코 과거형인
엘리트주의와는 다른 측면을 가지고 있다. 그가 '보헤미안'이라고 부르
는 전위예술계의 직업집단은 반反 문화counter culture적인 특징을 가지며,
여기서는 다수 이민과 소수민족도 참가하고 있다. 보다 강하게 해석하자
면, 플로리다의 창조계급론에는 창조성이라는 새로운 척도에서 소수민
족을 사회적으로 끌어올리려는 도전적인 계급론으로서의 합의를 끌어
낼 수도 있다고 생각된다.

　최근, 일본에서도 격차사회에 대한 우려가 확산되고 있는 가운데, 소수민족과 사회적 약자를 향한 정책적인 시점은 창조도시를 둘러싼 논의에도 반영되어야 할 것이다. 그럼 그때, 문화도시 정책의 시점에서 문화활동 내지는 문화정책은 어떠한 역할을 할 수 있을 것인가.

다문화 공생에서 문화활동·문화정책의 효과적인 활용

문화적 목적과 복지적 목적의 융합

　문화정책을 한마디로 말해도 그 개념과 역할은 유럽과 일본에서 다른 면이 적지 않다. 일본에서는 문화정책이라면, 예술의 진흥 등 교양주의적인 측면이 강하다. 한편, 유럽에서는 일반적으로 문화정책이 복지국가 정책의 일환으로 형성되어 있기 때문에 창조성의 지원과 함께 빈부의 차나 출신과는 관계없이 모든 사람이 문화, 예술에 접근할 수 있도록 보장해야 하는 사회권적인 개념이 그 기조가 된다. 그것은 문화정책의 업적평가에도 반영되며, 예를 들어 영국의 예술 카운슬링과 같은 평가지표의 항목에는 '장애인과 소수민족이 예술을 접하도록 촉진하기 위한 전략을 가지고 있을 것' 등을 들고 있다.[13] 주목하고 싶은 것은 문화, 예술로의 접근과 그 활동을 통해 약자를 구제하고 권한을 부여하는 것과 같은 문화정책과 복지정책을 함께 친화적으로 실천해 온 것이다.

　그러한 발상을 상징적으로 나타내는 사례로, 2006년 2월에 필자가 이탈리아의 볼로냐에서 방문했던 클라티나르 콤파냐 극단의 시도는 인상적이었다. 이 극단은 볼로냐 대학에서 연극학을 전공한 마시모 마키아벨리가 주도한 노숙자

사진 6.2 어린이가 사용한 가면 클라티나르 콤파냐 극단에서

를 위한 연극학교다. 일반인도 들어갈 수 있으며, 그 목적은 그들과 노숙
자가 함께 가면즉흥극을 연기하며, 노숙자의 잃어버린 인간관계를 되돌
리고 사회복귀를 위한 준비를 제공함과 함께 일반인들이 가진 노숙자에
대한 편견도 바꿔나가는 것이다. 어른만이 아닌 어린이들이 함께 연기하
기도 한다.사진 6.2 가면극을 하는 이유는, 셰익스피어의 연극도 같은 입장
에서 배울 수 있기 때문이다. 또한, 즉흥 애드리브는 노숙자가 자신의 내
면과 대화하는 것이기도 하며, 사회복귀를 위한 치유에도 효과적이다.
이 극단은 노숙자와 경찰관이라는 조합으로 시내 극단에서 일반공연도
행하고 있으며, 시민에게 노숙자에 대한 이미지를 바꾸게 하는 데도 공
헌한다. 이렇듯 이 극단의 활동에는 문화적 목적과 사회, 복지적 목적이
융합되어 있다.14

이민과 사회를 연결하는 문화활동

마찬가지로 다양한 문화적인 배경을 가진 사람들에 대해서도, 그들에
게 권한을 부여하거나 사회적인 참가를 촉진하도록 배려한 문화활동이
실천되고 있다.

예를 들어, 창조도시 모델의 하나로 많이 언급되는 영국의 버밍엄을
살펴보자. 이미 세계의 금속공장으로서 영국 산업혁명을 이끌고, 19세기
말부터는 중공업도시로 번영했던 이 도시는 1970년대 이후 중공업이 쇠
퇴하고, 실업률이 높아지면서 생활수준이 낮아지기 시작했다. 동시에 아
시아, 아프리카와 카리브계의 이민자가 시 인구의 20%를 차지했으며,
그들의 사회통합 문제까지 안고 있었다. 그러한 가운데, '예술문화 전략'
을 축으로 한 환경, 문화, 쾌적한 주거환경을 중시하는 도시정책으로의
근본적인 전환이 계획되고 있다. 버밍엄이 영국의 음악도시로 지정되어
다수의 음악 행사를 기획할 때 중시한 것이 지역 예술가를 우선적으로
채용한 것이었다. 소수민족의 예술가도 음악과 댄스, 퍼포먼스에 적극적

으로 등용되어 그 독자적인 문화와 예술성은 버밍엄의 도시문화를 물들여 새로운 도시활력을 만드는 데 공헌하고 있다.15

프랑스에서도 이민과 사회를 연결하고 있으며, 또한 주민의 다양성을 도시공간에 창조적으로 반영시키는 등 문화정책이 의식적으로 활용되고 있다. 그 한 예는 페르피냥Perpignan 시에 있는 카사 뮤지컬음악관의 M. 발레 관장이 심포지엄을 개최한 것이다.16 스페인 국경과 가까이에 위치한 이 작은 도시는 북 아프리카에서 건너온 이민자와 옴으로 불리는 정착습관이 없는 사람들을 수용한 다문화 도시다. 이민자 수용을 거부하는 극우파의 지지율도 높은 곳이다. 이러한 곳에서 카사 뮤지컬은 문화적 소수민족에게 그들의 음악을 실천할 공간을 제공하며 도시 공공공간에서 음악제를 기획하여 그들에 대한 존중감을 회복시키고, 기존 주민들과의 상호이해를 만들어 사회통합을 촉진하려 시도했다. 이 사업에는 시뿐만이 아닌 프랑스 문화성도 재정을 지원하고 있다. 발레 관장 자신은 음악가가 아닌 문화정책 프로젝트 평가자로서 시범적으로 이 프로젝트를 시작했다.

또한, 2006년 2월에 필자가 방문했던 프랑스 낭트 시에서는 프랑스나 유럽의 여타 도시와 비교하면 이민자가 적어파시즘으로부터 도피한 이탈리아계가 이민의 대다수를 차지한다, 소수민족 문제는 거의 부각되지 않았다. 그래도 이민자가 각자 출신국의 역사를 말하는 행사 등, 이민과 지역주민과의 상호이해를 배려한 문화행사가 낭트 시 문화도시 정책의 상징인 '류 유니크'비스킷 공장지대를 재이용한 아트센터에서 개최되었다.17

사진 6.3 류 유니크 이전의 비스킷 공장을 재활용한 예술센터(낭트 시)

일본에서도 최근 재일 외국인에 초점을 맞춘 축제와 페스티벌 등을 행정과 시민단체, NPO 등이 기획하게 되

었다. 오사카를 중심으로 다문화 공생문제를 시도한 문화인류학자 다이
에이카戴エイカ는 오사카 성 공원에서의 원 코리아 페스티벌사진 6.4과 야오
시八尾市의 국제교류야유제를 관찰·조사하였다. 그것을 통해 도시를 채
우고 있는 축제라는 공간이 지역주민과 외국인의 교류, 공생에 공헌하
고, 도시의 문화적인 창조성을 이끌어내며 나아가서는 트랜스내셔널한
사고를 장려할 가능성에 주목하였다. 또한, 남북한의 통일 염원, 더 나아
가서는 아시아인을 새롭게 만들자는 메시지 등이 정치를 벗어난 형태로
시작되었다. 이러한 축제는 오랜 이주자인 재일 한국인이 주체가 되어
있지만, 일본인과 이민자로 불리는 외국인도 대거 참여하고 있다. 페스
티벌이라는 문화실천을 통해 소수민족 자신이 사회 속에서 머물 장소를
얻고 권리를 강화할 기회를 얻을 수 있다.18

　일본계 브라질인이 많은 군마 현群馬県 오이즈미초大泉町에서 이전에 행
해졌던 카니발도 이러한 기능을 맡고 있었던 것은 아닐까 한다.사진 6.5
여러 가지 화제도 일으켰지만, 거리의 관광자원으로도 크게 기여했다.
오이즈미초에서 개최한 것은 일본계 브라질인에 대한 불공평한 처사라
는 비판으로 인해 카니발이 가진 다양한 잠재력을 충분히 발휘하지 못
하고 중지된 것은 유감스럽다.

사진 6.4 원 코리아 페스티벌에서 흥겹
게 아리랑을 춤추는 사람들
제공: 다이 에이카

사진 6.5 군마 현 오이즈미초의 삼바
페스티벌(1998년 8월)
제공: 藤崎康夫

문화정책을 다문화 도시의 지역재생으로 이어간다

창조도시 특징 중 하나는, 문화정책을 다른 다양한 정책영역과 융합시키면서 지역을 재생하고 창조를 계획해 나가는 것이다. 다음으로 위와 같은 이민과 소수민족의 권한부여를 의식한 문화정책을 산업이나 고용과 같은 다른 정책과제와 연동시키면서 지역재생과 연결하려는 시도를 살펴보자.

다문화 공생형의 문화 클러스터의 창출

고토 가즈코는 네덜란드의 조사에서, 문화, 예술이 산업과 연계되어 이민이나 소수민족의 사회통합과 커뮤니티 창조를 이어가는 점에 주목하고 있다.[19] 암스테르담은 터키와 모로코, 수리남, 앤틸리스 제도 등에서 건너온 이민 인구가 40% 이상을 차지하고 있는 다문화 도시다. 그 서부에 위치한 위트 디 위드Witte de with 거리는 이민자가 거주하는 커뮤니티의 일부다. 이 거리의 빈 점포를 갤러리와 예술가의 작업장, 카페와 레스토랑, 소규모 사업가의 거주겸용 작업장으로 활용하면서, 예술가와 소규모 사업, 교육, 카페, 레스토랑 등이 조형학교였던 건물을 클러스터포도모양으로 밀집로 된 육성시설로 재생하기 위한 사업을 실시하고 있다. 예술가들이 빈 점포를 아틀리에나 갤러리로 빌릴 경우는 정부로부터 임대보조금을 받는다.[20]

여기서 주목할 점은, 이 위트 디 위드 거리의 재생사업이 소규모 사업과 문화 사업가의 컨설턴트와 지원을 받는 기업에 의해 발안, 주도되면서, 재정적으로는 시의 사회문제안전, 주거환경, 실업를 해결하기 위한 11개 지역이 출자한 자금과 지자체의 도시, 경제, 사회, 환경 등과 관련된 부서의 예산, 나아가서는 EU자금으로 지원된다는 점이다. '문화와 소규모 사업의 상호작용으로 인한 문화 사업가라고 해야 할 이 시도로 인해,

위트 디 위드 거리를 포함한 근교 커뮤니티에서는 445곳의 사업가가 실제로 사업을 시작하였다(2004년 12월에 고토가 조사한 시점). 문화가 소규모 사업의 설립과 연계되어 문화산업을 일으키고 이민자의 자립을 촉진하는 것으로 이어져 커뮤니티가 재생되고 있는 흥미로운 사례다.

서커스가 이끄는 몬트리올의 도시재생 실험

다음으로, 북미로 눈을 돌려보자. 플로리다는 다문화 국가 캐나다의 불어권 퀘백 주의 최대 도시 몬트리올을 북미에서도 톱 클래스의 높은 창조성을 가진 도시로 소개하였다. 또한, 지금도 세계적으로 인기를 가진 실크 두 소레이유라는 무대예술인 새로운 서커스의 본거지기도 하다. 이 서커스라는 문화를 견인차로 몬트리올은 지금 독특한 도시재생 실험이 진행되고 있다. 캐나다판 NPO법인이라고 불리는 TOHU(원어는 혼돈이라는 의미)를 이끌고 있는 C. 브루넬은, 그것이 '문화라는 도구로 세계 어디라도 있는 쓰레기장과 고속도로로 둘러싸인 황폐한 곳을 창조적인 공간으로 바꾸는 선구적인 실험'이라고 말했다. 그리고 그것이 성공하기 위한 조건으로, '지역주민이 충분히 문화를 접할 수 있는 환경'과 '시민이 폭넓게 계획에 참가할 수 있는 것' 등을 들고 있다.

이 실험은, 시 근교의 산 미셸 지구라고 불리는 거대한 쓰레기 처리장(예전부터 북미에서 두번째 규모로 190㏊)을 공원으로 재개발하면서, 60개 이상의 소수민족계 집단이 살며 시내 최빈민 지구를 형성한 주변 지구의 재생을 서커스라는 새로운 무대예술을 기폭제로 행한 것이다. 서커스의 교육, 인재육성에서 환경이나 서커스관련 커뮤니티 사업을 움직여, 그것을 통한 다문화적인 주민의 고용촉진과 참여권한의 확대까지 문화정책, 환경정책, 산업정책, 고용정책을 연계시켜 각각이 상호 상승효과를 내도록 한 역동적인 지역재생을 시도한 사례다.[21]

특징적인 것은 실크 두 소레이유의 제작진의 출신국이 40개국을 넘는

초 다문화집단인 점과 티켓 수익의 1%로 세계 각지에서 사회적으로 속박
받는 어린이들을 지원하는 사회공헌 프로그램을 실시하고 있다는 것이다.

다문화 도시정책을 위하여

앞에서 본 사례는 일부에 지나지 않는다. 문화는 스포츠를 포함하여
많은 분야에 걸쳐 있어 문화정책의 활용방안도 다양하게 존재한다. 위의
사례로 한정한다면, 일본에서도 적용하기는 힘들지만, 적어도 다문화의
공생·교류와 도시·지역의 재생과 창조를 정책적으로 연계시켜 나가는
데 있어 유익한 시사점을 포함하고 있다.

먼저, 지역의 문화자원이란 무엇보다 그 지역에 사는 사람들이며, 사
회참가를 촉진시켜 그들의 잠재력을 끌어내는 것이야말로 지역활성화
의 열쇠가 된다. 일본에서 예술문화를 핵으로 한 창조도시 정책을 실시
하고 있는 요코하마 시에서도 역사적인 건축물을 갤러리로 활용하거나
예술가를 유치하는 문화정책에 심혈을 기울이고 있는 한편, 다문화 주민
의 존재를 지역자원으로 보는 시점은 아직 약하다고 할 수 있다. 더욱
적극적으로 다문화성을 지역 창조성의 원천으로 평가하고 창조도시 비
전 속에 자리 잡도록 하는 것이 필요하다. 또는, 예술문화 정책을 외국인
시책이나 다문화 공생시책과의 연계를 강화해도 좋다. 많은 브라질 이주
민을 포용한, 도시 프로모션으로서 '창조도시 하마마츠浜松'를 추진한 하
마마츠 시도 좋은 예다.

이러한 정책영역 간 연계와 통합의 필요성이 두번째다. 위에서 든 해
외사례에서는, 다문화 주민의 사회통합을 통해 커뮤니티의 재생, 창조를
진행하는 가운데 문화정책이 다른 정책영역과 협동하는 것을 적극적으
로 도입하였다. 한편, 일본의 지자체는 문화정책을 유연하게 운영하며,

또한 타 영역의 정책과 연계하기 위한 방안이 아직 부족하다. 특히 지금
까지는 교육위원회에 문화정책 부문이 있던 지자체가 많아, 교육행정 아
래에서 문화행정이 진행되어 왔다. 최근에는 문화부국이 교육위원회에
서 독립되어 시장직속이 된 경우도 늘고 있다. 또한, 지자체에 따라서는
관광부와 경제부 등 다른 정책영역과 통합되어 지자체만의 문화정책을
전개하고자 하는 시도도 나오고 있다.표 6.3

표 6.3 NIRA '문화도시 정책으로 만드는 도시의 미래' 연구회에 참가한 지자체의 문화행정
담당부서의 재편

자치 단체	문화행정 담당부서			특징
	당초	경과	현재	
삿포로	교육 위원회	시민국 생활 문화부	관광문화국 문화부(2004~)	관광과 일체화. 문화재보호, 박물관 등 도 모두 관광문화국 문화부에 통합하여 일원화시키고 있음.
모리 오카	교육 위원회	→	교육위원회 브랜드 추진실 (2005~)	문화행정은 현재도 교육위원회에서 소관하지만 그것과는 별도로 모리오카 브랜드만들기를 위해 부서를 횡으로 연결하여 시책을 추진할 '브랜드 추진실'을 발족.
센다이	교육 위원회	시민부 생활 문화부	기획시민국 문화스포츠부 (2003~)	교육위원회에서 실시하고 있는 업무의 일부를 시민국에 이행하고 있다. 문화행정관련 소관부서가 교육위원회, 기획시민국, 건설국과 분리되어 그 일체화가 과제.
요코 하마	교육 위원회	문화예술 도시 창조사업 본부	시민활력추진국 창조도시 사업본부 (2006~)	문화행정은 시민활력추진국이 소관하지만, 그것과는 별도로 창조도시 추진 관련 시책을 실시하는 부서로서 '개항 150주년 창조도시사업본부'를 발족.
후쿠 오카	교육 위원회	→	시민국문화부 (1991~)	기존 교육행정의 범위에서 문화에 그치지 않고 시정 전체에 행정문화화를 추진하기 위해 시민국에 이관.
기타 큐슈	교육 위원회	→	경제문화국 (2004~)	국제교류와 일체화. 포스트 공업도시로서 문화정책을 포함한 유연한 시책을 실시하기 때문에 경제국에 이행.

작성: 坂東眞巳(綜合硏究開發機構)

　한편, 재일외국인 정책은 국제교류와 국제협력을 중심으로 한 국제화 정책, 또는 인권정책이라는 틀 속에서 진행되어 왔다.[22] 일부를 제외하고는 외국인정책과 문화정책을 긴밀히 연동시키기 위한 시도는 아직 부족하다. 긴축재정 아래에서 보다 효율적인 정책실시를 추구하기 위해서도 정책영역 간의 연대, 통합에 적극적으로 몰입할 필요성이 높아지고 있다. 앞으로는 문화정책을 기존의 종적 체계가 아닌, 정책영역과 나란히 연계시켜 종합적인 도시정책으로 전개해 나가야 하며, 또한 외국인 주민이 많이 거주하는 도시에서는 다문화 공생을 그 속에 어떻게 실현시켜 나갈 것인가에 대해 지자체마다 고민할 필요가 있다.

　더하자면, 요코하마 시에서는 '문화예술 창조도시-크리에이티브 시티 요코하마' 구상을 실시함에 있어 문화정책예술가가 살고 싶은 창조환경의 실현, 산업정책영상문화의 창조적 산업 클러스터를 통한 경제활성화, 도시계획내셔널 아트파크 계획을 통한 도심부의 재정비이라는 세 가지 정책영역을 통합한 전임조직(국)을 발족시켰다. 그러나 앞서 설명한 바와 같이 여기에는 다문화 공생에 관한 시책은 들어 있지 않다. 또한 여기서의 문화정책은 창조도시 추진을 위한 거점만들기, 즉 예술가와 크리에이터의 육성, 영상문화 도시 만들기 등 주로 도심연안부의 모델사업 추진이 중심이며, 전 시민을 대상으로 한 일반적인 문화활동에 관해서는 시민활력추진국의 문화진흥과에서 관할하고 있다.

　세번째로, 다문화 도시의 문화정책을 실시함에 있어서는, 문화적 권리의 존중이라는 개념을 기본으로 해야 한다는 점이다. 문화적 권리란, 스스로 문화를 생산하고 타인이 생산한 문화를 향유하는 것으로, 소비하는 권리의 양면에서 성립된다. 그리고 스스로의 문화를 실천하는 권리는, 동시에 다른 사람의 문화를 인정하고 존중하는 의무를 동반한다. 2001년에 제정된 '문화예술 진흥기본법' 제2조에는 '문화예술을 창조하고 경애할 것'을 사람들이 태어나서부터 갖는 권리로 명기하고 있다. 그것은 기본적인 '문화적 권리'이지만, 여기서는 출신에 관계없이 언어나 종교 등 자신만의 문화를 밝히고 실천하여 자신들의 문화적 개성을 유지한다고 하는 권리면을 강조하고 싶다. 캐나다와 오스트레일리아 등의 다문화주의 정책이념을 지지하는 것은 이러한 종류의 문화적 권리다.23

　나아가 문화적 권리 내지는 다문화주의라는 개념이 필요한 것은, 사실 역설적이게도 문화가 종종 권력에서 중립적이지 못한 문제를 갖고 있기 때문이기도 하다. 국민문화라는 이름 아래, 문화정책은 동화정책으로 기능하던 시대도 있었다. 여러 문화의 만남은 새로운 문화를 생성하는 한편, 그 배경에는 권력관계나 지배, 통제라는 요소가 포함되어 있는 점도 무시할 수 없다. 이러한 문화의 권력성이나 배타적인 측면을 항상 자각해야 한다.

　마지막으로, 앞으로의 과제인 문화정책 평가에 대해 말하고자 한다. 이민자와 소수민족의 권한부여를 지역활성화에 어떻게 살려나갈 것인가라는 문화정책의 파생효과의 측정은 간단하지 않다. 이 책에서 소개한 해외의 여러 사례에서도 반드시 수치로 나타낼 수 있는 효과로 증명되었던 것은 아니다. 그렇지만 문화정책을 유용하게 활용하기 위해서는, 동시에 그 파생효과를 증명할 필요도 있다. 현재 일본에서의 문화정책을 평가한다고 하면, 문화시설의 경영현황과 효율성에만 집중하고 있다. 그것에 비해 지자체의 문화정책 전문가인 나카가와 이쿠로中川幾郎는, 정책지표를 '얼마나 다양한 시민이 얼마나 표현기회에 참가하고 교류하는가, 나아가서는 배움의 기회에 어느 정도 참가하여 얼마나 자립할 수 있는 기회를 얻는가 등을 나타내는 다양함 또는 치밀함, 그리고 '사람들의 마음에 얼마나 불을 지폈는가, 자신의 긍지를 회복시켰는가 등도 고려해서 개발해야 한다고 제언하였다.24 마치 이 장에서 주장해 온 권한부여를 촉진하는 문화정책의 효과에 대해서 서술한 것이라고 할 수 있다.

그럼 NIRA에서는 문화가 주도한 도시, 지역재생의 시도를 문화도시 정책이라고 불렀지만, 위에서 나열한 여러 가지 유의점에 의하면 다문화 도시정책이라는 명칭이 더 어울린다고 생각된다. '다문화의 공생·교류' 와 '도시·지역재생·창조'라는 두 가지 목적을 동시에 지닌 정책개념으 로서 다문화 도시정책의 본격적인 전개가 기대된다.

《감사》

이 장은 2006년 2월 말부터 3월 초까지 실시된 현지조사의 도움을 얻었다. 특히, 볼로냐에서 동행해준 사사키 마사유키 교수, 프랑스 낭트 시 문화국 장 루이 보난 국장, 류 유니크의 제작진, 장 프랑소와 에르뷔에 씨, 크라티나르 콤파냐 극단의 마시모 마키아벨리 씨, 피렌체 시의 쥬제페 마튜리 부시장, 피렌체 대학의 피토 카페리니 교수, 또한 통역과 명확한 배경을 설명해준 야마다 히로코 씨, 누마다 구미코 씨, 아오야마 아이 씨, 나카하시 씨에게 감사를 표하고 싶다.

《주·출전》

1. 総務省, 『多文化共生の推進に関する研究会報告書』, 2006, p.5.
2. 端信行·中牧弘允·NIRA 編, 『都市空間を創造する』, 日本経済評論社, 2006.
3. 전시를 맞아, 20개 이상의 에스닉스 행사가 전시장 외에서 개최되어 참가자들을 포함하면 더욱 많은 사람들이 특별전시를 찾아왔다(庄司博史·金美善 編, 『多民族国家日本のみせかた－特別展 「多民族日本」をめぐって』, 国立民族学博物館調査報告 64, 2006, p.14). 전시에 관한 자세한 것은 홈페이지 http://www.minpaku.ac.jp/special/200404/index.html 참조.
4. 梶田孝道·丹野清人·樋口直人, 『顔の見えない定住化－日系ブラジル人と国家·市場·移民ネット ワーク』, 名古屋大学出版会, 2005, p.114.
5. NIRA·シティズンジップ研究会 編著, 『多文化社会の選択－「シティズンジップ」の視点から』, 日本経済評論社, 2001, 『NIRA政策研究』(特集:ワークショップ「グローバル時代のシティズンジッ プ」) Vol.15, No.1, 2002年 등을 참조
6. 구체적으로는 아래와 같다. ① 지역사회에 대한 의식계발－다문화 공생의 추진에 관한 일본인 의 의식계발을 촉진하기 위한 지역주민에 대한 다문화 공생의 계발 등을 행함과 동시에, 다문 화 공생을 테마로 한 교류 행사를 개최함. ② 외국인 주민의 자립과 사회참가－외국인 주민이 지역사회에 참가하는 기회를 확보하기 위해 지역의 외국인 커뮤니티의 적임자와 외국인 주민 의 네트워크를 키워 외국인의 자주적 조직의 육성 등을 행함(총무성, 2006ㄴ, pp.34-37).
7. 문화행사로서는 2005년 가을에 가나자와 21세기 미술관에서 개최된 '21세기의 이웃들과 함께 살아가는 "우리"의 메시지전. 가나자와'에 소개되었다. 이것은 가나자와에 살고 있는 외국적 주 민의 메시지와 얼굴 사진을 소개하는 패널전으로서 (재)가나자와 국제교류재단이 '다문화 공생 의 마을만들기'의 일환으로 기획되었다.
8. チャールズ·ランドリー、後藤和子 訳, 『創造的都市－創造都市のための道具箱』, 日本評論社, 2003, p.139.

9. Florida, Richard, *The Rise of the Creative Class: And How It's Transforming Work, Leisure, Community and Everyday Life*, Basic Books, 2002

10. (株)地域計劃建築研究所, 『地域再生 – 海外に開かれたコミュニティの実現に関する研究』(INRA助成研究報告書0651), 2006.

11. Caves, R. E., *Creative Industries : Contracts between Art and Commerce*, Boston : Harvard University Press, 2000

12. 後藤和子, 「監役者あとがき」(ランドリー, 前掲書), 2003, p.346.

13. 吉本光宏,   「文化施設・文化政策の評価を考える – 創造的評価に向けて」(『ニッセイ基礎研REPORT』, 2005年 6月号).

14. 같은 볼로냐에 방문한 아카데미아 안토니아나라는 비영리재단의 연극학교도 그 기원은 전후 1953년에 프란체스코파의 수도사가 가난한 사람들의 식사와 의복을 제공하기 위해 창설한 자선조직이었다.

15. 자세한 것은 佐々木雅幸, 『創造都市への挑戦』, 岩波新書, 2001, 第4章 「創造都市への多様なアプローチ」 참조.

16. NIRA, 日仏工業技術会, 都市研究所(パリ) 主催, 「日仏都市会議2005横浜リヨン会議 – 都市をつなぐ文化都市政策をつくる」(2005. 2. 8, 横浜シンポジア)にて.

17. 2006년 2월 낭트 시에서 낭트 시 장 루이 보낸 문화국장으로부터.

18. 戴エイカ, 「フェスティバルと多文化共生」(端信行・中牧弘允・NIRA 編, 前掲書), 2006.

19. 後藤和子, 「創造性の三つレベルと都市 – 欧州の動向を踏まえて」(端信行・中牧弘允・NIRA 編, 前掲書), 2006.

20. 암스테르담에서는 역사적으로 빈 공간에 예술가를 살게 하여 하부문화를 시작으로 한 새로운 문화를 키워 왔다. 또한 예술가가 갤러리와 아틀리에를 빌릴 때에는 임대료를 낮춰주고, 그 차액을 국가와 지자체가 임대주에게 지불하는 것은 네덜란드에 퍼져 문화정책의 전통이 되었다 (위 동일 논문)

21. 「日仏都市会議2005横浜リヨン会議 – 都市をつなぐ文化都市政策をつくる」에서 부르넬의 강연으로부터. 또한 端信行・中牧弘允・NIRA 編, 前掲書, 2006.

22. 자세한 것은 柏崎千佳子, 「在住外国人の増加と自治体の対応 – 国際化を超えて」(古川俊一・毛受敏浩 編, 『自治体変革の現実と政策』, 中央法規出版), 2002.

23. 다문화주의에서 가장 문화적인 권리는 무제한 보장된 것이 아니며, 자유민주주의 원칙과 제도의 틀 내에서 만이라는 제한이 있다. 예를 들어, 그 틀에는 이슬람의 일부 관습(일부다처제) 등의 해결되지 않는 관습은 제외된다.

24. 中川幾郎, 「自治体文化施設における使命の明確化のために」(『公立文化施設評価等のあり方に関する調査研究』, (財)地域創造), 2005, p.93.

도시의 창조성을 파악한다
창조적 정책형성을 위한 표상

가츠미 히로미츠(勝見博光, 주식회사 게이오스)　　*chapter* **7**

도시의 창조성 지표가 요구되는 배경

창조도시와 새로운 기준

도시의 창조성을 파악하는 시도의 배경으로서, 최근 창조도시에 높아지는 관심을 지적해야 한다. 도시에 있어 고유성을 살려 시민의 창조성을 촉진하며 지역을 재생시키고자 하는 움직임은 세계 각지의 많은 도시정책에 반영되기 시작하고 있다. 일본에서도 정치, 경제, 문화 등이 도쿄로 집중되어, 상대적으로 낙후되어가는 것을 고민하는 각 도시가 새로운 기준과 가치관에서 도시상을 그려나가고자 창조도시에 주목하고 있다. 그럼, 이러한 창조도시가 지금까지 어떤 다른 기준을 찾아왔는지 그 배경부터 살펴보자.

전후 일본은 일관되게 GNP국민총생산, GDP국내총생산로 상징되는 경제적 풍요로움을 중심으로 지방 곳곳에까지 발전을 이루어 왔다. 그 결과, 공업화 사회에서 중시하는 효율과 생산성을 중심으로 한 가치관은 사람들의 사회생활 속에 깊이 뿌리 내리게 되었다. 지자체 대다수가 이러한 절대적인 화폐가치를 기준으로 알기 쉬운 정책목표, 지표를 들어 끝없는 지역 간 경쟁에 몰입해 왔다.

그러나 거품경제가 붕괴된 후의 불황 속에서, 지금까지 호황의 그늘에 감춰 온 도시지역에서의 다양한 모순과 문제가 한꺼번에 나타나고 있다. 예를 들어, 고용과 세수를 위해 유치해 온 대기업의 그늘 아래 전통공예와 지역산업의 위치가 격하되고 그 생산양식과 고유의 기술, 기술을 보유한 장인들도 경제원리에 따라 도태되고 있다. 게다가 공간의 효율성을 추구하는 많은 개발업자는 옛 도시의 오래된 근대건축, 아름다운 거리, 도시경관을 무자비하게 파괴해 나갔다. 그리고 이러한 지역고유성을 배경으로 한 전통과 예술, 생활문화의 지속성도 위험에 처하게 되었다.

창조도시론은 이러한 지역의 위기적 상황에 관한 격론 중 등장한 것이다. 경제논리 이전에 격하된 지역 고유의 산업과 문화가 직면한 도시의 과제를 해결하기 위한 창조적 능력을 처음부터 다시 평가한다. 그리고 그 원리를 정책에 투입하는 과정에서 본래 추상적이고 여러 의미로 해석되어 애매하던 창조성이라는 개념을 다양한 각도에서 가시화·구체화할 필요가 제기되고 있다. 그것이 도시의 창조성을 가늠하는 지표로 만들고자 하는 요청이 일어나고 있는 가장 큰 이유기도 하다.

변해가는 발전개념과 사회지표의 기울기

GNP 등의 경제지표에 치우친 사회의 한계를 논하며, 새로운 사회지표를 찾아나가는 움직임은 이미 1960년대 후반 무렵부터 시작되었다. 예를 들어, 1970년 오사카 만국박람회 개최 시에는 고도성장이 한창이었으며, 한편으로 일본 전국에서 일던 안보투쟁, 급속히 초점화된 고도성장의 부산물인 공해문제, 하드웨어를 중시하며 나타난 생활의 질적 저하 등의 문제에서 아사히 신문은 〈죽어버려 GNP〉[1]와 같은 특집기사를 반년 가까이 연재하였다. 그 연재에서 갈브레이즈J. K. Galbraith는 GNP의 증대는 복지를 높이지 않으며 유해하기까지 하다고 밝혔으며, 일본이 세계 제일의 공업국이 되더라도 이대로 살아가기는 힘들다고 지적하였다.

그리고 오로지 대량생산, 대량소비, 소득임금의 상승 등을 추구하는 성장발전 개념이 일본 사회에 다양한 일그러짐을 가져왔다는 인식은, 그 후 생활의 질과 정신적인 여유, 충족감 등 진정한 풍요로움을 요구하는 움직임으로 이어져 현재의 지속 가능한 발전Sustainable Development이라는 새로운 발전개념으로 나아갔다.

당연히 이에 호응하는 경제지표에만 의존하는 한계를 강하게 인식하게 되었으며, 행정정책을 펴는 현장에서도 새로운 지표의 필요성이 주장되었다. GNP 등 경제지표를 비판하면서 비경제지표를 정책지표로 삼는 것으로 시선이 향한 것이다. 또한, 신기하게도 〈죽어버려 GNP〉 캠페인이 일던 1970년에 경제기획청 사회지표연구회가 사회지표 개발에 착수하여, 1974년에는 국민생활심의회 조사회의 최초보고가 행해졌고, 그것이 지금까지도 면면히 이어지고 있다.

그 사회지표Social Indicators라는 언어를 처음으로 제시한 바우어R. A. Bauer는 사회지표를 '우리의 가치와 목적에 대해 우리는 어디에 위치하고, 어디를 향하고 있는가를 평가할 수 있게 하는 통계, 통계조례 및 그외 각종 자료'[2]라고 정의하였다. 이 말을 빌리자면, 도시, 지역의 발전개념과 그곳에 사는 사람들의 가치관이 크게 흔들리는 지금의 상황이 사회지표 그 자체의 진화를 요청하고 있다는 것이다. 지금까지의 사회지표에서는 명시되지 않았던 것이 도시의 창조성을 둘러싼 새로운 지표를 요구하는[3] 흐름 속에 명확해질 가능성이 크다.

지표, 수치화를 요구하는 행정

행정은 스스로 독단과 자의성을 배제하면서 정책과 세수입의 타당성을 도모하고, 그에 대한 증명이 필요하기 때문에, 목표수치, 지표 등에 기반을 둔 제도운영이 요구되어 왔다. 나아가 지방 공공단체의 재정현황의 악화, 파탄의 영향으로 행정 측은 그러한 근본원인을 없애기 위한 경영혁신을 요구하며 NPMNew Public Management을 도입하였고, 사무사업 척도에서 시책, 행정에 더욱 큰 행정평가의 틀과 지표화가 움직이기 시작했다.

또한, 해외에 있어 지표화의 성공사례, 예를 들어 '오리건 벤치마킹' 등의 영향으로 일본의 지자체도 적극적으로 수치목표를 두는 곳이 늘어나고 있다.4 업적이나 성과만을 확인하던 행정에서 지역의 비전, 정책목표를 어떻게 주민과 합의하고 형성해 나갈 것인가로 옮겨가고 있다. 정책평가가 주목받게 되면 동시에 사회지표에 대한 관심도 높아져, 사회지표는 이념의 사회상을 그려냄과 동시에 그 정책의 도달 정도를 나타내는 것으로 회계관리 책임accountability의 도구가 된다.

창조도시론이라는 불을 붙인 역할을 한 랜드리도 같은 시점에서 그의 저서 『창조도시』를 통해, 창조적인 도시의 잠재능력을 측정하기 위해서는 새로운 지표가 필요하다며 그 지표화의 의의를 강하게 주장하였다.

지표는 복잡한 정보를 단순화시켜 전달하는 것이다. 그리고 그 첫번째 목적은, 평가과정으로 향한 길을 안내하는 것이며, 정책입안자의 행동 그 다음으로 결정한 것의 영향을 평가, 측정하고 감독하는 역할을 한다. 지표가 중요한 이유가 몇 가지 있다. 예를 들어, 무엇을 목표로 해야만 하는가에 관한 논의는 무엇이 도시에 중요한가에 관한 토론을 일으키는 열쇠가 된다. 지표는 어떤 목표에 도달하고 싶은가를 명확히 하는 것으로서 도시에 목적과 행동계획을 전하며, 그것을 통해 욕구가 생겨난다. 지표는 장점과 단점을 평가할 기회와 어떻게 그것들을 다룰 것인가를 평가할 기회를 전한다. 마지막으로 수치화는 활동에 정당성을 전한다.5

이것을 필자가 정리하면 창조적 도시를 위한 지표의 의의는 다음의 3 가지로 정리할 수 있다.

① 도시의 목표를 시민들과 대화하여 합의를 이루기 위한 도구

② 반성의 과정과 회귀로서 정책을 수정하는 도구

③ 정책의 정당성과 검증을 위한 도구

나아가 지표화가 가져오는 도시 내부의 학습기능랜드리는 이것을 '회귀성의 방법'이라고 부른다이 도시의 창조적인 활동을 지탱하는 중요한 방법이라고 랜드리는 지적하였으며, 창조도시보다도 학습하는 도시라는 비유가 향후 주목받을 것이라고 논의하고 있다. 창조성의 개념에 더해, 재귀성, 지속성과 같은 학습적 요소를 도시 속에 포함시켜, 예를 들어 병든 상태에서 또는 전혀 아무것도 없는 상태에서라도 재생시켜 나갈 수 있는 풍부한 상상력을 제시하고 있다. 다양한 과제를 안고 있어도, 도시의 창조성이 새로운 지표를 만들도록 지향하는 것의 중요성을 강하게 주장하는 랜드리의 생각에 찬사를 보내고 싶다.

지표화의 시도 – 선행연구의 고찰

창조성 지수

도시의 창조성을 파악하려는 시도는 지금까지 몇 가지가 있었지만, 세계적으로 주목받는 『창조계급의 도래』의 저자 플로리다가 책 속에서 제기한 창조성 지수Creative Index는 세계의 도시정책, 재생에 관련된 사람들에게 큰 충격을 전했으며 지금도 큰 영향을 미치고 있다.

그는 탈공업화를 지향하는 현대를 창조적인 경제시대로 정의하며, 앞으로 도시의 번영은 그 부의 원천 중 하나인 창조성이 풍부한 인재가 끌어나갈 수 있는가에 달려 있다고 지적한다. 그리고 그러한 창조적 계급

이 좋아하는 지역의 관습과 사회적 환경에 주목하여, 경제성장과 상관관계가 깊은 다양한 지수를 인용하면서 지역의 창조성 그 자체를 파악하기 위해 이 창조적 지수를 개발했다.

이 지표는 기본적으로는 '3T'라고 불리는 세 분야를 총 8가지로 나눈 작은 인덱스로 구성되어 있다. 우선 그 내용을 정리해보자.표 7.1

이 창조성 지수는 2002년의 『창조계급의 도래』의 출간과 함께 큰 화제를 불러일으켰다. 그 중에서도 '동성애자 지수'6는 미디어로부터 큰 화제를 불러일으켜 플로리다의 이름을 세계적으로 알리는 계기가 되었다.

또한, 플로리다는 이 지표를 토대로 북미 50개 도시와 세계 각국의 순위를 발표하였다. 결과적으로는, 유럽 각국의 지자체와 행정, 다양한 미디어에서 인용되어, 지금은 도시정책을 펼치는 현장에서 플로리다의 이름이 나오지 않는 곳이 없을 정도로 붐을 일으켰다.

표 7.1 플로리다가 만든 창조성 지수

① 인재 (Talent)	1) 창조지수 (Creative Index)	예술가, 디자이너, 엔터테이너, 컴퓨터기술자, 건축가, 연구자 등 지적, 문화예술적 창조성을 이용한 직업의 노동인구 비율
	2) 인재자본 (Human Capital index)	대학졸업 이상의 인구비율
② 기술 (Technology)	1) 혁신성 지수 (Innovation Index)	특허, 실용신안 등의 인구비율
	2) 첨단기술 지수 (High-Tech Index)	첨단기술 공업생산액의 전국 대비 지역비율
③ 관용 (Tolerance)	1) 동성애자 지수 (Gay Index)	동성애자 인구의 전국 대비 지역비율(미국, 캐나다만 조사)
	2) 보헤미안 지수 (Bohemian index)	문화예술 관련에 종사하는 인구비율
	3) 멜팅 포트 지수 (Meltiong Pot Index)	외국인 등록자 수의 전국 대비 지역비율

출전: Richard Florida, 『*City and the Creative Class*』, Routledge, 2005.

플로리다 자신은 창조적인 도시조건으로 여기는 '3T' 중에서 관용성을 가장 중시하고 있다. 북미 도시조사 당시에는 관용성을 나타내는 지표에는 '동성애자 지수', '보헤미안 지수', '멜팅 포트 지수'를 활용했지만, EU와 세계 각국의 비교조사에서는 데이터를 수집하고 비교하기 어려워 미시건 대학의 모날드 잉글하트가 주도하여 과거 30년에 걸친 세계 각국의 시민가치관을 비교·조사한 세계 가치관조사World Value Survey7를 이용하고, 전통과 종교의 사회적 위치와 자기표현의 자유도를 기준으로 각국의 관용성을 측정하고 있다.단, 국가별 데이터만

플로리다가 개발한 이 지표의 특징은 경제성장률과 관련된 여러 가지 지수를 유출하여 작성된 점이다. 예를 들어, 일본에서도 도시의 잠재력으로서 높은 관심을 불러온 사회자본적인 요소도 그 조사과정이 도마 위에 놓여 있다. 그러나 사회자본이 높은 지역은 보수적이고 관용성이 낮은 경향이 있으며, 동시에 그 지역의 경제성장률은 둔화되는 경향이 높은 점을 지적하는 등 플로리다는 극히 비판적인 자세를 취하고 있다.

이 경제성장을 뒷받침하는 창조성이라는 개념은, 기존의 단순한 발전 개념의 연장선에서 반드시 벗어나는 것은 아니다. 그러나 도시지역의 재생을 과제로 한 지자체에 있어서는 매우 적절한 내용이며, 이미 플로리다의 다양한 시사점은 북미의 많은 도시경제 정책에 적극적으로 채용되고 있다. 일본에서도 실리콘밸리를 모방한 형태로 IT산업 집적지역을 계획하고 있는 도시에는, 플로리다가 만든 지표가 어메니티 환경이나 관습과 같은 창조성을 불러일으키는 새로운 인자에 관한 깊이 있는 연구를 위한 자료를 제공할 것이다.

지속 가능한 도시론이 나타내는 지역지표

1990년대 이후 탈공업화 사회에서 지역발전의 방향을 나타내는 이론으로서, 창조도시론과 함께 지속 가능한 도시라고 불리는 지역전략이 나

타났다. 그것은 단순한 자연환경의 지속만이 아닌 글로벌한 경쟁원리가
가져오는 지역의 불안정한 상황에 대해 주민생활의 질을 중시하면서 환
경, 경제, 사회 등의 각 문제를 종합적으로 해결해나가고자 하는 이념이
다. 세계도시를 향해 금융, 생산, 문화가 집중되면서 쇠퇴경향, 과열된
시장주의 경제로 인해 전통적인 거리가 붕괴되고 사회격차가 벌어지는
등의 직면한 과제에서 창조도시론 및 지속 가능한 도시와 함께 정책에
반영해야 할 지표로 적지 않게 참고되고 있다.

　유럽에서는 이 지속 가능한 도시의 개념을 정책에 도입할 때, 지자체
의 경영계획과 선언서에 도입하기 위해 지역지수를 개발하고 있다. 예를
들어, EU에 속한 각국이 기본적인 지표로 개발해 온 유럽 공통지표
European Common Indicators, ECI나 시민 주도로 개발하는 지속 가능한 시애틀
http://www.sustainablesseattle.org/이 유명하다.

　그 지표의 특징은 GNP형의 단일지표와는 다르며, 오히려 다면적인
'풍부함'을 평가하고 지속 가능한 사회상을 모색하는 복수지표가 각지
에서 보급되고 있으며, 지역마다의 정치·경제 상황을 반영한 새로운 지
표원리를 작업할 필요8가 있는 상황에 처해 있다. 기존의 GNP, GDP와
같은 경제지표가 절대적인 생산성과 성장률을 나타내는 것에 비해 지속
가능한 지역지표는 지역 독자적인 가치관과 사회목표에 맞물려 개발되
는 상대적인 지표다. 따라서 지역의 사회목표를 형성하기 위한 합의형
성, 지표의 개발과 측정의 실시, 결과의 공개와 평가, 그리고 정책으로
이어지는 그 정책과정에 다양한 입장의 시민이 폭넓게 참여하는 것이
중요하다.

　특히, 지속 가능한 시애틀은 40항목에 걸친 지역의 특징에 뿌리내린
개성적이고 다면적인 지표를 가진다. 가장 상징적인 지표로 강을 거슬러
올라가는 야생 연어의 수를 채택하여, 하천환경이 회복되면 자신들이 풍
요로워진다는 것을 목표로 선언하는 단순한 지표를 넘어선 정책이념이

다. 나아가 중요한 것은, 이러한 것이 행정이 아닌 시민운동이 주도하기 때문에, 새로운 대규모 통계조사를 요구하는 것보다는 기존의 자료를 가지고 환경교육을 겸하여 지표9를 손에 넣을 수 있는 것이다. 비용이 드는 통계조사를 새롭게 실시하는 것만이 아닌, 가까이에 있는 기존통계 중에서 자신들의 가치관에 맞는 것을 추출하는 지혜와 노력이 중요한 것이다.

그 외에 일본에서의 시도

플로리다의 연구에 자극을 받은 일본에서도 서서히 도시의 창조성을 파악하는 연구가 시작되고 있다. 여기서는 앞으로 지표발달의 참고를 위해 두 가지 사례를 소개하고자 한다.

아마도 일본에서 이러한 도시의 창조성을 지표화하는 최초의 시도는 닛세이 기초연구소의 요시모토吉本光宏가 일본의 창조산업에 종사하는 사람 수를 측정한 연구일 것이다. 영국의 창조산업이 규정한 업종설정에 기반을 둔 총무성 사업소통계와 서비스업 기본조사의 기초 데이터를 정량적으로 파악하고 있다. 그 결과, 1996년부터 2001년에 걸쳐 전 기업의 사업소 수는 5.5포인트, 종사자 수에서는 4.8포인트가 감소한 가운데, 창조적 생산군에서는 사업소 수가 3.8포인트, 종사자 수는 7.9포인트 증가하였고, 경기가 나빠지면서 창조적 산업군이 확대되고 있는 것으로 나타났다.10 탈공업화 시대에 있어 일본의 산업구조 변화를 창조산업의 시점에서 새롭게 바라보며 새로운 진흥책으로 시점을 돌리는 획기적 계기가 된 중요한 연구다.

그러나 기존의 사업소 통계를 사용한 이 조사는 개인마다의 직종을 엄밀히 반영한 것이 아니라 어디까지나 그 직종에 종사하는 사람인 것, 또한 종래의 산업분야에 기반을 둔 직종으로 통계를 낸 것, 도시별로 세밀하게 소업종으로 분류하기 곤란하므로 대도시만을 조사대상으로 한

정한 것 등, 기초통계 자체의 한계와 충분히 실태를 반영하지 못한 점이
과제로 남는다.

　여기서 창조적 기반으로 한 사회자본론의 재구축을 지향한 오사카
시립대학 창조도시연구과의 고토 아키오後藤晃夫는, 그러한 과제를 해결
하기 위해 독자적으로 개발한 창조도시지표CCI를 가지고 조사11를 실시
했다. 이 연구는 기초 데이터를 전화번호부에서 임의로 추출하여 실시
한 것으로, ① 전국 인구순위 100개 도시를 대상, ② 창조산업군을 재분
류한 직종분류에서 산출, ③ 과거 1년 내의 최신 데이터를 반영했다는
특징이 있다. 이를 통해, 보다 현 실태와 유사한 취업자 구조를 반영한
결과를 얻었다. 그리고 그 조사결과로부터 도시의 창조성과 인구규모에
는 상관관계가 없다는 것을 발견했으며, 지방도시보다도 대도시 주변부
가 처한 창조산업의 쇠퇴문제를 지적하고 있다.

　이러한 일본의 조사연구는 이제 막 시작단계이지만, 기존 통계에서
볼 수 없던 일본의 창조산업의 실태를 명확히 밝힌 점에서 큰 의미를 가
진다. 이후로 이러한 창조산업을 견인하는 인재가 지역의 경제성장과 주
민의 생활만족도, 생활의 질, 그리고 여러 가지 사회환경의 구축과 어떤
관계가 있고, 도시구조 그 자체에 어떤 영향을 미치는가 등 보다 발전된
연구의 진전이 기대된다.

지표화의 방향성

창조도시의 유형화와 목표의 설정

　창조도시라는 개념은 아직 새롭고 그 연구도 아직 시작에 불과하며,
사사키가 제시한 볼로냐와 가나자와 모델, 바르셀로나 모델과 요코하마
모델 등 몇 가지를 유형화하려는 시도는 있지만,12 아직 전체로 정리하

지 못한 것이 현실이다. 더욱이 거기에 명확한 공통지표를 만드는 것은
아직까지는 힘들 것이다.

　여기서, 도시의 창조성을 지표화하기 전에, 먼저 자신들의 도시가 목
표·이상으로 하는 창조도시를 추출하는 것부터 시작하지 않으면 안 된
다. 볼로냐, 낭트, 빌바오, 프라이부르크 등 인간중심의 도시부터 런던,
샌프란시스코, 바르셀로나, 몬트리올 등 대도시까지, 자신들의 도시 여
건에 가장 적합한 곳을 선택하는 것이다. 일본에서는 아직 고정적인 평
가는 정해져 있지 않지만, 창조도시라고 여기는 가나자와와 요코하마 등
에서 유추해낼 수 있다면 더욱 좋다.

　먼저, 이러한 창조도시를 다양한 기존통계를 가지고 분석하는 것이
중요하다. 랜드리는 그 분석항목을 위해 2종류의 지표군을 제시하였다.
참고로 아래에 정리해 둔다.[13]

- 제1 지표군: 창조도시를 위한 전제조건에 기반을 둔 것
  ① 개인의 자질
  ② 의지와 리더십
  ③ 다양한 인간의 존재와 다양한 재능으로의 접근
  ④ 조직문화
  ⑤ 지역 아이덴티티
  ⑥ 도시공간과 도시시설
  ⑦ 네트워킹 역학
- 제2 지표군: 도시가 창조적이기 위해 꼭 필요한 '도시의 활력과 실
  용성'의 측정에 기반을 둔 것
  ① 관계성의 밀도critical mass
  ② 다양성
  ③ 편리성
  ④ 안전 및 치안

⑤ 아이덴티티 및 고유성

⑥ 혁신성

⑦ 연대와 협동성의 활성화

⑧ 경쟁력

⑨ 조직이 가진 능력

　이 중에서는 기존 통계에 이미 있는 것과 객관적인 데이터로 수량화할 수 있는 것이 있으며 안전, 치안과 같이 주관적이어서 다루기 힘든 것도 많이 포함되어 있어, 추출된 많은 지표와 경제지표, 주민만족도 등과의 상관을 통해 일본다운 창조도시의 윤곽이 명확해질 것이다.

　가나자와 시를 예를 들면, 45만 명 정도의 인구규모로서 전통적인 생활문화, 새로운 거리, 내부에서 독자적으로 발전한 경제기반을 가진 문화와 경제균형을 가진 지방중핵 도시모델로 자리 잡고 있다. 사사키가 이미 추출한 것이다.

- 지역에 넘치는 장인기질
- 내부에서 생긴 자율적인 발전성이 높은 경제구조
- 전통산업에서 첨단기술 산업에까지 이르는 지역기술과 노하우의 축적
- 강력한 산업
- 지역의 유통시스템
- 역사적인 전통산업의 집적
- 전통적인 거리와 도시의 아름다움
- 생활문화 자산이라 할 수 있는 교육기관과 박물관 등의 학술문화 집적

등 볼로냐와 공통된 인자를 쉽게 발견할 수 있다.[14] 사사키는 가나자와

에서 추출된 이러한 인자를 정리하여 도시의 창조성·지속성 지표 Indicators of the Creative & Sustainable City라는 지표화의 전前 단계에 해당하는 표를 작성했다.표 7.2 이것을 토대로 지표화로 한발 내딛는 방법을 발견한 것이다.

표 7.2 도시의 창조성·지속성 지표

① 창조적 활동	시민들 중에 예술가, 과학자, 장인이 차지하는 비율과 조직활동이 환경에 미치는 영향을 나타내는 ISO14000의 취득현황
② 도회적 생활	수입액과 여가시간, 문화활동과 오락을 위한 지출액
③ 창조활동의 기반	대학, 기술계 교육기관, 연구기관, 극장 및 문화시설의 수와 이용상황
④ 역사적 유산, 도시환경과 어메니티	공적분야에 기록된 문화자산의 수와 보존상황 및 공기, 물의 질과 교통정체의 현황
⑤ 경제기반의 균형	산업구조의 전환상황, 사업소의 창업, 폐업 수 및 도시의 출하량, 소매액, 총 생산액
⑥ 시민활동	NPO 활동상황과 여성의 사회참여 상황
⑦ 행정운영	재정상황과 행정입안 능력

출전: Masayuki Sasaki, "KANAZAWA : A Creative and Sustainable City", *Policy Science, Vol.10.* No.2, Ritsumeikan University.

그러나 여기서 주의해야 할 것은, 이러한 연구가 창조도시의 지표화를 시도했다는 점이며, 창조도시의 유형에 적합하지 않은 도시 전반에 걸친 창조성을 묻는 것은 아니라는 점이다. 물론, 창조도시가 나타내는 지표가 많은 도시에게 참고가 되리라는 것은 말할 것도 없다. 그렇지만 비창조도시의 창조성이란 무엇인가를 끊임없이 묻는 것이 고유하고 다양한 도시형성에 일조한다는 것을 유의해야 한다.

비교검토 방법(벤치마킹)의 활용

반복되지만, 창조성이란 의미가 다양하고 개념이 애매하며, 지금까지의 사회지표와 마찬가지로 일반이론 아래에서 절대적인 기준으로 자리

잡도록 하는 것은 그리 간단한 것이 아니다. 또한, 창조성은 다양한 가치
관과 목표를 가진 시민끼리 복잡한 합의과정으로 구성되므로, 단순한 목
표를 쫓는 정신성과는 애초에 어울리지 않는다는 것을 이 지표개발과
관련된 사람들은 이해해야 한다.

　여기서 방법론으로서는 보편적인 공통지표만이 아닌 스스로 도시가
지향해야만 하는 여러 가지 목표를 명확히 추출하여 그 방향에 따라 도
시를 철저하게 비교하는 방법이 적합할 것이다. 모델이 된 창조도시를
외부의 기준치로 설정하고, 자신의 분석 데이터와 비교하여 강점과 약
점, 스스로의 위치, 상태를 상대적으로 알아가는 것이 중요하다. 특히,
창조성을 표출시킬 핵심요소가 어느 정도 존재하는가를 검증하는 데에
효과적인 수법이다.

민족적인 도시분석

　벤치마크 방식이라면 지표화하는 길은 다소 문턱이 낮지만, 그래도
창조성은 다루기 힘든 개념이다. 사회에 있어 다양한 실천사례에 눈을
돌려도 수치화하기 힘든 것이 대부분이며, 랜드리가 말한 도시의 잠재적
인 능력도 수치화하기 힘든 것이다.[15] 그럼 과연 수치화하기 어려운 이
유는 무엇일까?

　본래 사회과학적인 접근은 사회현상을 엄밀한 정의 아래에서 분석하
여, 명확한 결론을 이끌어내는 것이다. 창조성을 측정하는 경우는 그 전
제가 되는 정의에 대한 문제가 남아 있다.

　도대체 창조적인 것과 그렇지 않은 것은 어떻게 구분할 것인가. 창조
산업에는 국가의 틀을 넘어 보편성을 가진 정의는 있는 것인가. 예를 들
어, 범죄율이 낮은 곳이 반드시 안전하다고 말할 수 없듯이, 특허를 신청
하는 수가 많은 것이 창조적인 풍토라고 말할 수 있는가 등, 지금까지의
연구나 조사를 보면 충분히 정의내리기 힘든 현황이다. 어떤 특정한 도

시의 관계자가 그러한 조사, 지표에 뭔가 모르게 거부감을 느끼는 것도, 그 도시가 전제조건인 정의의 대상에서 크게 벗어나 있는 것에 원인이 있는 경우가 많다.

여기서, 지금까지의 지표화가 그 도시의 사회현상을 측정하고, 가설을 검증하는 것을 목적으로 한다면, 오히려 그 사회현상이 지닌 지역고유의 정의를 내리고, 그 현상이 일어나는 현장으로 달려가 그와 관여된 사람들의 행동과 언어를 기록하고 분석하여 새로운 가설을 설정하고 발견해 나가는 것도 중요하다. 즉, 현장에 실제로 머물며 그곳의 생활, 활동하는 사람들의 시점에서 다양한 일상생활의 과정과 사회구조를 기술하고자 하는 참여형 관찰과 민족적 연구수법을 채용하여, 새로운 것을 발견하고 가설을 이루도록 하는 방법이다. 이해를 위해 아래의 모리오카 시와 기타큐슈 시를 참고하여 구체적으로 살펴보자.

사례연구 1. 모리오카 시

모리오카 시는 '생활문화'를 캐치프레이즈로 하는 동북지방에서 손꼽을만한 문화도시다. 주민에게 사랑받는 이와테 산岩手山이 보이는 계절의 표정과 시내 가운데를 흐르는 나카츠 강中津川에는 연어가 거슬러올라 산란하는 풍부한 자연환경, 전쟁의 화마를 피한 오래된 아름다운 거리와 함께, 시사통신사가 개최한 '삶과 환경에 관한 여론조사'의 주민만족도에서 일본에서 가장 살기 좋은 도시[16]로 2004년, 2005년 2년 연속 선정된 것으로도 유명하다.사진 7.1, 7.2

이 조사에서 모리오카 시가 1위가 된 것은 '깨끗한 공기와 바다, 하천', '소음과 파동이 없어 조용한 집 주변', '풍요로운 공원과 녹음', '안전한 어린이들의 놀이터', '아름다운 거리와 전통적인 행사'의 5항목2004년도이다. 잘 살펴보면, 이것에 해당하는 도시는 많이 있을 것이고 그리 독특할 것도 없다. 다른 도시가 이 항목을 필사적으로 정비한다고 해서 과연 살

기 좋은 도시로 선정될 것인가는 모르는 것이다. 결과적으로, 1위로 선정
된 것은 사실이지만, 조사항목에서는 살기 좋음을 구성하는 논리는 결코
보이지 않는다.

여기서 사람들이 일본에서 가장 살기 좋은 도시라고 느끼는 현상을
직접 참여하고 관찰하여 기술하는 방법을 생각해 보자.

예를 들어, 모리오카 시는 그래픽 디자이너가 많은 것으로 유명하다.
그 이유를 그 고장의 여러분에게 물어 보면, 난부 400년간의 역사가 만
들어온 문화예술을 즐길 수 있는 풍토를 손꼽는 목소리와 함께, 시세이
도資生堂의 얼굴을 계속해서 만들어온 일본을 대표하는 디자이너인 나카
무라 마코토中村誠(모리오카 시 출신)17와 그 동료들의 협력으로 JAGDA일본 그
래픽디자이너협회18 모리오카 지부가 설치된 영향이 크다고 말한다.동북부에서
가장 많은 회원 수

나카무라는 도쿄에서 활약하는 한편 고향 모리오카의 협력을 빌리지
않고 후쿠다 시게오福田繁雄와 고 다
나카 잇코田中一光 등 당시 유명 디자
이너를 모리오카로 불러들여 이와
테광고미술전 등을 후원하고, 후진
디자이너를 육성고등부에는 나카무라 상
이 제정되었음하여 현재 모리오카 시
에서 그래픽디자인 업계의 기반을
만들었다. 또한 신기하게도 나카무
라는 '자신의 디자인 원점은 이와
테 산의 '눈'이었다'고 이야기한다.
여기서는 문화예술과 자연환경을
사랑하는 감정이 일체화된 심성이
존재한다.

사진 7.1 희미하게 안개가 서린 이와테 산

사진 7.2 시내를 흐르는 나카츠 강

예를 들어, 이러한 나카무라와 JAGDA 모리오카 지부가 만든 디자이너 환경을 열심히 분석하면, 단순화된 조사항목의 뒤에 감춰진 그래픽디자이너라는 직종의 사람들의 관습어떤 집단을 지배하는 윤리적인 심적 태도와 자연환경, 아름다운 경관에 대한 생각 같은 것을 그려낼 수 있을 것이다. 그리고 분명히 거기에서 새로운 모리오카 시가 지닌 창조성의 원천이 나타날 것이다.

사례연구 2. 기타큐슈 시

하치만八幡 제철소를 중심으로 한 대표적인 공업도시인 기타큐슈 시는 기간산업인 중대형 산업의 성장과 산업구조의 전환에 뒤쳐져, 공업도시, 사장도시, 회색의 거리를 떠올리는 도시 이미지에서 탈피하기 위해, 1988년에 도시재생 시나리오인 '기타큐슈 시 르네상스 구상'을 책정하였다. 2005년에는 일정한 성과를 바탕으로, 현재는 새로운 목표를 향한 단계로 접어들고 있다.

이러한 열악한 요소를 안고 있는 공업도시의 대다수는 창조성과 관련된 지표창조산업 종사자율, 첨단기술 산업 종사자율, 각종 사회참가율 등의 지표에서는 유감스럽게도 낮은 경향을 보인다. 또한, 모리오카 시와 같은 도시화가 뒤쳐져 오래된 거리가 보존된 도시와는 반대로, 산업화에 동반된 급속한 도시발전과 개발로 인해 오래된 역사 속에서 사람들의 마음에 남아 있는 장소와 전통문화 자원 대다수를 잃어버린 것이 사실이다. 창조도시를 토의하던 중에 전형적인 일본 공업도시의 대다수가 다루어지지 않았던 이유 중 하나다.

그러나 그렇더라도

도시는 결정적으로 중요한 자원을 하나 가지고 있다. 그것은 그곳에 사는 사람들이다.19

지역자원을 활용한 창조성은 지역의 전통문화, 예술, 공간과 건물에만 나타나는 것은 아니다. 그곳에 사람이 있으면 언제든지 문화를 되살릴 수 있으며, 새롭게 창조할 수도 있다. 수치로 나타내거나 눈에 보이는 것만이 아닌 오히려 사람들의 생활 속에 감춰져 보이지 않는 창조의 원천을 발견할 수 있다. 설사, 산업이 없어지고 공장이 사라지더라도, 그곳에 사는 사람들과 지역의 삶 속에 새겨진 문화와 잠재적 능력을 재생하는 것이 사람들의 기록과 기술ethnography의 역할이라고 할 수 있다.

사실, 기타큐슈에 사는 사람들이 가진 생활문화적인 특성과 잠재능력을 깊이 관찰하는 집단이 있다. 그것은 기타큐슈 시에 들어선 콜센터와 데이터센터와 같은 기업군이다.

이미 제철소가 시의 가장 중요한 산업이었던 때, 24시간 용광로를 가동시키기 위해 노동형태는 3교대 업무가 일반적이었다. 이를 위해 일본에서는 처음으로 24시간 슈퍼마켓이 탄생하고 찻집과 레스토랑이 24시간 영업하는 등, 24시간 잠들지 않는 거리가 형성되어, 용광로가 1기로 모아진 지금도 24시간 대응 가능한 인재, 사회시스템과 환경이 다수 남아 있다.

또한, 신니테츠新日鉄를 시작으로 기업의 대량채용에 맞추기 위해 학교교육의 수준도 상대적으로 높았으며, 나아가 기업 내 교육으로 고도로 훈련된 노동력이 지역 내에 축적되어 현재도 그 사회에 깊이 남아 있는 독특한 노동력과 노동문화가 있다.

이후 창조적인 도시정책을 지향할 경우, 정책입안자가 이러한 눈에 보이지 않는 도시와 주민의 문화적 특성을 어떻게, 어디까지 읽어 나갈 것인가가 매우 중요하다. 그리고 그러한 넓은 의미에서의 문화를 자원으로 인식하기 위해서는 도시를 읽는 힘이 열쇠가 된다. 도시의 창조성을 파악하려는 시도에 굳이 기술記述 민족학적인 도시분석을 제안하는 의미는 바로 그것에 있다.

지표화의 함정

순위

일찍이 많은 비판과 함께 사라진 '풍부한 지표'[20]는 그 지표항목의 타당성에 몇 가지 문제가 있었음에도, 신문을 비롯한 대중매체가 경쟁적으로 전국의 순위를 매기는 지표로 활용한 것은 어떤 의미에서는 공범이며 더욱 비판받아야 되는 문제였다. 플로리다의 창조성 지표의 도시 순위도 지역 국수주의에 치우친 각 지역의 신문사가 과도한 도시 간 경쟁을 일으키고자 하는 목적으로 다루어 다른 연구자에게 비난받는 대상이 되었다. 보편적인 공통지표의 마구잡이식 개발에 치우치기보다도 벤치마크 방식으로 스스로의 위치를 파악하는 것을 추천하는 가장 큰 이유다.

지표화의 정치성

도시의 창조성을 지표화하려는 시도는 또 다른 지표를 개발하는 것으로, 경제지표가 경제이론으로 자리 잡을 정도로 일반이론을 가지고 있지는 않다. 때문에 종종 '특정목적과 편향된 사고'[21]에 좌우되기도 한다.예를 들어, '풍부한 지표'가 지표화되는 배경에는 도시 집중형 생활을 제정하기 위한 감춰진 의도가 있었다는 것을 지적한 사례

또한, 그 목적에 편승된 노력이 타당성 없는 지표화를 부르는 점에도 유의해야 한다. 노래방이 많아진 것이 왜 풍부함으로 이어지는가, 미혼율이 높은 것이 왜 빈약한 것인가, '풍부함'이라는 정의는 논의하지 않은 채 지표로 나타내려는 것은 크게 위험하다.

역으로, 이런 것은 지표화과정에 정치적인 의도가 들어가기 쉽다는 것을 나타내며, 지표과정에 적절한 인원이 배치되는지, 다양한 사람이 관여하는지가 의문스러운 것이다.

정량적 조사의 벽(통계적 문제)

창조성을 지표화하기 위한 정량적인 접근에는 많은 통계적 문제가 있

다는 것을 유의해야 한다. 몇 가지 문제를 나열해 보자.

- 잠재능력과 암묵적 지식 등 측정하기 힘든 것을 수치화하는 데 벽이 존재한다.
- 기존 통계를 그대로 적용할 수 있는 데이터가 적다.역으로, 자체적인 조사에는 큰 비용이 든다
- 플로리다의 조사에서 관용성을 판단하는 동성애자 지표와 같은 국가와 지역에 따라 조사하기 곤란한 문제와 사업소 통계로는 창조계급의 실제 수효를 충분히 파악할 수 없다는 점, 실업률과 같이 국가에 따라 실업의 정의가 달라 단순비교가 안 되는 점 등은 국제적으로 비교하기 곤란하다.
- 측정할 지역단위를 어떻게 정의하는가가 가지각색이다.도도부현 단위, 도시 단위, 문화권, 고용영향권 등
- 데이터 입수의 곤란함과 불연속성사회계층과 사회이동 전국조사(SSM조사22) 와 같이 주로 개인정보 보호의 시점에서 데이터 파일을 사용할 수 있는 구성원이 한정되어 있거나, 매년 실시하기 힘든 통계조사가 있다.

잘못 해석된 데이터

행정 현장에서는 정책을 구체화하는 단계에서 종종 놀라울 만한 판단이 내려진다. 특히 상관관계와 인과관계를 혼동하는 데서 오는 경우에는 비극적인 착오를 낳는다. 통계조사가 나타내는 대부분은 상관관계이며, 인과관계까지 증명하기는 어렵다.

플로리다의 창조적 계급에 관한 논의도, 창조적 계급을 다수 유치했다고 하더라도 그 지역의 경제적인 발전으로 즉시 이어지는 것이 아니다. 그러나 종종 정책결정에서는 상관관계를 인과관계로 착각하는 경향이 있다.나쁘게 본다면 요령껏 곡해하는 경우도 있다

경제지표의 경우, 화폐가치라는 명확한 기준이 있는 것에 비해 사회지표가 나타내는 수치는 대게 두 얼굴의 경향을 가진다. 예를 들어, 사회

자본과 관련된 조사에서 지역과 긴밀한 네트워크를 나타내는 수치가, 한 편으로 다른 사람을 배제한 경향을 나타내는 것이 그 예다. 본래 창조성이 내포하는 수많은 의미를 수치로 나타내면서 단순해져버린 결론으로 이끄는 위험성을 나타내고 있다.

지표화를 위한 의견

행정이나 경제학자는 정책을 결정하고 그것을 책임감 있게 시행하고 설명하기 위해 일상적으로 알기 쉬움을 추구하는 본질이 있다. 그러나 애초에 창조성이란 수치화하기 힘든 알기 어려운 것이며, 단순하게 숫자와 정책언어를 집요하게 요구하는 것은 창조성의 본질을 곡해하는 것이나 다름없다. 특히, 정책을 펼칠 때 '알기 쉬움'은 충분히 검토되지 않고 짧은 기준으로 진행되는 성향을 가져, 지금까지 보아왔던 산만하고 단순한 '무엇이든 유치하려는 정책'과 같이 되기 쉽다.

여기서는 이러한 점에 유의하면서 창조적인 정책형성에 효과적인 도구개발에 도움이 되도록, 도시의 창조성을 지표로 나타냄에 있어 중요한 요인을 세 가지로 정리해서 제안한다.

① 정책진행을 위한 사회보고 및 사회합의 형성의 도구로, 정량화에만 매달리지 말고 도시의 관습과 참여시찰 등의 언어기술에 유의해 유연한 조사방법을 검토한다.

② 지표화의 정치성과 특권을 자각하고, 지표화 작업을 기존의 경제학, 통계학의 전문가만으로 한정짓지 말고, 다양한 사회현상을 사회적 문맥으로 해독할 문화인류학자나 사회학자 등 폭넓은 분야의 전문가가 참여할 필요가 있다.

③ 도시 내부의 폭넓은 도시관습학자눈에 보이지 않는 도시자원23을 사람들에게

이야기하고 이해시키는 인재를 키우는 것이 잠재력 발견과 양성으로 이어진다.

마지막으로, 사족이 되겠지만 쇠퇴경향을 보이는 일본 산업도시가 어떻게 창조도시로 변해갈 수 있는가라는 관점에서, 그런 도시를 지표로 나타내는 문제에 대해서 조금만 다루고자 한다.

최근 일본에도 글래스고, 버밍엄, 엠셔파크 등과 같은 산업도시의 재생사례가 적극적으로 소개된 영향으로, 근대 도시자산을 활용하면서 시민이 추구하는 문화예술의 창조성으로 도시재생을 진행하는 유형의 계획이 조금씩 보이고 있다. 문화예술에 대한 시도와 그것을 살린 마을만들기나 정책에 침투된 것이 도시의 창조성을 파악하는 효과적인 공통지표가 되는 하나의 증거다.

그러나 한편으로, 이러한 움직임이 붐을 일으켜, 어디든 근대건축과 공업자산을 재이용한 예술 프로젝트만 넘쳐나는 것만은 아닌가 하는 형식적인 모방정책에 의문의 목소리를 가지는 사람들도 많다. 본래 창조성은 다양성을 본질로 함에도 불구하고, 재생정책이 단순해질 위험성을 가지고 있다. 따라서 그것을 피하기 위해서는 다양한 기준지표를 제시하여 새로운 재생의 길을 만드는 것이 중요하다.

그 한 가지 방법으로, 마치무라 다카시町村敬志는 '차가운 도시 로스앤젤레스'가 가진 도시성 그 자체에 주목하고 있다.24 '목적'과 '역사'라고 하는 알기 쉬운 공통된 이야기로 이어지는 도시가 있는 반면, 미래의 '불확실성'을 공유하여 연결되는 도시도 있다. 공동체와 신뢰, 문화예술을 중시하는 도시가 '따뜻한 도시'라고 하는 한편, '차가운 도시'가 지닌 '불확실성'에도 가능성을 보려는 것이다.

그것들을 더욱 구체적으로 바꿔 말하면, 다양한 사람들을 수용할 관용성, 정보사회에서의 약한 유대관계의 힘인 'the strength of weak ties'25,

사회에 참가하려는 새로운 노동관을 포함한 의식과 가치관 등으로 전환할 수도 있을 것이다. 그리고 도시 내부에 존재하는 이러한 '아직 알기 어려운' 요소를 다시 한 번 읽어내어 재평가하는 것이야말로 '창조적인 도시'로 새롭게 태어나는 데 중요한 점일 것이다. 잠시 빌리거나 유행에 휩쓸려 사라지는 것이 아닌, 스스로 기준을 탐색하고 발견하는 것이 도시재생의 시작이다.

《주·출전》

1. 아사히신문 경제부 편, 「죽어버려 GNP-고도 경제성장의 내막」, 아사히신문사, 1971, 갈프레이즈, 아사히신문사 1970. 8. 30.
2. 第5次国民生活審議会調査部会中間報告 訳(Raymond, A. Bauer, *Social Indicators*, 1967).
3. 지표란 사물마다의 성질과 상태를 단적으로 나타내기 위해 수치화하는 것이다. 예를 들어 불쾌지수 등이 있다. 지표란 사물마다의 상태를 촉진하기 위한 것으로 그 특징을 부여한 항목이다. 수치화된 지수를 포함한다.
4. 예를 들어, 마을만들기의 목표설정 등. 목표 예: 역 주변 활기의 재생지표 예 : 방문자 수, 거주자 수 등
5. チャールズ・ランドリー, 後藤和子 監役, 『創造的都市』, 日本評論社, 2000, pp.300-301.
6. 동성애자 주민의 전국적 지역별 비율을 입지계수로 측정. Gary J. Gates (The Urban Institute)가 플로리다와의 공동논문 *Technology and Tolerance*에서 개발된 인덱스.
7. 「세계가치관 조사」는 미시간 대학의 로널드 잉글하트 교수가 중심이 된 세계 각국, 지역의 연구기관과 협력으로 실현된 국제 프로젝트다. 약 5년마다 18세 이상의 남녀 개인 1,000명 이상의 샘플을 대상으로 의식조사를 실시하여, 국제적 비교 및 계열비교로부터 세계의 생활자에 관한 장기적인 트랜드 파악을 목적으로 한다. 조사분야 대상은 정치관, 경제관, 노동관, 교육관, 종교관, 가족관, 환경관 등 약 90문, 190항목으로 광범위하다. 조사는 지금까지 1981년, 1990년, 1995년, 2000년, 2005년의 5회 실시되었다.
8. 佐無田光, 「サステイナル・シティの地域指標」(中村剛治郎 編, 『地域の力を日本の活力に』, (社)全国信用金庫協会), 2005, p.272.
9. 上同 論文, p.283.
10. 吉本光宏, 「創造的産業群の潮流-わが国の現況とさらなる振興に向けて」, 『ニッセイ基礎研REPORT』, 2003.
11. 後藤暁夫, 「日本における創造都市構築のための新たな指標の試み-クリエイティブ・インフラ論の一考察」(大阪市立大学大学院創造都市研究科, 『都市経済政策』, 創刊号), 2005.
12. 佐々木雅幸, 「都市政策におけるボローニャ・金沢モデルの可能性」(『北陸経済研究』 137), 1989.
13. チャールズ・ランドリー, 前掲書, 2000, p.131, p.307.
14. 佐々木雅幸, 『創造都市の経済学』, 勁草書房, 1997.
15. チャールズ・ランドリー, 前掲書, 2000.
16. 시사통신사가 발표한 2004년도 및 2005년도 '생활환경에 관한 여론조사'에서 모리오카 시가 전국 49개 도시 중에서 2년 연속으로 종합 1위를 기록.

17. 나카무라 마코토(中村誠). 1926년 모리오카 시 출생. 모리오카 상업고등학교, 도쿄 미술대학(현 도쿄 예술대학 졸). 1949년 시세이도 광고부 입사 후 광고부 제작실장 등을 역임. 1987년 시세이도 고문. 1953년부터 현재까지 국내외를 비롯한 많은 상을 수상. 루브르 장식미술관 초대전에서 후쿠다 시게오(福田繁雄)와 2인전 '모나리자 백 개의 미소전'(자폰 조콘다 전), 세계 포스터 10인전, 일본 12인의 포스터전(파리) 등에 출품. 주된 저서, 작품집으로는 『나카무라 마코토의 작업』 등. 작품은 파리 루브르 장식미술관, 뉴욕 근대미술관, 도쿄 국립미술관 외 세계 곳곳에 소장되어 있으며, 2000년 플라자 오데트 오픈과 함께 대표작품 약 200점을 모리오카 시에 기증, 소장되어 있다.

18. Japan Graphic Designers Association inc.의 약. ㈜일본 그래픽디자이너 협회

19. チャールズ・ランドリー, 前掲書, 2000, p.xv.

20. 신국민생활지표 1999년판(통칭 풍요함 지표)는 지역별 지표가 '지역의 종합적인 '순위'로 여겨지는 폐해'를 피하기 위한 지역별 계산을 하지 않았다.

21. 谷岡一郎, 『社会調査のウソ』, 文春新書, 2000, p.21.

22. 일본 사회학회가 중심이 되어 1955년부터 10년마다 실시된 사회조사. 매스컴에서 중류층 붕괴논쟁과 국회의 격차논쟁을 일으킨 요인의 하나가 되었다.

23. 나카자와 신이치(中沢新一)가 이름 붙인 '무의식 도시'와 같이 도시에는 눈에 보이지 않는 심층적인 것이 존재한다. 그것은 사회와 주민 속 깊이 잠재된 것이며, 수치화도 시각화도 되지 않는 의식 외의 것.

24. 町村敬志, 『越境者のロスアンジェルス』, 平凡社, 1999.

25. Mark, Granovetter, "The Strength of Weak Ties", *American Journal of Sociology*, Vol.78, No.6., 1973, pp.1360-1380

《참고문헌》

• Florida, Richard, *The Rise of the Creative Class: And How It's Transforming Work, Leisure, Community and Everyday Life*, Basic Books, 2002

• Florida, Richard, *City and the Creative Class*, Routledge, 2005

• Granovetter, Mark, "The Strength of Weak Ties", *American Journal of Sociology*, Vol.78, No.6, 1973, pp.1360-1380

• Sasaki Masayuki, "KANAZAWA : A Creative and Sustainable City", *Policy Science* Vol.10.No.2, Ritsumeikan University

• 上野俊哉・毛利嘉孝, 『実践カルチュラル・スタディーズ』ちまく新書, 2002.

• 後藤暁夫, 「日本における創造都市構築のための新たな指標の試みークリエイティブ・インフラ論の一考察」(大阪市立大学大学院創造都市研究科, 『都市経済政策』, 創刊号), 2005.

• 佐々木雅幸, 『創造都市の経済学』, 勁草書房, 1997.

• 佐々木雅幸, 『創造都市への挑戦』, 岩波新書, 2001.

• 佐無田光, 「サステイナル・シティの地域指標」(中村剛治郎 編, 『地域の力を日本の活力に』, (社)全国信用金庫協会), 2005, p.269-291.

• 谷岡一郎, 『社会調査ウソ』, 文春新書, 2000.

• チャールズ・ランドリー, 後藤和子 監役, 『創造的都市』, 日本評論社, 2000.

• 中沢新一, 『アースダイバー』, 講談社, 2005.

• 町村敬志, 『越境者のロスアンジェルス』, 平凡社, 1999.

• 吉本光宏, 「創造的産業群の潮流ーわが国の現況とさらなる振興に向けて」, 『ニッセイ基礎研REPORT』, 2003.

제II부

정책실현의 현장에서

삿포로

중점전략과제
예술문화가 풍기는 거리를 실현하기 위해
예술의 숲과 퍼시픽 뮤지엄 페스티벌, 모에레누마 공원

이마이 게이지(今井啓二, 삿포로 시)   *chapter* **8**

삿포로의 마을만들기는 웅대한 구상을 가진 많은 선인들의 노력으로 구축되어, 지금은 풍부한 자연과 쾌적한 도시기능을 갖춘 국내에서도 유수의 대도시로 발전해 왔다.

또한, 삿포로는 개척이라는 역사 속에 배양된 개척자 정신, 진취적인 기상이 넘치는 개방적인 기질, 그리고 풍부한 녹음의 자연, 특색 있는 기후·풍토와 같은 예술문화의 샘이 되는 창조성을 만들어내는 환경을 가지고 있으며, 이러한 특성을 살려 예술문화 진흥에 힘을 기울여 왔다. 그 예술문화의 시도와 창조도시를 향한 움직임을 소개하고자 한다.

자연, 기후풍토 등의 특성

삿포로는 지금부터 불과 140년 전 메이지 시대에 개척사가 삿포로에 설치되고, 호레스 케프론, 어드워드 던을 시작으로 한 많은 외국인 기술자를 불러 적극적으로 농업, 공업기술을 도입하여 개척이 진행되었다. 오도오리大通り 공원, 바둑판과 같은 거리 등 가까이에서 당시의 선구적

표 8.1 삿포로 시의 프로필(편저 작성)

기초 데이터	총인구:188.1만 명(DID[*1] 인구 181.2만 명, DID 인구비율 96.4%) 총면적:1121.1㎢(DID 면적 227.5㎢, DID 면적비율 20.3%) 평면기온:8.5℃
창조성 지수	창조산업의 집적도:4.2%(창조산업[*2]:전산업=3만 1,260명:75만 2,669명) 전국평균치[*3] 3.1%. 같은 지수[*4]는 135.5 창조적인 인재의 집적도(1% 유출결과):5.1%(창조적 인재[*5]:종사자 총수=4만 3,000명:85만 1,100 명) 전국 평균치[*6]는 4.9%. 같은 지수[*4]는 104.1
이 책과 관련된 계획· 비전	장기종합계획(2000년도~2019년도), 신 마을만들기 계획(2004년도~2006년도) Sapporo ideas city(2006년~)
개 요	• 국내외와의 교류와 예술·문화의 진흥을 맡을 전문가의 자유로운 창조활동 등을 통해 뛰어 난 예술·문화에 친숙해질 수 있는 환경을 충실하게 계획함과 동시에 시민이 거리 곳곳에서 다양한 예술·문화를 즐기면서 실천하고, 표현하며 알릴 수 있는 문화의 향기가 있는 마을 만들기를 진행한다. • '창조성이 넘치는 시민이 살면서, 외부와의 교류를 통해 생겨난 지혜와 새로운 산업과 문화를 키워, 끊임없이 새로운 코드, 물건, 정보를 알려나가는 거리, 삿포로'를 안팎으로 정착할 계획을 짠다.
구체적인 시도	• 퍼시픽 뮤직 페스티벌, kitara 퍼스트 콘서트, 삿포로 아트 스테이지 등 다양한 예술·문화사업 을 실시한다. • 'sapporo ideas City Creative Conversation 2006'을 선언(2006년 3월). • 삿포로 시립대학의 개학(디자인학부·간호학부): 인간중시를 근간으로 지역사회에 공헌할 것을 교육이념으로 한다. • 삿포로 국제단편영화제의 개최: 영상분야를 산업으로 키워간다.
배 경	• 눈 많고 추운 기후, 풍부한 자연환경 • 개척의 역사 속에서 배양된 개척자정신과 사회적 개방성 • 넓은 토지·공간, 물, 산림 등의 자원 • 도·소매, 음식, 서비스업 등의 제3차 산업의 비율이 높다. • 예술의 숲, 콘서트홀 kitara, 교육문화회관, 모에레누마 공원 등 다채로운 문화관련 시설의 정비
담당관청 · 부서	(종합계획·신 마을만들기 계획에 관한 담당) 시민 마을만들기국 기획부 (예술문화진흥에 관한 담당) 관광문화국 문화부 (산업진흥에 관한 담당) 경제국 산업진흥부
진행방법	• 재단법인 삿포로 시 예술문화재단이 예술의 숲, 콘서트홀 kitara, 교육문화회관 등의 시설을 거 점으로 한 예술문화 사업을 실시. • 예술문화 사업의 실시에 있어서는 예술문화 관련단체, 기업, 시민, NPO의 협력지원이 필요 하다. • 삿포로 디지털 창조 플라자: 디지털 콘텐츠 산업의 창출을 위해 2001년 설치. 크리에이터의 육성, 기업지원, 네트워크 구축을 지향한다.
효과 · 과제	• 퍼시픽뮤지엄 페스티벌과 콘서트홀 등 세계에 통용되는 사업과 시설을 통해 삿포로의 지명도 와 브랜드의 힘이 향상되고 있다. • 거리 곳곳에서 즐거움을 만끽할 수 있는 여러 가지 예술문화와 관련된 새로운 사업이 시작 되고 있다. • 도시의 매력이 높아지고, 새로운 관광자원이 되어 관광객의 유치로 이어나갈 수 있다.

주역에 관해서는 16쪽 참조.
출전: 삿포로 시 이마이 위원 발표내용, 삿포로 시 홈페이지, 요코하마 시 「大都市比較統計年表」, Wikipedia,
　　총무성, 「平成16年度事業所·企業統計調査」, 平成17年度国勢調査抽出速報統計.
작성: 坂東真己(종합연구개발기공)

인 구성을 접할 수가 있다.

삿포로에는 도요히라 강豊平川이라는 하천이 흐르고, 시가지 주변에는 풍부한 녹음의 자연환경이 펼쳐 있다. 기후는 동해형 기후로서 4계절이 뚜렷하며, 여름은 상쾌하고 겨울은 엄동설한이 특징인데, 어떤 때는 적설량이 6m 정도가 된 적도 있었다. 이러한 적설량이 많은 지역에서 삿포로와 같은 인구규모를 가진 도시는 세계에서도 그 예를 찾기 힘들다.

눈을 활용한 행사로는 '삿포로 눈축제'가 있다. 중·고교생이 6개의 눈 조각을 오도오리 공원에 설치한 것이 계기가 되었으나, 지금은 국제적인 눈 조각이 제작되어 국제 눈조각 콩쿠르가 개최될 정도다. 국내외에서 약 200만 명이라는 많은 사람들이 방문하는 국제적인 겨울 축제로 발전했다. 마코마나이真駒内 회의장을 대신해 2006년부터 대회장이 된 '삿포로 사토란도'에서는 '놀이와 체험, 음식의 교류'라는 주제와 같이, 시민과 관광객이 겨울생활을 즐길 수 있도록 참가하는 형태의 새로운 전개가 시작되고 있다.

삿포로에 큰 비약을 가져온 계기가 된 것은 1972년에 개최된 동계 올림픽이다. 개최를 위해 지하철의 개통, 도로의 정비, 하수도의 보급 등, 근대도시로서의 도시기반 정비가 크게 진행되었다.

또한, 삿포로는 선진적인 국제도시의 입지를 확고히 하기 위해 일찍부터 해외 각 도시와 마을만들기 교류를 추진하여 마을만들기에 반영해 왔다. 그 대표적인 것이 겨울도시 국제 네트워크 '세계 겨울도시 시장회'다.

세계 겨울도시 시장회는 '겨울은 자원이며 재산이다'라는 슬로건 아래, 겨울도시의 시장들이 한 곳에 모여 눈 많고 추운 지역의 시점에서 쾌적한 마을만들기를 생각해 보자는 매우 독특한 조직이다. 1981년에 삿포로가 제창하고, 그 다음 해 제1회 회의를 삿포로에서 개최한 것이 시작이었다.

'겨울도시'는 눈 많고 추운 혹독한 기상조건에 적합한 마을만들기가 필요해짐에 따라, 격년 개최하는 시장회의에서는 도시계획, 눈제거, 관광촉진, 겨울의 생활방식 등의 과제에 대해 시장끼리 각 도시의 지혜와 경험을 모아 마을만들기의 힌트나 혹독한 기상조건을 극복하기 위한 방안을 배워왔다.

현재, 11개국 20개 도시가 회원도시표 8.2 참조가 되었으며, 지금까지 12차례 시장회의가 열렸다. 1997년에는 그 활동이 평가되어 국제경제사회 이사회에 NGO로 등록되었다.

최근 시장회는 국제사회에 공헌하는 입장에서 지구환경 문제 등 지구 차원의 문제를 다루고 있으며, 다음 제13차 회의2008년에는 그린란드의 누크 시에서 지구온난화 문제에 대해 거론할 예정에 있는 등 국제협력의 색채도 강해졌다.

이 시장회의 활동을 통해 삿포로는 국제적인 겨울 선진도시로서의 평가를 높이고, 쾌적한 겨울마을 만들기라는 이미지를 높이기 위해 치밀하게 노력해 왔다.

표 8.2 세계 겨울도시 시장회 회원도시 11개국 20개 도시(2006년 12월 현재)

국 명	도시수	도시명
카나다	1	프린스 조지
중국	7	장춘, 하얼빈, 자무스, 길림, 계서, 치치하루, 심양
에스토니아	1	마르도
그린란드	1	누크
일본	2	아오모리, 삿포로
한국	1	태백
리투아니아	1	카우나스
몽골	1	울란바토르
노르웨이	1	토로무소
러시아	3	마카단, 노보시비르스크, 유지노, 사하린스크
미국	1	앵커리지

삿포로의 위도는 북위 43도에 위치해 있으며, 거의 같은 도시는 아시아에서는 블라디보스토크, 장춘 등이 있으며, 유럽에서는 로마, 마르세이유 등, 미국에서는 보스턴, 시카고 등이 약간 남쪽에 있다.

일본에서도 가장 고위도에 홋카이도가 위치한 것에 주목하여 시도한 것이 '서머타임 실증실험'이다. 이것은 여름철에 수도권과 규슈에 비해 30분에서 1시간 정도 빨리 해가 뜨기 때문에 여름에 낮 시간이 긴 지역 특성을 살려, 업무개시 시간을 1시간 앞당기고 근무시간이 끝난 후의 시간을 1시간 길어지게 하여 여가활용과 새로운 생활방식을 창출하도록 촉진하는 실험이다. 삿포로 상공회의소의 제창으로 시작된 실험이 해를 거듭할수록 홋카이도 전체로 퍼져나가고 참가자가 늘어나, 2004년에 열린 첫 회의에 221개 기업과 단체에서 6,000명이 참가했던 규모에서 실험이 종료되었던 2006년도는 705개 기업과 단체에서 3만 명이 참가했다.

예술문화의 진흥

마을만들기 계획에 있어서 예술문화의 진흥

장기종합계획계획기간: 2000년도~2019년도에 있어서는, 삿포로의 특징을 살려 매력과 활력을 높이기 위한 세 가지 주제를 기본으로 한 시책에 중점을 두었다. 그 중 하나가 '세계를 연결하는 창조적인 도시활동을 활발히 한다'이며, 중요한 시책으로는 '문화적 · 예술적 교류의 촉진'을 들어 '새로운 예술, 문화의 창조를 향해, 삿포로 예술의 숲, 삿포로 콘서트홀을 시작으로 한 거점시설과 시민 · 예술가에 의한 인적 네트워크를 살려, 나라와 지역, 분야를 넘어선 문화적 · 예술적 교류를 촉진한다'고 하는 것이다.

또한, 시책을 구성하는 기둥 하나에 창조성'시민, 창조성을 키운다'을 자리

매김하면서, '저출산·고령화와 정보화, 세계화 등, 도시를 둘러싼 환경은 급속히 변화하고 있다. 이러한 변화를 정확히 읽어내고, 시대를 앞선 마을만들기를 진행해 나가기 위해서는 시민 한 사람 한 사람의 풍부한 창조성과 그것에 기반을 둔 창의·방안이 중요하다'라며 그 중요성을 제시하였다.

'예술, 문화의 진흥'에 대해서는 예술관련 시설을 근거지로 만들고 서로 연결하여, 환경을 만들며 예술, 문화의 장래를 담당하는 인재를 확보하고 육성하도록 촉진해 나가는 것이 필요하다. 또한, 시민과 기업, 교육기관, 행정이 연대하여 예술, 문화를 시야에 담아 다양한 교류를 활성화시켜 나가는 것이 필요하다고 그 방향성을 나타내고 있다.

그 실시계획계획기간: 2004년도~2006년도에서는 '예술문화가 풍기는 거리'의 실현을 중점전략 과제 중 하나로 들어, 음악예술의 중핵시설인 삿포로 콘서트홀에서 'kitara 퍼스트 콘서트' 등의 음악활동을 통해 국내외와 교류하였다. 그것을 시작으로 음악·문화의 진흥을 맡은 지도자와 전문가의 자유로운 창조활동을 통해, 뛰어난 예술문화와 친숙해질 수 있는 환경을 충실히 계획함과 동시에 시민이 거리 곳곳에서 다양한 예술·문화와 친숙해지면서 실천하고 표현할 수 있는 문화의 향기가 풍기는 마을만들기를 실현하고자 하는 시도로 넘쳐나고 있다.

삿포로 시에 있어 문화행정의 추진체제

문화와 경제는 차의 양쪽 바퀴와 같아서 문화의 융성이 경제발전에 중요하고, 문화를 진흥시키면 경제가 활발해진다.

삿포로 시에서는, 경제국에 관광부, 시민부에 문화부를 두어, 각각 다른 조직라인이었지만, 2004년도에 관광부와 문화부를 통합하여 새로운 관광문화국을 만들었다. 관광과 예술문화의 융합을 꾀한 것으로, 삿포로의 뛰어난 예술문화를 매력적인 마을만들기의 요소로 활용하여, 관광객의 교류를 촉진하고 경제를 활성화하기 위한 계획시책을 추진하고 있다.

'삿포로 아트 스테이지'는 2005년부터 실시된 사업으로, 관광 비수기
인 11월을 삿포로 예술문화의 달로 정하고, 다양한 예술문화 행사를 집
중적으로 개최하여 매력을 만들어 전국에서 많은 사람이 모이는 사업으
로 키워나가고자 하는 것이다. 제2회에 해당하는 2006년에는 '만든다·
보낸다·모인다·잇는다·알린다'를 콘셉트로, 제1회보다 참가극장이
크게 늘어난 연극시내 8개 극장에서 30개 작품을 연장 114회 공연을 시작으로 음악
학생음악 콘서트, 20개 팀의 뮤지션에 의한 연장 9일간의 스트리트 스테이지, 예술지하 중앙광
장을 예술작품 전시장으로 하는 아트 스트리트 등의 다채로운 행사가 시내 곳곳에
서 열려 1개월간 시민이 참가하는 다양한 분야의 예술문화 활동이 개최
되었다.

주된 예술문화 자산

삿포로 시는 '예술의 숲', '시민 갤러리', '사진 라이브러리', '콘서트
홀' 그리고 '교육문화회관'의 각 시설을 운영·관리하고, 그 시설을 근거
지로 한 다채로운 예술문화 사업은 (재)삿포로 예술문화재단이 진행하고
있다.

삿포로 예술의 숲

삿포로 예술의 숲은, 삿포로 시
남부에 위치하고 있으며, 풍부한
자연과 녹음의 은혜를 입은 전체
면적 40ha의 도시공원 속에 있다.
작가 65명의 작품 74점을 상설전시
하고 있는 야외미술관7.5ha을 시작
으로 삿포로 예술의 숲 미술관, 공
예관, 공예공방, 아트홀, 야외 공연

사진 8.1 떠오르는 조각(마르타 팬[Marta
Pan])과 공예관

그림 8.1 예술의 숲 전체도

장 등으로 이루어진 종합적인 예술문화 시설이다. 1984년에 제1차 공사에 착수하고, 1986년에 일부시설이 문을 열어, 1999년에 총면적 40ha의 정비사업이 완료되어 총 15년간의 조성기간을 거쳐 개설되었다. 2005년도에는 방문객이 40만 명이 넘어서, 제작·연수예술가·시민에 맞는 제작환경, 정보교류시민과 예술가, 다른 분야·국내외의 예술가의 교류, 감상·발표와 같은 세 가지 기능을 갖춘 예술문화 활동의 거점이 되었다.사진 8.1, 그림 8.1

시설은, 야외미술관, 실내미술관을 중심으로 공방·아틀리에와 관련된 목공방, 유리·도자기공방, 수공예공방, 판화공방, 숙박시설 그리고 아틀리에와 같은 시설이 배치되어 있다.

야외미술관에서는 걸출한 노르웨이의 조각가 비겔란Gustav Vigeland의 작품과 이스라엘의 조각가 다니 카라반Dani Karavan의 작품 〈감춰진 정원으로의 길〉사진 8.2 등 국내외의 작품을 사계절 즐길 수가 있다. 특히 작품의 4분의 3은 이 장소에 맞춰 제작된 것이다.

음악·무대와 관련해서는 아트홀, 야외공연장이 있다. 아트홀은 연말연시 및 동계기간11월 3일~4월 28일은 월요일이 휴일을 제외하고는 휴일이 없으

사진 8.2 다니 카라반의 〈감춰진 정원으로의 길〉

사진 8.3 삿포로 예술의 숲 아트박스

사진 8.4 야외공연장 삿포로 재즈 포레스트 관객석의 모습
제공: 삿포로 예술의 숲

며, 연습실은 24시간 이용가능하다. 6월은 세계 각지에서 퍼시픽 뮤직 페스티벌 연수생이 모이는 연습공간으로서, 또한 8월은 발레 세미나로잔 국제발레콩쿠르 댄스진흥재단공인 등이 이곳을 대회장으로 이용하고 있다.

퍼시픽 뮤직 페스티벌의 개회식과 피크닉 콘서트를 시작으로 삿포로 재즈 포레스트 등 다양한 행사에 이용되고 있는 야외무대는, 조립식 무대를 2004년에 좌석 500석, 잔디석 4,500석을 가진 본격적인 철근 콘크리트 시설로 새롭게 단장하여 음악과 연극 등의 발표장으로 이용되게 되었다.

게다가 9월에는 작은 공간을 새로 만들고 이용하기 편리하도록, 튀어나온 지붕 밑에 단층으로 600석의 특설 스탠드를 만들었다. 이곳에서 삿포로 예술의 숲 개원 20주년 기념사업 'ART BOX 2006'을 개최하여, 약 1개월 동안 가스펠, 북, 전통음악, 콘서트, 무용, 현대무용 등 13회의 공연이 이루어졌다.사진 8.3

메이지 시대부터 삿포로에는 맥주 주조가 시작되어, 1877년에 개척사 맥주주조소가 '삿포로 맥주'를 탄생시켰다. 그러한 맥주 주조의 역사를 가진 삿포로만의 독특한 사업인 비아마그란카이ビアマグランカイ가 있다.

비아마그란카이는 비아마그맥주잔와 박람회의 조합어로서, 저그나 텀블러와 같은 맥주용기를 주제로 한 전국에서도 보기 드문 공모전이다. 2년에 한 번 개최되며, 올해로 6회째를 맞이하여 전국에서 1,000점이 넘는 작품이 모였다.

또한, 예술문화재단은 어린이들을 대상으로 한 예술문화 사업에도 힘을 기울이고 있으며, 예술의 숲에서의 주니어 재즈스쿨을 시작으로, 교육문화회관에서는 어린이들을 위한 오페레타 워크숍이, 콘서트홀에서는 퍼스트 콘서트 등이 열리고 있다. 주니어 재즈스쿨은 참가 오디션에서 선정된 초 · 중학생이 정기연습을 거쳐 재즈 행사나 사회복지 시설 등에서 연주활동을 하는 1년 과정의 수업활동이다. 어린이들의 연주를 즐겁게 보는 시민이 늘어나고 있다.

예술문화재단이 사무국을 맡고 있는 것 중 '홋카이도 컬처 오디세이'가 있다. 이것은 도내의 어린이들에게 세계의 뛰어난 예술작품을 감상하고 접촉할 수 있는 기회를 만들기 위해 지역기업과 문화재단이 만든 단체로서, 시내의 찬조기업이나 단체에게 지원을 받아 작년에는 누보 실크새로운 서커스의 공연에 부모와 자녀 1,200명 이상을 초대하였고, 올해는 예술의 숲 개원 20주년 기념사업으로 개최한 'ART BOX 2006'의 현대무용 공연콘돌스에 부모와 자녀 600명을 초대하였다.

삿포로 콘서트홀

음악예술 시설로는, 퍼스트 콘서트 사업의 연주회장인 '삿포로 콘서트홀 kitara'가 나카시마 공원 안에 있다. 2,008석의 포도밭wine yard 형식의 큰 홀과 리사이틀, 실내악에 적합한 작은 홀453석을 가지고 있으며, 삿

포로 교향악단과 퍼시픽 뮤직 페스
티벌을 시작으로 연일 국내외의 예
술가들의 콘서트가 개최되어 음악
팬들을 즐겁게 하고 있다.

퍼스트 콘서트 사업은 시내의
초등학교 6학년생 전원약 1만 6,000명
을 무료로 초대하여 삿포로 교향악
단의 콘서트를 감상하게 하는 것으

사진 8.5 kitara 퍼스트 콘서트의 모습 연
주는 삿포로 교향악단
제공: 삿포로 콘서트홀

로, 오케스트라의 실제 연주를 통해 어린이들의 풍부한 감성을 키우는
것을 목적으로 2004년부터 실시되고 있다.사진 8.5

삿포로에는 교향악단이 있고 퍼시픽 뮤직 페스티벌과 같은 사업이
있으며, 그러한 가운데 콘서트홀이라는 장소가 만들어져, 그곳에서 어
린이들의 감동이 생겨나고 미래의 예술문화 기반을 다져가는 환경이
있다.표 8.3

주목받고 있는 주역

삿포로 교향악단은 홋카이도 내의 유일한 교향악단이다. 1962년에 재
단법인으로 설립되어 클래식 음악문화를 만들어 왔으며, 국내에서도 유
수의 교향악단으로 높이 평가받고 있다.

홋카이도 연극재단은 지역의 기업, 단체, 개인에게 받은 기부를 기본
재산으로 설립된 재단으로, 전국에서도 드물게 지자체와 기업의 출자에
의존하지 않는 시민참가형 재단이다. 연극을 시작으로 한 예술문화에서
생활문화에 걸친 폭넓은 표현활동을 일으키고 창조환경을 정비하는 사
업을 하고 있다. 연극공연에서는 삿포로뿐만 아니라 수도권에서도 활동
을 전개하고 있다.

표 8.3 (재)삿포로 예술문화재단의 운영시설에 있어 주된 사업

시설	주된 사업(2005년도)
예술의 숲	〈음악무대 분야의 환경창조〉 1. 삿포로 재즈 포레스트 - 야외 재즈 페스티벌 2. 주니어 재즈 스쿨(초등학생 40명, 중학생 20명) 3. 발레 세미나(지도자 얀 누잇츠, 18회째) 4. 레지던스 프로젝트 인 삿포로 2005 〈누보 실크〉 소개기획 - 실크 컴퍼니 〈카인 카〉 〈미술공예의 보급진흥〉 1. 듀크 부르너 전 2. 탄생 100주년 혼고신(本鄕新) 전 3. 삿포로 예술의 숲 미술관 개관 15주년 기념 이사무 노구치전 4. 조형집단 가이요우도의 축적 5. 〈비아마그란카이6〉 격년 실시(※2006년도 실시)
콘서트 홀 kitara	〈예술문화 환경의 창조〉 1. 세미나 시리즈(리스트 음악원 세미나) 2. 오케스트라 시리즈 3. 실내악 시리즈 - 관현 4중주 악단을 초대 4. 오르간 시리즈 - 오르가니스트를 초대하여 오르간 음악을 소개 〈예술문화의 보급진흥〉 1. 삿포로 시리즈 - 어린이 날, 크리스마스, 새해 2. 삿포로 유카리의 음악가 시리즈 - 삿포로 출신 또는 삿포로에서 활약하는 음악가의 콘서트 3. kitara 퍼스트 콘서트 4. 클래식 입문 시리즈 - 음악의 다채로운 매력을 소개하는 입문강좌
교육문화회관	〈무대예술 환경의 창조〉 ● 음악극 코카서스의 백묵의 원 ● 〈다키기 노(薪能)〉 ● 〈연극 페스티벌〉 - 아마추어 극단원이 하는 연극공연 ● 〈어린이를 위한 오페레타 워크숍〉 - 초등학교 고학년부터 중학생까지 60명을 대상으로 오페레타를 통해 어린이들의 감성과 표현력을 키운다
시민 갤러리	● 삿포로 시 중학교 미술, 서예전 ● 삿포로 미술전 ● 시민 갤러리 미술영화회 상기 사업 이외에도 도내 미술공모 전시회, 학생작품전 등이 개최되고 있다.
사진 라이브러리	삿포로의 창건 당시부터의 사진자료를 보존 ● 상설전(신창고 사진전) ● 기획전 〈다부치 유키오(田淵行男)의 세계〉

곤카리뇨는 일본에서도 보기 드문 민간이 세우고 운영하는 극장이며, 그 운영은 전국적인 주목을 받고 있다. 오래된 석조창고에서 곤카리뇨라고 부르는 100석의 예술공간을 1995년부터 7년간 운영하고 있으며, 주변 재개발을 위해 2002년에 폐쇄되었다. 그러나 다음해 2003년 'NPO 법인 곤카리뇨'를 설립, 도시와 예술을 연결하는 극장만들기를 목표로, 다양한 문화 프로그램을 만들고 운영하고 있다.

2006년 5월에는 JR 고토니琴似 역과 연결된 건물 안에 '생활지원형 문화시설 곤카리뇨'라는 250석 규모의 극장이 문을 열었다.사진 8.6~8.8

사진 8.6 구 곤카리뇨의 여름축제(2001년) 정면의 달 장식이 있는 석재창고가 구 곤카리뇨

사진 8.7 '도시와 예술의 결연'을 주제로 한 곤카리뇨 여름축제(2006년)

사진 8.8 곤카리뇨 여름축제(2006년) 신 곤카리뇨 앞에서의 그림극
제공: 곤카리뇨(사진 8.6~8)

레너드 번스타인과 이사무 노구치

퍼시픽 뮤지엄 페스티벌(PMF)

퍼시픽 뮤직 페스티벌은 20세기를 대표하는 지휘자이자 작곡가, 그리고 교육자로 알려진 레너드 번스타인Leonard Bernstein이 주창하여 1990년에 창설된 국제 교육음악제. 번스타인의 당초 구상은 개최예정지를 북경으로 했지만, 당시 중국 국내정세에 따라 북경을 대신할 후보지를 찾고 있던 중, 최종적으로 삿포로로 정해진 음악제다.

'세계 속의 사람들과 감동을 나누고, 그것을 이어나가는 음악가들을 키우고 싶다'는 번스타인의 꿈이 구체적으로 펼쳐진 퍼시픽 뮤직 페스티벌은 올해2006년로 17회째를 맞았다. 퍼시픽Pacific은 평화를 의미하며, 음악교육을 통해 세계평화에 기여하고자 하는 그의 바람과 정열은 이 퍼시픽 뮤직 페스티벌로 계승, 육성되어, 미국의 탱글우드 음악제, 독일의 슈레스비히 홀스타인 음악제와 더불어 세계 3대 음악제로 자리 잡게되었다.

퍼시픽 뮤직 페스티벌의 중심은 세계 각지에서 치열한 오디션을 통해 선발된 젊은 음악가들로 구성된 'PMF 아카데미'로서, 매년 녹음이 풍요로운 삿포로 예술의 숲에서 세계를 대표하는 음악가를 교수진으로 초대하여, 높은 기술을 전해 받는 지도풍경이 감동의 하모니를 자아내고 있다. 올해는 세계 17개 나라와 지역에서 '오케스트라 코스', '콤퍼지션 코스', '관현4중주 코스'의 3가지 코스에 120명이 참가하여, 4주간에 걸친 과정이 실시되었다.

사진 8.9 야외 공연장에서 열린 퍼시픽 뮤직 페스티벌의 피크닉 콘서트
제공: PMF 조직위원회

퍼시픽 뮤직 페스티벌은 대표적인 여름풍경으로 자리 잡아, 7월의 퍼시픽 뮤

직 페스티벌 콘서트를 마음 속 깊이 간직한 시민이 많다. 개회식과 도내
공연인 피크닉 콘서트는 예술의 숲에서 개최된다. 2006년의 피크닉 콘
서트7월 30일는 뜨거운 햇살에도 불구하고 7,000명이 넘는 관객이 모였다.
사진 8.9 공연은 삿포로 콘서트홀 kitara와 예술의 숲 이외에도 시내 각지
와 도내 전역, 나아가 오사카7월 31일, 나고야8월 2일, 도쿄8월 3일에서도 개
최되었고, 기간을 연장하여 관객수는 약 4만 9,000명연장까지 41회 공연에 이
르렀다.

　퍼시픽 뮤직 페스티벌의 운영은 삿포로 시를 주체로 하여 설립된 (재)
퍼시픽 뮤직 페스티벌 조직위원회가 운영하고 있으며, 그랜드 파트너스
특별 지원기업인 노무라증권野村証券, 마츠시타전기松下電器, 일본항공日本航空, 도
요타자동차의 지원을 시작으로 많은 단체, 기업, 시민의 협력으로 사업
이 지속되고 있다.

모에레누마 공원

　세계적인 조각가 이사무 노구치가 1988년에 마스터플랜을 완성시킨
모에레누마 공원은 이사무 노구치 최대이자 최후의 작품이다. 그 디자인
은 세계에서도 볼 수 없는 '공원 전체가 하나의 조각'이 된 역동적인 것
으로 삿포로 시가 17년이라는 시간에 걸쳐 조성하여 2005년 7월에 문을
열었다.

　이 모에레누마 공원은 삿포로 시가
지가 공원과 녹지지역 안에 있기 때
문에, 원형 그린벨트 구상에 있어 북
동부 거점공원의 하나로 자리매김하
고 있는 약 189ha모에레누마를 포함해에
달하는 웅대한 공원이다.그림 8.2, 사진
8.10~14

사진 8.10 모에레누마 공원 상공에서
제공: 모에레누마 공원(사진 8.10~14)

사진 8.11 테트라 마운드

사진 8.12 모에레 비치

사진 8.14 모에레 산 ①

사진 8.14 모에레 산 ②

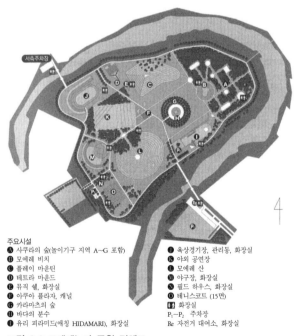

주요시설

Ⓐ 사쿠라의 숲(놀이기구 지역 A~G 포함)
Ⓑ 모에레 비치
Ⓒ 플레이 마운틴
Ⓓ 테트라 마운드
Ⓔ 뮤직 쉘, 화장실
Ⓕ 아쿠아 플라자, 캐널
Ⓖ 카라마츠의 숲
Ⓗ 바다의 분수
Ⓘ 유리 피라미드(애칭 HIDAMARI), 화장실

Ⓙ 육상경기장, 관리동, 화장실
Ⓚ 야외 공연장
Ⓛ 모에레 산
Ⓜ 야구장, 화장실
Ⓝ 필드 하우스, 화장실
Ⓞ 테니스코트 (15면)
🅗 화장실
P₁~P₂ 주차장
Re 자전거 대여소, 화장실

그림 8.2 모에레누마 공원 전체도
출전: http://www.sapporo-park.or.jp/moere/map/map.html

창조도시를 향한 시도

지금까지의 산업진흥 시책에서는 정보관련 산업을 일으키는 것을 큰
핵심으로 다루어 왔으며, 현재는 전국적으로도 IT기업 등 정보관련 산업
이 모여든 근거지의 하나로서 '삿포로 밸리'라고 불릴 정도가 되었다.

2001년부터는 아시아의 IT 선진도시를 연결하고, IT를 중심으로 인적
교류와 사업제휴를 목적으로 한 e-실크로드를 구상하여 새로운 시장을
개척하고 있다. 이러한 IT기업의 집적을 살린 새로운 산업분야를 모색한
진흥책으로서, 디자인, 예술, 영상, 음악 등을 IT와 결합하여 디지털 콘
텐츠 산업을 창출하기 위해, 창업지원 시설명칭: 삿포로 디지털 창조 플라자, 입
주사무실 수:31실, 각종 행사와 세미나, 참가형 워크숍 등을 개최하는 사업을 2001년도에
설치하였다. 이곳에서 크리에이터를 육성하고, 기업을 지원하여, 네트워
크를 구축하고자 노력하고 있다.

나아가 올해 9월에 처음으로 개최한 삿포로 국제단편영화제는 영상분
야의 산업화를 지향한 시도다. 응모작품은 세계 70여 국가로부터 1,797
편의 작품이 출품되어, 세계적인 예술가와 크리에이터의 주목을 받으며
출발하게 되었다.

디지털 콘텐츠 산업을 시작으로 예술문화 산업을 발전시키기 위해서
는 삿포로 시의 시도를 세계로 알리고 삿포로 시의 새로운 이미지를 구
축할 필요가 있다.

이것을 배경으로 창조도시 삿포로를 지향한 시도가 계속 진행되고 있
으며, '창조도시 삿포로 추진사업'으로 2006년 3월에 개최한 'Creative
Conversations 2006'에서는 창조도시의 실현을 공표했다.그림 8.3 이 선언은
창조성으로 넘치는 디자이너와 크리에이터가 삿포로에서 교류하여 시
민의 창조성을 끌어내고, 도시활력을 만들어내기 위한 시도를 추진하고
자 함을 시 안팎으로 알린 것이다.

사계절 풍부한 자연과 쾌적한 도시기능을 갖춘 삿포로는 사는 사람, 찾아오는 사람들의 창조력을 자극하여 창조성을 키우는 환경을 가지고 있습니다.

'사람의 창조성=아이디어'는 21세기 사회와 경제를 만드는 귀중한 자원이며, 지금 세계의 많은 도시가 아이디어의 중요성에 주목하여 지역의 활성화를 위해 활용하고 있습니다.

지금부터 우리가 필요한 것, 그것은 아이디어와 디자인에 있어 창조력을 살린 모노즈쿠리를 진행하는 것입니다.
은혜로운 환경 속에서 시민 한 사람 한 사람이 창조력을 발휘해, 생활, 문화, 산업, 그리고 삿포로의 거리가 보다 활기차고, 건강해져, 사람이 모이고 도시의 성장이 지속되게 됩니다.

우리가 지향하는 창조도시 삿포로는
창조성을 살린 콘텐츠 산업 등, 새로운 산업이 발전하고
모든 산업이 창조성을 발휘하여 경쟁력을 높여
예술과 디자인이 생활 속에서 넘쳐나고
감성을 자극하고
감동을 부르는 공간이 태어나고
창조성 넘치는 사람들을 키우고, 끊임없이 새로운 것이 일어나는 거리가 됩니다.
그리고 창조성 넘치는 삿포로의 거리에는 세계의 사람이 찾아와 시민과 교류하며, 그것이 또 삿포로의 창조성을 높이고 있습니다.

삿포로의 거리는 시민과 열린 커뮤니케이션을 만들고, 모든 사람 속에 잠재되어 있는 아이디어와 재능을 마을만들기에 살리고 있습니다.
나아가 그 시도를 세계로 알려, 지식·아이디어를 자본으로 한 크리에이티브 기업과 세계에서 활약하는 인재를 끌어들여, 창조적인 환경을 요구하는 사람들이 살고 싶은 거리로 삿포로를 변화시켜 갑니다.

지금부터 삿포로를 만드는 것은 '창조력=아이디어'입니다.
시민 한 사람 한 사람의 창조성을 'idea city' 속에서 꽃을 피워 세계의 '창조도시'를 견인하는 존재가 될 것을 목표로, 여기에 'sapporo ideas city'를 선언합니다.

　　　　　　　　　　　　　　　　　　　　　　　　2006년 3월 4일
　　　　　　　　　　　　　　　　　　　삿포로 시장 우에다 후미오(上田文雄)

그림 8.3 sapporo ideas city 선언

예술문화의 향기가 풍기는 활력 있는 마을만들기

삿포로에서 창조도시를 향한 구체적인 시도는 아직 시작단계다. 삿포로가 가진 자산을 살려 독창성 있는 창조도시를 구체적으로 어떻게 만들 것인가가 중요한 것이다.

이러한 가운데 2006년 4월에 삿포로 시립대학은 디자인학부와 간호학부를 신설하였는데, 이 두 학부가 제휴하여 지역사회에 공헌할 것을 교육이념으로 하고 개학했다. 이후, 유능한 인재를 육성하기 위한 산학연대를 시작으로, 디자이너, 시민, 행정 등과 연대하여 예술문화 산업의 진흥, 새로운 산업분야로의 발전 등에 공헌할 것으로 기대된다.

예술문화 자원을 보다 효과적으로 활용해 나가기 위해서는 공공단체, 기업, 대학, 시민이 서로 굳건히 협력해 나가는 한편, 근교 지자체가 가진 다양한 지역자원과 손잡고 지역을 활성화시켜 지역 전체의 활력을 높여 나가는 시도도 필요하다. 이렇게 폭넓은 협력에 대해서는 삿포로 광역권조합1997년에 이시카리(石狩) 지청관 내에 6시 1정 1촌인 8시·정·촌으로 구성도 지역의 관광자원이나 문화자원과 같은 지역자원을 찾아내고 네트워크화시켜 새로운 매력을 만들고 있는 중이다.

작년 민간 싱크탱크가 지역 브랜드를 조사2006년 8월 조사했는데, 전국 779개 시 중에서 삿포로 시가 가장 매력적인 시 1위로 선정되었다. 이 조사에 따르면 80%를 넘는 사람들이 삿포로 시에 매력을 느끼고 있다고 했다.

이러한 높은 평가를 살리면서 은혜로운 자연환경, 삿포로 예술의 숲, 모에레누마 공원, 퍼시픽 뮤직 페스티벌 등 풍부한 예술문화 자산을 활용해 매력을 만들어가며, 그것을 방문객의 교류, 경제의 활성화로 이어나가 예술문화의 향기가 넘치는 매력적인 도시로 만들고자 한다.

YOSAKOI 소란 축제

반도 마유미(坂東真弓, 종합연구개발기공)

YOSAKOI 소란 축제를 알고 있는가. 매년 6월 하순에 삿포로 시에서 열리는 축제다. 고치 현高知県의 요사코이와 홋카이도의 소란부시ソー ラン節[오시마 반도(渡島半島)의 민요]를 혼합하여 춤추며 거리를 걷는 이 축제는, 거품경제 붕괴 후인 불황기에 태어나 역사가 아직 십수 년 정도밖에 되진 않지만, 벌써 전국적으로 지명도가 높아 전국 각지 약 250곳에서 마을활성화를 위한 유사한 축제를 벌일 정도다.

이 축제는 원래, 당시 홋카이도 대학의 학생이었던 하세가와 가쿠長谷 川岳가 고안한 행사다. 하세가와는 1991년 여름, 고치 현으로 여행왔다가 본 '요사코이 축제'1에 마음을 빼앗겨 홋카이도에서도 이와 같은 축제를 만들고자 친구들과 함께 그 꿈을 실현하기 위해 활동을 개시했다. 그리고 100명의 학생들이 'YOSAKOI 소란 축제 실행위원회'를 만들어 1992년 6월 10개 팀, 1,000명의 참가자, 20만 명의 관객을 끌어모아 제1 회 YOSAKOI 소란 축제를 개최하였다.

그 후, 하세가와 등은 홋카이도를 차량으로 돌아다니며, 도민에게 이 축제의 즐거움을 알렸고, 그 활동이 점점 쌓여 참가팀이 늘어났다. 또한 자신들이 만들고 자신들이 주역이 된 축제의 쾌감과 참가자의 마음을 담은 결과, 축제는 급속도로 성장하여 다른 도의 팀도 참가할 정도가 되었다. 제15회 2006년에는 350개 팀 3만 5,000명의 참가자와 186만 명의 관객을 동원하여, 그 경제규모는 200억 엔 이상이었다고 한다. 이

축제가 탄생하기부터 급성장하기까지의 행적은 『YOSAKOI 소란 축제 -거리만들기 NPO의 경제학YOSAKOIソーラン祭-街づくりNPOの経済学』岩波新書에 상세하게 적혀 있다.

춤의 기본 규칙은, 댄스곡에 소란부시의 악구를 넣을 것, 딸랑이2를 가지고 춤출 것, 수십 명 정도의 집단팀단위으로 춤출 것 등으로, 그 외의 것은 별로 없으며 각각의 팀이 취향을 살려 풍부한 음곡과 춤으로 관객을 흥겹게 만들고 있다. 청년층이 춤의 중심역할을 맡고 있지만, 연령층은 유아에서 노인까지 폭넓어 홋카이도에서는 지역의 축제와 행사 등에서도 그 고장의 팀이 초대받아 연무를 보이기도 한다.

그러고 보면, YOSAKOI 소란 축제는 학생들의 열의가 꽃을 피워, 삿포로 시의 가장 큰 행사로 성장하여 지역을 활성화시킨 우수사례처럼 보이지만, 또 한편으로는 과제와 문제점을 지적하는 목소리도 큰 것이 사실이다.

그 하나로 지적되는 것이, 축제가 쇼나 경연대회로 전락해버린 것이다. 축제에서 벌이는 연무를 심사하여 'YOSAKOI 소란 대상' 등 각 상이 결정되지만, 팀이 입상을 반복하여 지명도가 높아지면 각종 행사에 불려나가 그 수입이 늘어나, 본래 축제와는 멀어진 존재가 되어 간다. 그러한 팀은 프로에게 지도를 받아 1년 정도 축제를 준비하기 때문에, 그 팀에 가입하려면 오디션을 보거나 '예비군'이 되어 축제에는 참가할 수 없게 된다. 그 때문에 누구나 가볍게 참가할 수 있는 축제가 아니라 콧대 높은 행사라고 불리고 있다.

또 하나 자주 지적받고 있는 것이 상업주의로 빠지는 경향이다. 참가팀은 참가비 및 운영비로

사진 1 『YOSAKOI 소란 축제-거리만들기 NPO 의 경제학』의 표지

최고 약 수십만 엔의 비용을 조직위원회에 지불해야 한다. 그것 외에도 조직위원회에서는 각종 YOSAKOI 소란 오리지널 상품과 좌석표를 판매하는 등 수익사업을 하고 있다. YOSAKOI 소란 축제는 상표로 등록되어 있으며, 그 사용권 대여료는 조직위원회의 경비로 충당되고 있다.

조직위원회에서는 이러한 사업이 되도록 보조금과 협찬금에 의지하지 않고 운영하기 위해 필요한 것이며, 실제로 전체 예산의 약 80%가 자체적인 재원이라고 하지만, 그러한 자금의 흐름은 기본적으로 공표되지 않고 있으며 그 불투명한 운영은 종종 비판의 대상이 되어 왔다.

삿포로 시의 초여름을 정열적으로 장식하는 삿포로 눈 축제와 함께 시의 대표적인 축제가 된 YOSAKOI 소란 축제는 아직 많은 과제를 가지고 있다. 하지만 삿포로 시뿐만 아니라 홋카이도, 나아가 전국 그리고 세계에도 그 이름을 알려 전국에 '요사코이 운동'을 일으킨 그 실적은 찬사받을 만하다. 저자 자신이 고치의 '요사코이'와 삿포로의 'YOSAKOI' 둘 다 본 적이 있지만, 생동감 넘치게 춤추는 아이들의 정열과 웃는 얼굴은 감동적인 것이었다. 이 축제가 앞으로 어떻게 변해갈지 계속해서 지켜보고자 한다.

《주·출전》

1. 매년 8월 9~12일의 4일간 고치 현 고치 시에서 개최되는 축제. 전후 불황을 타파하고자 고치 상공회의소가 발안하여 1954년부터 시작된 축제로서 도쿠시마 현의 난파춤(阿波踊り)을 의식하여 만들어졌다. 요사코이 축제의 음곡은 '요사코이 딸랑이춤'으로 악곡을 담당한 다케마사(武政)의 아이디어로 딸랑이를 손에 들고 춤추는 방식이 정착되어, 현재에도 요사코이 축제의 중요한 아이템이 되었다. 또한, 지카타샤(地方車)라고 불리는 트럭에 PA(음향)기기를 탑재하여 춤추는 사람들이 그 뒤를 따르는 스트리트 댄스의 신기한 방식을 적용하고 있다.
2. 작물을 노리는 새를 쫓거나 논과 밭에 외부인의 침입을 알리는 농기구.

※ 이 책은 YOSAKOI 소란 축제 공식 홈페이지, 무료 백과사전 『ウィキペディア』, 고치신문 홈페이지, 그 외 관련 홈페이지에서 정보를 취합한 것이다.

| 모리오카 |

사람·문화·자연을 소중히 여기는 생활문화 도시

모리오카 브랜드에 의한 마을만들기

사카다 유이치(坂田裕一, 모리오카 시)   *chapter* **9**

모리오카 브랜드 선언

2006년은 모리오카 브랜드 원년

2006년 1월 27일, 모리오카 시는 '모리오카 생활 이야기'라는 슬로건을 내걸고 브랜드 선언을 발표하고, 2006년을 모리오카 브랜드 원년으로 정했다. 지방분권화로 인해 격렬해진 지역 간 경쟁을 '방문하고 싶은, 찾고 싶은, 살고 싶은'과 '선택된 거리'라는 지역 독자적인 가치만들기로 극복하고자 한 것이다.

최근, 전국 각지에서 지역 브랜드만들기가 한창이다. 많은 지역이 진행하는 브랜드만들기는 특산품 브랜드만들기가 주류지만, 모리오카 브랜드는 특산품뿐만 아니라 문화, 역사, 인재, 경관 등 다양한 브랜드를 생성하는 원점인 '생활문화' 그 자체를 시민이 공유하는 가치관으로 자리 잡아 도시의 브랜드화를 지향한다.

여기서는 모리오카 브랜드 추진계획을 작성한 과정과 모리오카 브랜드의 원점이 된 '모리오카의 생활문화'와 모리오카 브랜드가 지향하

는 세 가지 도시상 중 하나인 '생활문화 창조도시'를 향한 시도를 소개
한다.

표 9.1 모리오카 시 프로필

기초 데이터	총인구:30.1만 명(DID[*1] 인구 23.0만 명, DID 인구비율 76.4%) 총면적:886.5㎢(DID 면적 39.0㎢, DID 면적비율 4.4%) 평면기온:10℃
이 책과 관련된 계획· 비전	모리오카 브랜드 추진계획(2006년~)
개 요	사람과 사람, 사람과 자연, 사람과 문화가 본래 가져야 할 관계를 소중히 키우는 모리오카의 '생활, 생활방식', '생활문화'를 모리오카(브랜드)의 가치로서, '모리오카 생활 이야기'를 슬로건으로 하는 모리오카 브랜드의 추진 프로젝트를 전개한다.
구체적인 방법	• 모리오카 브랜드 선언 '모리오카 생활 이야기' • '거리경관 만들기' 프로젝트 – 거리의 정비, 보존, 활용 • '모리오카 물의 은혜' 프로젝트 – 조사계발 활동, 수자원 활용의 산물을 브랜드화 • '모리오카 특산품 브랜드 인증' 프로젝트 – 메이드 인 모리오카의 보급진흥 • '위인과 문화진흥' 프로젝트 – 啄木·賢治 탄생축제 사업, 예술가·공예가가 사는 마을(문화창조 도시)
배 경	• 북동북의 한가운데에 위치한 교통의 요지로서, 역사적으로나 거리적으로 대도시에서 영향을 받기 어려워 독자적인 문화를 형성하기 쉬운 입지조건 • 근대사에서 이름을 남긴 많은 인물을 배출 • 시사통신조사(2005년 2월, 2006년 2월) 2년 연속 살고 싶은 도시 전국 1위, 시민 모니터의 3분의 2가 '살기 편함에 만족' • 가까운 자연, 도시문화, 인정, 거리의 경관, 특산물과 요리 등 살기 편한 요소가 조화롭게 공존
당담관청 · 부서	상공관광부 브랜드 추진실
진행방법	• 브랜드 개발은 현 시장의 공약 • 시민문화가 넘치고 생활과 밀접한 형태로 연극, 음악과 미술을 즐기는 시민이 많음. 유명 작가를 중심으로 전국에서 유일하게 문예극도 하고 있음. • 중심시가지의 한쪽에서 '영화 거리'의 진흥을 위해 '미치노쿠 국제 미스터리 영화제'가 시민 주도로 1997년부터 개시, 행정도 다양한 형태로 영화관 거리를 브랜드화하기 위해 지원 • 메이지~쇼와 초기의 '모리오카 전통주택'의 보존활용에 대해 모색 중
효과 · 과제	지역소재를 발굴하고 육성하는 시도가 시민 각층에서 일어나, 거리경관을 보존하고 활용하는 일정한 성과가 나오고 있다. 단지, 문화창조 도시를 지향하는 예술가의 작업장, 숙박시설 등 구체적인 내용은 앞으로 검토해야 할 과제이다.

주역에 관해서는 16쪽 참조.
출전: 삿포로 시 이마이 위원 발표내용, 삿포로 시 홈페이지, 요코하마 시 「大都市比較統計年表」, Wikipedia,
　　총무성, 「平成16年度事業所·企業統計調査」, 平成17年度国勢調査抽出速報統計.
작성: 坂東真己(종합연구개발기공)

또한, 저술에 있어서는 계획책정의 과정에서 생긴 과제와 모리오카 브랜드가 처해 있는 심각한 현황에 대해서도 앞으로 극복해야 할 사항으로 기록해 두고자 한다.

브랜드 선언 '모리오카 생활 이야기'

선언문의 내용은, 모리오카 브랜드 추진계획을 기반으로 시장이 위탁한 모리오카 브랜드 개발추진위원회에서 원고가 정리되어, 2006년 1월 27일 모리오카 시장이 직접 모리오카 브랜드 포럼에 참석한 자리에서 발표했다. 포럼에서 민속학자인 아카사카 모리오赤坂憲雄 도호쿠 예술

사진 9.1 이와테 산(표고 2,038m) 모리오카 시의 서북쪽에 걸친 이와테 현의 최고봉. 모리오카 사람들의 랜드마크로서 남부의 후지 산이라고 불린다. 이시카와 다쿠보쿠(石川啄木)와 미야자와 겐지(宮沢賢治)도 이 산을 사랑했다. 시와 시민은 모리오카 성지와 인접한 곳에 지어진 건물이 이와테 산의 조망을 해치자, 경관보전에 대한 위기의식이 높아져 1984년, 모리오카 성지와 다리 등이 바라보이는 조망을 확보하기 시작하여 시가지 경관을 보전하기 위한 가이드라인을 제정했다. 강제적인 조례는 아니지만 가이드라인은 건축사협회를 시작으로 업계가 협력하여 시가지 경관보전에 큰 역할을 맡고 있다.

조향의 이와테 산 아담한 여신산
연어가 거슬러오르는 강
걷고 싶은 거리
선명한 사계절이 물드는 성 유적지
모리오카에는 자연과 생활 이야기가 있습니다.

전통이 숨쉬는 기술과 솜씨의 수공예품
남부의 전통주(酒)
남부 철기 용기의 아름다움
청명한 물과 대지의 은혜
모리오카에는 생활과 전통을 가꾸는 이야기가 있습니다.

시대를 앞선 하라 다카시(原敬)와
니토베 이나조(新渡戸稲造)
시공을 넘어선 다쿠보쿠와 겐지
수많은 인물의 꿈
생활을 물들이는 예술과 문화
모리오카에는 위인과 문화의 이야기가 있습니다.

부드러운 모리오카 언어와 사람들의 온정
모리오카에는 사람과 사람을 잇는 이야기가 있습니다.

과거와 현대, 미래로
면면히 흐르는 모리오카의 생활 속에서 태어나는
하나 하나의 소중한 이야기

어서오세요
모리오카 생활 이야기로

그림 9.1 모리오카 브랜드 선언문 '모리오카 생활 이야기'

공과대학 교수와 기념대담을 나눈 모리오카 주재 나오키 상 작가인 다카하시 가시히코高橋克彦는 '브랜드 만들기란, 사실은 각오결의라고 하는 것이다'라고 말했다. 선언문은 '모리오카다움'을 공유하도록 하는 결의를 표명한 것이다.그림 9.1

왜 브랜드 개발인가-모리오카 브랜드 추진계획에서

지역을 선택하는 시대로

브랜드 개발의 목적

　현대사회는 저출산, 인구감소와 함께 국가와 지방이 심각한 재정난으로 앞이 보이지 않는 상황에 처해 있으며, 국가의 방향도 전국적으로 통일되고 공평함을 중시하던 것에서 지방의 일은 지방이 정하는 지방분권으로 옮겨가고 있다.

　이것은 좋고 싫고를 떠나 지역 간 경쟁의 시대가 된 것을 의미하며, 지역의 경제활동이나 행정사업의 우선도를 어떻게 판단하느냐에 따라 지역 간에 격차가 벌어지게 된다.

　또한, 경제활동과 가치관이 다양해져 새로운 직업의 형태와 소비행동을 만들고 있다. 직종에 따라서는, 반드시 대도시권에서 일하거나 거주해야 할 필요가 없게 되었다. 전후 베이비 붐 세대가 정년을 맞이하는 2007년부터 3년간 약 700만 명이 은퇴하여 제2의 인생을 보낼 장소를 고르기 시작하게 된 것이다. 생활환경의 수준, 주민 서비스의 수준, 지역산업의 매력, 외부충격에 대한 대응력 등 다양하면서도 종합적인 시점에서 앞으로의 생활을 지속해 나갈 장소를 평가하는 것이다.

　지역의 개성, 가치를 명확히 하고 시민들끼리 가치관을 공유한다. 그

가치관이나 개성을 지역 밖으로 알리면, 지역 안팎에서 '가치 있는 것'
이라고 평가받고 선택받는 도시가 된다. 즉, 지역의 가치를 키워 알리
는 것이 브랜드만들기가 되어 지역 간 경쟁을 극복하게 되는 것이다.

모리오카의 방향

모리오카 시는 브랜드 개발을 시작한 2004년도 당시, 근린 지자체와
합병문제를 안고 있었다.2006년 1월10일, 다마야마무라(玉山村)와 합병 지역 간 경
쟁이 격화되면서 합병으로 태어난 모리오카 시도 침몰하지 않기 위해
서는 모리오카 브랜드를 개발하여 선택받는 도시가 되도록 노력할 필
요가 있었다. 모리오카 시도 다른 지자체와 같이 심각한 재정상황에서
벗어나기 위해 재정개혁이라는 압박에 처해 있었다. 단순하게 시책을
수정하거나 경비를 줄이는 것만이 아닌, 사업을 짜임새 있게 전개할 방
안 중 하나로 브랜드만들기를 시작한 것이다. 브랜드라는 형태로 목표
를 공유하기 때문에, 기존의 종적인 시책운영에서 횡적인 연대로 전환
할 수 있게 하는 효과도 기대되었다.

또한, 모리오카만의 유형·무형의 자산을 재인식하고 활용할 브랜드
만들기가 민간기업, 시민에게도 파급되고 지역활동 전체로 확장되어
지역활성화로 이어질 것으로 기대되었다. 브랜드 추진은, 고용의 확보
와 교류인구의 증가에 의한 지역경제를 일으키는 것에 그치지 않고, 시
민이 직접 매력적이고 자랑스러운 지역을 만들게 되어 그 매력을 발전
시키기 위한 인재의 육성으로 이어진다.

모리오카 브랜드의 목적과 시책체계의 위치

기본구상, 종합계획과의 관계

모리오카 시는 북동북 한가운데에 위치하는 교통의 요충지다. 역사
적으로도 대도시권에서 영향을 받기 어려워 독자적인 문화를 형성할

수 있는 입지조건이다.

또한, 근대사에 이름을 남긴 많은 인물을 배출하여 역사, 문화, 자연이 조화로운 살기 좋은 도시로 알려져 있다.

모리오카 시는 '사람들이 모이고, 사람에게 친절하고, 세계로 통하는 건강한 도시 모리오카'를 지향하며 2005년도부터 10년간 새로운 '모리오카 시 기본구상'을 책정했다. 또한, '행정·재정 구조개혁의 방침 및 실시계획'에 기반을 둔 기존의 마을만들기를 위한 행정·재정 기반을 구축하고 있다.

모리오카 브랜드 추진계획은 모리오카 시 종합계획에 기초해 각 실시계획과 시책을 포괄하여 모리오카 시 특색과 방향을 '모리오카 브랜드'로 명확히 하여 전략적, 종합적으로 추진하며, 민, 관, 산, 학이 연대하여 모리오카 시 기본구상을 구체화하는 것이다.

브랜드 개발의 효과

브랜드의 개발과 전개는, 지역의 다양한 매력을 창출하고, 나아가 그것을 강한 브랜드로 키우는 보다 높은 효과를 기대할 수 있다.

먼저 지역의 특색을 명확히 하면 타 지역과 뚜렷한 차이를 가지게 된다. 지역 간 경쟁의 격화와 지자체가 선택되는 시대에서는 독자적인 부가가치를 공유할 수 있는 독특한 지역이, 적극적으로 지역 안팎으로 커뮤니케이션을 확대하면 다른 지역보다 앞설 수 있다는 생각이다. 지역의 특징을 명확히 함으로써 다양한 기회에서 선택사항의 하나로 인식되기도 하며, 선택에 걸맞은 도시가 되는 것이다.

관광지로서 매력을 높이는 것도 그 효과 중 하나다. 전체적인 지역 브랜드를 전개하여, 확립된 지역 이미지나 지역의 특색이 관광자원의 중심이 된다. 이전까지의 관광지는 각 명소와 유적지를 보고 걷는 것이

관광의 주류였지만, 앞으로는 체험형, 체류형 관광상품이 개발될 가능
성이 높다. 즉, 명소와 유적지라는 강력한 관광자원이 없어도, 역사, 문
화, 경관, 특산품, 산업, 교육 등 다방면으로 걸친 지역경영에서 선택된
지역의 특색 자체가 관광의 핵심이 되는 것이다.

산업의 활성화에도 큰 효과를 가져온다. 특산품을 개발하는 브랜드
만들기를 주축으로 하면서도, 다양한 분야에서 브랜드관련 상품, 예를
들어 관광상품과 같은 서비스 분야의 상품개발도 포함한 하나 된 브랜
드를 개발하여, 지역경제 전체로 영향을 미치는 효과를 기대할 수 있다.

또한 생활문화 등, 지역의 매력이 증대하여 타 지역으로부터 흡입력
이 높아져, 주민과 우수 기업, 우수한 인재 등의 유입이 증가될 것으로
기대할 수 있다. 이것은 지역의 활력을 높여 지역으로서의 매력을 더욱
높이게 되는 것이다.

모리오카 브랜드의 기본이념

'모리오카 생활 이야기'가 탄생하기까지

2004년도의 활동

모리오카 시의 브랜드 개발은 2004년부터 시작되었다. 시민이 함께
할 도시상모리오카 시를 외부로 알리는 공통의 가치관이며, 시민이 긍지를 가지고 지속적
으로 마을만들기를 함께할 수 있는 방향성을 만들기 위함이다. 최초로 시 직원의
공모로 선정된 3명의 시 직원과장 보좌급 이하이 대형 광고대행사의 브랜
딩 스쿨에 약 1개월간 파견되었다. 파견 연수 후, 3명은 연구성과로 모
리오카 브랜드의 중심이념을 '센터 오브 도호쿠東北'라는 메시지를 시의
전 직원들에게 보고했다. 도호쿠의 중심 도시로서의 요건과 가능성을

미래의 모리오카가 지향해야 할 도시상으로 그린 것이었다.

이 3명을 중심으로, 역시 공모를 통해 직원의 브랜드 개발 워킹그룹이 탄생하면서 시장이 위촉한 직장인과 시민공모를 통해 브랜드 개발 추진위원회가 조직되었다.

직원 워킹그룹이 브랜드 개발의 기본적인 방침을 작성하고, 연구회가 안을 조정하는 역할로 작업은 진행되었다. 시민의식의 계발을 위해 시민 워크숍도 개최되었다. 2004년도의 작업도달 목표는 브랜드 선언의 골격이 되는 모리오카 브랜드의 콘셉트와 슬로건을 모리오카 브랜드 개발 중간보고로 정리하는 것2005년도는 전임 브랜드 추진실을 설치하고 연내에 브랜드 선언과 추진계획을 발표하는 계획이었다.

브랜드 연수에서 시 직원을 받아들인 대형 광고대행사가 주도한 워크숍에서는 모리오카 브랜드의 3가지 약속그림 9.2과 모리오카다움 5가지가 나왔으나, 중간보고서의 작성은 난항을 겪었다. 대행사가 중간보고서의 작성에 있어 워킹그룹을 지도했지만, 시민에 의한 개발추진연구회는 그 안에 동의하지 않았던 것이다. 의견은 브랜딩 콘셉트인 슬로건에서 가장 큰 차이점을 드러냈다. 워킹그룹은 대행사가 고안한 '심플 모던 라이프'라는 슬로건을 제안했다. 심플 모던 라이프는 모리오카는 성곽 도시라는 역사성과 서민의 삶 속에서 현대로 이어지는

그림 9.2 브랜드 3개 영역에서 선택된 도시로

가치를 만들고 있다는 의미로 만들어진 것이지만, 그 뜻을 이해하더라도 '언어' 자체에 연구회원들이 어색함을 느꼈다.

중간보고임에도 불구하고 '무엇을 어떤 방향으로 전개시킬 것인가'라는 점이 부족했기 때문에, '브랜드만들기는 언어 선택인가'라는 오해를 샀다. 또한, '심플 모던 라이프'는 타 도시에서도 자주 쓰이는 단어라서 다른 대행사를 중심으로 한 컨설턴트와 노하우를 가진 연구회원이 중지시킨 것이다. 돌아보면, 지역 독자적인 가치관을 집약하는 작업에 외부의 지혜는 빌리지만 기본적인 이념은 지역 스스로 결정해 나가야 한다는 점이 드러난 것이다.

브랜드 추진실 설치

2005년 4월 전임 브랜드 추진실이 설치되었다.그림 9.3 구성원은 3명이었고, 중간보고안은 멀리 날아간 상태였다. 2006년 1월에는 브랜드 선언을 발표하고 추진계획을 상정하는 일정이었는데, 중간보고가 늦은

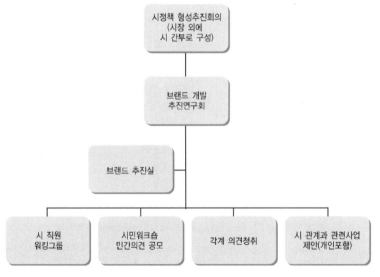

그림 9.3 작업의 조직체계

것은 치명적이었다. 새로운 브랜드 자원도 만들지 않았고 브랜드의 추
진항목도 정리되어 있지 않았다.

　중간보고안이 개발추진연구회에서 인정되지 않는 한, 브랜드 개발
은 진행될 수 없었다. 브랜드 추진실은 지금까지 작업을 담당해 온 워
킹그룹의 강한 결단을 요구했다.

　'심플 모던 라이프'를 안에서 제외시키고, 대행사가 주도했던 것을
미숙하지만 브랜드 추진실과 워킹그룹이 독자적으로 검토하는 방향으
로 전환하여 중간보고의 수정작업을 진행했다. 연구회 구성원도 '안을
가지는' 것이 아닌 '안을 만드는 계획에 참가'하는 방향으로 전환하여
관계를 개선하였다. 슬로건을 앞세우는 것이 아닌, 모리오카 브랜드가치
있는 것의 근원을 확인하고, 그곳에서 이끌어낼 수 있는 브랜드의 추진
방향, 브랜딩 콘셉트를 먼저 구체적으로 검토해 나가게 되었다. 여기서
확인된 모리오카의 가치는, 면면히 흐르는 모리오카의 사람과 사람, 사
람과 자연, 사람과 문화의 모습을 소중히 여기는 생활, 생활방식에서
태어나는 역사, 경관, 상품, 문화, 인재 그리고 가까운 자연이며, 그것을
확실히 하는 것, 발굴하고 키워나가는 것을 브랜드만들기의 기본으로
삼고 모리오카 브랜드 근원을 '생활과 문화'라고 지정했다.

　중간보고는 5월 상순, 시의 정책형성 추진회의에서 승인되어 구체적
인 계획안을 작성할 준비가 마련되었다.

모리오카 브랜드의 근원은 '생활문화'

　중간보고안 작성작업에서 모리오카 브랜드의 근원은 '생활문화의
도시'로 정한 것에는 누구도 이견을 갖지 않았다.

　2005년 2월에 발표된 시사통신사의 '생활의식 조사' 중 살기 좋음
지수에서 모리오카 시는 전국의 지자체와 법령지정도시 합계 49개 시

중에서 종합 1위가 되었다.

모리오카의 뛰어난 도시특색을 찾는 것은 어렵지만, 적절한 인구규모와 본토에서 가장 추운 도시면서도 재해가 적은 자연환경, 많은 인물을 배출해 온 역사와 문화, 생활에 녹아 든 지역에 대한 진정한 추구, 다양한 특산품과 전통적인 축제와 행사, 두터운 온정 등의 요건이 지속적인 생활에 대한 요구를 높였다고 생각된다.

모리오카는 도시문화와 자연이 조화로운 '생활문화 도시'다.

중간보고에서는 관광 브랜드, 지역산업 브랜드, 문화와 생활 브랜드의 3분야에서 앞으로 브랜드 전략이 나아갈 방향성을 표명했다.

관광 브랜드는 '체험하는 여행, 특화된 여행, 교류하는 여행, 진품과 만나는 자기발견의 여행, 체류하는 여행'으로 접근하여, 지역산업 브랜드는 메이드 인 모리오카 상품을 개발하여 보급하고, 문화와 생활 브랜드는 '생활과 문화의 이상적인 마을만들기'를 지향하기로 했다.

사진 9.2 나카츠 강

나카츠 강은 시가지의 중심부를 흐르며 가을에는 연어가 거슬러 올라 산란하며, 시청 근처 다리 위에서 산란 풍경을 볼 수 있는 시민의 휴식처다. 이전에는 붉게 퇴색된 강으로 유명했지만 원줄기인 기타가미 강(北上川)이 1965년부터 상류에 댐을 설치하고 광산의 배수를 중화하는 시설을 이전하면서부터 깨끗이 정화되었다. 동시에 과거, 연어의 산란지였던 강으로 다시금 연어가 돌아오도록 하고 싶다는 시민운동이 일어나, 가정의 배수를 막기 위해 시는 적극적으로 시가지의 하수도를 보급하는 한편, 시민도 강을 청소하는 등 정화운동에 앞장섰다. 그 결과, 1974년 들어 연어가 산란하는 것을 볼 수 있게 되었다. 현재에도 부근 상점과 학교가 중심이 되어 치어를 길러 방류하는 데에 앞장서고 있다.

　문화와 생활 브랜드의 방향성과 관계된 중간보고의 기술은 그림 9.4
와 같다.

생활과 문화의 이상 도시 - 키우고 만드는 안락함

모리오카는 사람과 사람의 인연을 소중히 여기며, 누구라도 안심하고 살 수 있는
마을, 흔들리지 않는 신념을 가진 강한 사람을 키우는 도시입니다. 하라 다카시(原
敬)와 니토베 이나조(新渡戸稲造), 이시카와 다쿠보쿠(石川啄木)와 미야자와 겐지
(宮沢賢治) 등 일본과 세계 역사에 남을 인물들은 이러한 모리오카의 생활에서 '진
정한 가치', '새로운 가치'를 발견하고 키워 왔습니다.
　또한 뛰어난 문학자들이 살아가며 작품을 만든 도시이며, 연극, 음악, 미술활동
등의 문화활동을 인생의 업으로 하는 시민이 많은 도시, 시민문화가 풍부한 도시입
니다.
　일상생활 속에서 인간이 인간다운 '진정한 삶'을 획득할 수 있는 도시입니다.
모리오카는 많은 사람이 살기 좋은 도시라고 느끼고 있습니다. 그러나 많은 사람은
수동적으로 모리오카의 장점을 느끼고 있습니다. 소극적인 자세로는 도시의 장점
을 잃어버리게 됩니다. 도시를 건강하게 하기 위해서는 적극적으로 모리오카의 장
점을 높여나갈 자세가 필요합니다.
　또한 소비하는 문화만이 아닌 문화를 만들고 키워나가는 데에 힘을 기울이고 이
를 알릴 필요가 있습니다.
　일본에서 가장 살기 좋은 도시의 평가를 검증하고 미래에도 살기 좋은 도시로 만
들기 위해, 경관문화, 가로문화, 생활문화를 소중히 여기는 모리오카다운 생활문화
를 '인간다운 진정한 생활로 만들어낼 필요가 있습니다.
　또한 다음의 이시카와 다쿠보쿠와 미야자와 겐지를 키워, 진정한 가치, 새로운
가치를 만든 도시로 인지시키기 위해 예술가가 사는 도시 '아티스트 인 레지던스'
를 적극적으로 진행할 필요가 있습니다.

그림 9.4 생활문화 브랜드

추진계획의 개요

　중간보고를 기반으로 브랜드 자원을 조사하고, 추진체계를 검토하
며, 각 항목마다 추진할 내용을 검토하여, 새로운 구성원이 가담한 워
킹그룹과 개발추진연구회가 토의를 거쳐 추진계획안과 선언문을 작성
하였다.

핵심 슬로건은 '모리오카 생활 이야기'다. 모리오카 생활 이야기는 모리오카 사람들의 생활 속에서 소중히 여겨온 역사와 문화, 자연, 산물 등 다양한 이야기로 구성되고, 나아가 새로운 이야기를 만들어낸다. 이야기를 잇는 주역은 시민 한 사람 한 사람이다.

추진계획은, 모리오카를 '생활문화의 도시'로 정하고 모리오카다움이란 어떤 것인지 정의내리고, 모리오카 브랜드를 실현하기 위해 체제를 갖추었다. 또한, 관광, 지역산업, 문화, 각 3분야의 도시상과 기본적인 방향성, 주요한 4가지 프로젝트, 추진항목마다의 사업 메뉴와 실시시기 등으로 구성되었다. 계획시기는 2005년부터 2014년까지 10년이다.

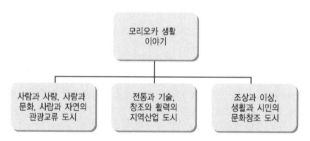

그림 9.5 브랜드 추진에서 지향하는 3가지 도시상

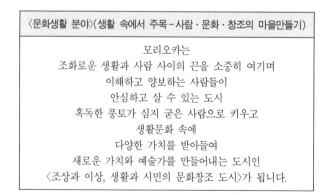

그림 9.6 생활문화의 이상적인 도시

먼저 브랜드 추진에서 지향하는 3가지 도시상은 그림 9.5와 같으며, 중간보고인 '생활문화의 이상적인 도시'에서는 그림 9.6과 같은 결의문이 추진계획서에 실렸다.

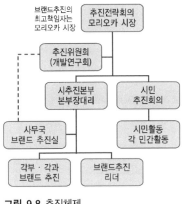

그림 9.8 추진체제

모리오카는 시민의 문화활동이 융성하며 예술가와 공예가가 살며 활동할 수 있는 토양입니다. 모리오카의 도시 이미지를 높이기 위해서도 예술가, 공예가들이 사는 도시 모리오카(아티스트 인 레지던스)를 적극적으로 추진하여, 이러한 인재의 유치와 마치즈쿠리의 참가 촉진에 힘을 기울이고 있습니다.

이를 위해 창조와 발표 및 작품의 축적이 가능한 환경의 균형 잡힌 정비를 시민협동으로 추진합니다. 주된 내용은 다음과 같습니다.

- 중심시가지의 빈 점포와 건물, 활용하지 않는 공공시설 등을 활용하여 공방, 전시장과 시민 소극장, 갤러리의 설치를 추진합니다.
- 예술성 높은 활동을 하는 표현가의 모리오카 정착과 일정 기간 체류할 수 있는 창조활동을 진행하여, 시민과의 만남, 시민과 표현가의 교류를 만듭니다. 또한, 모리오카에 체류하는 표현가와 모리오카와 관련된 작품을 시외, 현(県) 외부에서의 발표를 지원합니다.

그림 9.9 예술가, 공예가가 사는 도시 모리오카 시 브랜드 추진계획 제7장 '모리오카 브랜드 3가지 약속과 주요 프로젝트', 2 '주요 프로젝트의 개요' (4) '선인과 문화진흥 프로젝트'

4가지 주요 프로젝트

주요 프로젝트는, '거리경관 프로젝트', '물의 은혜 프로젝트', '특산 품 브랜드인증 프로젝트', '조상과 문화의 진흥 프로젝트'의 4가지로 구성된다. 관광, 지역산업, 문화와 생활이라는 3분야로 확장된 개별추 진 항목 중에서도, 특히 일찍부터 힘을 기울여 실시해야 할 것으로 모 리오카 브랜드를 견인하는 역할을 맡는다.

여기서는 각 프로젝트의 설명은 생략하고, 주요 프로젝트와 그와 관 련된 주요 추진항목을 전개도그림 9.7 형태로 소개한다.문화창조 도시 관련 프 로젝트는 뒤에 서술한다

또한, 모리오카 브랜드의 추진체제조직는 그림 9.8과 같다.

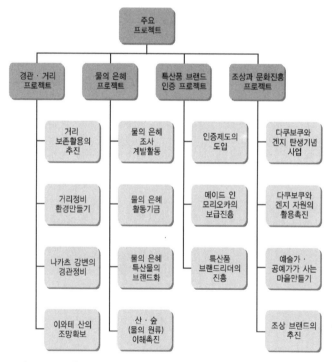

그림 9.7 주요 추진항목의 설명도

모리오카 브랜드에 의한 문화창조 도시만들기

모리오카 브랜드 추진계획으로 본 문화창조 도시의 방향성

모리오카 브랜드가 지향하는 문화창조 도시는 역사조상와 생활 속에서 태어난 문화적 토양에 뿌리내린 도시문화와 경관, 선구적인 예술과 생활문화, 창조성과 전통성을 겸비한 지역산업 등이 조화롭게 공존하며, 그것을 지속적으로 발전시키는 도시다.

앞에서 서술한 주요 프로젝트에서는 '조상과 문화진흥 프로젝트'가 문화창조 도시만들기를 향한 조기 추진항목이 된다. 그 중에서 '예술가, 공예가가 사는 도시'에 관련된 방향성을 먼저 소개한다.

추진계획서는 그림 9.9와 같이 기술되어 있다.

모리오카는 생활문화의 도시

문화창조 도시를 향한 구체적인 사업을 제안하기 전에 먼저 모리오카의 생활문화에 대한 상황을 소개하고자 한다.

살기 좋음

시사통신사가 했던 '생활의식 조사'에 대해서는 이미 밝혔지만, 2005년도의 조사에서도 살기 좋음 지수에서 모리오카 시는 2년 연속으로 종합 1위가 되었다.표 9.2

2005년도의 조사는 전부 18개 항목이다. 모리오카 시가 평균치 이하였던 것은 '살기 좋은 기후'32위, '버스, 철도 등 대중교통의 편리한 이용'28위, '쇼핑 등 편리한 일상생활'25위의 3가지 항목이었다.

거꾸로, 상위 5위 안에 들어간 항목은 표 9.2와 같이 '깨끗한 공기와 물'1위, '어린이 놀이터의 안전성'2위, '아름다운 거리와 전통행사'2위, '쓰레기, 하수도 등 환경위생'3위, '지진, 수해 등 자연재해에 대한 안전

표 9.2 생활의식 조사(2005년)

조사항목	모리오카의 순위	1위 도시
깨끗한 공기, 물	1위 (작년 1위)	2위 도야마
아름다운 거리와 전통행사	2위 (작년 1위)	가나자와
어린이 놀이터의 안전성	2위 (작년 1위)	야마구치
자연재해에 대한 안전성	2위 (작년 2위)	마에바시
지역교류의 장으로 이용	3위 (작년 2위)	나가노
쓰레기, 하수도 등 환경위생	3위 (작년 5위)	미야자키
지역 치안	4위	야마구치
인정의 정도	5위 (작년 5위)	야마가타
공공시설의 이용	5위 (작년 5위)	야마구치
대중교통의 편리한 이용	28위 (작년 32위)	도쿄
살기 좋은 기후	32위 (작년 37위)	마츠야마
종합	1위 (작년 1위)	미야자키

출전: 시사통신사(전국의 도도부현 관청소재지와 정령 지정도시 49개 시를 조사)

성'3위, '지역사람들과의 교류공간인 시민회관 등 공공시설의 이용'5위, '이웃과의 인정의 정도'5위 등으로 전체 중 절반에 이르렀다.

나아가 4가지 항목이 10위 이내였다. 40위 이하인 최하위 그룹에 속한 항목은 없었다. '편리한 생활'이 균형 잡혀 있다는 것을 알 수 있다.

특히, '깨끗한 공기와 물', '아름다운 거리와 전통행사', '자택 주변 지역의 치안', '지진, 수해 등 자연재해에 대한 안전성', '이웃과의 인정의 정도' 등의 상위 항목은 살아가면서 창조적인 활동에 차분히 대처하기 위해 필요한 요건이다.

조사에는 없었지만, 모리오카

사진 9.3 이와테 은행의 하시 지점(국가 중요문화재) 1911년 도쿄 역을 설계한 건축가가 지은 건물로 나카츠 강변을 따라 있으며, 미야자와는 '강과 은행 앞 나무의 녹음, 도시는 조용히 흐른다'고 기록했다.

의 좋은 점 중 하나는 도시문화와 자연의 조화를 들 수 있다. 도시 안에 연어가 거슬러 올라와 산란하는 강이 흐르며, 강 끝에는 역사적인 건축물이 서 있다. 감정이 민감한 사춘기의 10년을 모리오카에서 보냈던 미야자와 겐지는 모리오카의 거리 정경에 특히 심취했다. 이 정경은 지금도 변함없는 모리오카의 일상 풍경이다.사진 9.3

작가가 사는 거리

모리오카에서 살면서 작품활동을 하는 작가는 적지 않다. 통신수단과 교통수단이 발달하여 '도쿄의 문단으로 어렵지 않게 출항할 수 있는 조건이었다. 고향을 그리워했던 천재시인인 이시가와와 농민예술개론을 서술한 미야자와가 현대에 태어났다면 어땠을까?

미야자와 겐지 전집의 편집에 공헌한 모리 소이치森蔵已池(작고)는 모리오카 최초의 나오키 상을 받은 작가였으며, 평생 '거리의 작가로 일관했다. 역시 나오키 상을 받은 현존하는 작가인 다카하시 가시히코高橋克彦, 요시카와 에이지(吉川英治) 문학상 수상와 에도가와 란포 상을 수상한 작가 나카츠 후미히코中津文彦를 시작으로, 추리작가협회 신인상을 수상한 사이토 준斎藤純, 근대사를 장식한 향토위인들의 전기소설을 지은 마츠다 주코쿠松田十刻 등이 있다. 모두 지역의 문화활동에도 적극적으로 참여하고 있다. 지금은 전국 유일한 향토극이자 중앙문단의 저명작가들이 객연하는 '모리오카 향토극'과 추리작가협회의 지원을 받는 '미치노쿠 국제 미스터리 영화제' 등에 이 작가들의 참가나 지원이 빠질 수 없다.

전통공예와 현대의 공방

모리오카에는 대표적인 전통공예품인 '난부南部 철기'가 있다. 한세이藩政 시대, 이곳을 다스렸던 난부라는 성씨가, 전국시대 후기부터 메이지 유신까지 오랜 기간 통치하면서, 난부라는 성이 그대로 지역을 대표하는 브랜드가 되었다. 난부 철기 외에도 난부 센베이 과자와 난부염색 등 에도 시대부터 시작된 특산품에 '난부'라는 이름을 붙이고 있는 것이다.

난부 철기는 난부에서 얻은 양질의 철기와 전통적인 주조기술로 태어난 산물로서, 차솥을 서민생활에 응용하고자 철주전자를 고안한 것으로 알려져 있다. 난부 철주전자는 모리오카 고유의 브랜드인 것이다.

그 난부 철기를 둘러싼 환경은 매우 열악하다. 난부 철기에서 나오는 철성분이 건강에 유익하다고 하여, 한때 전국적으로 철기 붐이 일어났지만, 외국산 저가 모조품이 등장하면서 판로가 줄고 있다. 대량생산이 불가능하고 수작업이 주류였기에 후계자를 양성해야 한다. 이러한 과제의 해결책을 모색하고자 모리오카 장인의 기술과 북유럽의 디자인을 융합시켜 현대적인 디자인으로 철기제작을 시작하는 것 외에도, 젊은 장인이 기술을 연마하고 난부 철기를 보급하는 데 주체적으로 앞장서고 있다.

모리오카는 철기만이 아닌 장인의 기술이 살아 있는 거리다. 전국의 술제조를 이끌고 있는 것도 당시의 난부 도우지杜氏 술을 빚는 기술자다. 전국의 도우지 중에서 난부 도우지가 차지하는 비율이 가장 높은데, 약 300명의 난부 도우지가 전국에서 활동하고 있다.

또한, 최근 수공예 악기가 주목받고 있다. 바이올린과 첼로 등의 현악기 공방, 만돌린 공방이 있다. '가즈네和音'라는 새로운 소형 쟁을 모리오카의 목공기술이 탄생시킨 것이다. 아직 후계자로 전승될 정도로 성장해 있지는 않지만 새로운 전통의 탄생을 예감하게 한다. 또한, 시민에게 일정 수준 이상의 음악수준이 뿌리내리고 있는 것도 수공예 악기공방이 탄생한 요인이 되었다.

선인(先人)과 문화

일본 최초의 평민 재상으로, 정당정치의 길을 개척한 하라 다케시原敬와 '무사도'의 니토베 이나조新渡戸稲造는 모두 모리오카 출신으로 구 난부 한시藩士, 藩에 속해 있는 무사의 아들이다. 메이지 유신 때 역적이라는 오명을 뒤집어써서 한의 이름인 '모리오카한'이라는 단어도 현의 이름으로는 쓸 수 없었던 모리오카인의 고뇌를, 새로운 정당정치를 탄생시키고 국제교류를 통해 극복하려 했는지도 모르겠다.

이 외에도 이시가와와 미야자와를 비롯해, 국어학자, 유카라 연구의 서사시 연구학자, 문학자, 구 총리대신 등의 선인들이 있다. 이시가와는 '모리오카의 서점은 책의 종류도 풍부하다'고 말하며, '모리오카는 동북부 최고의 문학도시'라고 기술하였다. 이러한 선인들은 우연히 출연한 것이 아니라 모리오카가 가진 문화적 토양에서 키워진 것이다.

문화창조 도시를 향한 접근

시민문화 창조의 접근

모리오카의 예술문화는 넓은 시민층이 일상적으로 활동하여 유지되고 있다. 그림도구 소비량 전국 1위, 1인당 서점면적 전국 1위 도시 등으로 불렸다. 시민들은 연극과 음악에도 왕성하게 활동하였다. 지역의 발레·댄스 교실에서 전국대회 입상자를 다수 배출하고 있다.

그러나 오늘날 경제뿐만 아니라 예술문화에서도 대량소비 도시로 집중되는 현상이 뚜렷하다. 연극, 음악 등의 집단창작이 중심이며, 매체의 힘으로 평가가 좌우되는 장르는 대도시권에 활동기반을 만들지 않을 수 없다. 지역으로 돌아가 활동을 하더라도 음악, 댄스는 이른바 연습지도를 하는 프로의 길을 선택한다든지, 연극에서는 연극 이외의 길을 선택하여 연극활동으로부터 완전히 멀어지는 경우가 많다. 그리고 대도시권에서 만들어진 문화는 예술감상이라는 형태로 '지방'에서 소비된다.

이러한 구조를 지탱하는 것이 전국 각지에 들어선 공립 문화시설이며 지역의 민간 기획사다. 그 중에서도 공립 문화시설의 대다수는 독자적인 기획의 중심에 초빙사업을 두고 있다. 모리오카에서도 예외는 아니다. 모리오카 시내에는 300명 이상 수용할 수 있는 공립 홀이 5곳, 현립·시립 홀이 7곳 있다. 그 중에서 이른바 독자적인 사업을 전개하고 있지만 시민의 표현육성과 창조를 명확히 밝히고 진행하는 사업은 연극사업의 일부와 파이프오르간 체험사업 등이며, 게다가 일부 홀에 한정되어 있다.

지정관리자 제도를 도입하여, 홀을 관리·운영하고자 하는 사고에 한층 변화가 일고 있다. 지정관리자 제도가 도입되면 홀의 관리자는 수년에 한 번, 심사와 경합이라는 평가를 받아야 하기 때문에 관리권한과 사업권한을 지속해서 확보하기 힘들다. 보다 좋은 평가를 얻기 위해 시민의 발상, 민간의 제언에 귀를 기울이고, 경우에 따라서는 유연하게 받아들이는 것도 필요하다. 또한, 한정된 문화예산, 열악한 지자체의 재정상황을 개선하기 위해서도 시민이 홀 운영에 참가하는 등 홀과 시민 사이에 새로운 전개가 필요하다.

또한, 지방은 대도시권이 창조한 문화를 소비하는 것만이 능사가 아니다. 브랜드를 알려 문화창조 도시를 만들기 위해 대도시권과 지방도시 간의 문화적인 관계구조를 날카롭게 파고들지 않으면 안 된다.

문학이나 미술 등 개인작업에 의존하는 장르는 대도시에서 지방도시로 자리를 옮기는 경향이다. 모리오카에서도 예외는 아니다. 정보화와 고속교통화 시대에, 방법에 따라서는 문화도 대도시권에서 지방으로 이주할 수 있게 될 것이다. 다행히 모리오카는 문화활동이 시민의 생활 속에 살아 있다. 이주를 모색하는 작업자가 '이주해야 할 도시'를 고르는 선택사항으로 꼽는, 그 마을의 문화토양의 깊이나 이해도는 큰 요소 중 하나다. 수준 차이도 있어, 같은 표현을 체험했거나 창조에 대한 열정을 가진 시민층이 두꺼울수록 이주하려는 쪽에서는 인간관계를 쌓아가는 데 도움이 되는 것이다. 특히, 음악, 연극 등의 무대예술은 구성원을 포함한 집단창작이라는 성격으로 인해, 지역의 인적 협력체제는 꼭 필요하다. 시민의 문화창조라는 토양을 잘 가꾸는 것도 문화이주로 접근하는 한 가지 방법일 것이다.

시민이 협력하는 문화창조

다양한 민속예능과 축제문화가 모리오카의 광장에서 만나다

모리오카 시는 이와테 현의 중심부에 위치한다. 광활한 이와테 현은 전체 토지의 90% 정도가 농지, 산지이며, 각각의 독립된 주거지에는 특색 있는 민속예능이 계승되고 있다. 전국에서도 이와테처럼 민속예능이 많이 보존된 곳은 없다.

모리오카 시는 인구의 약 80%가 3차산업이 차지하는 상업, 행정도시면서도 민속문화가 적지 않다. 예부터 성곽마을 주변의 농촌지역에 전승되어 온 '산사ㅎㅅㅎ 춤'은 도시형의 큰 여름축제로 성장하여, 8월 1일부터 4일까지 열린 '모리오카 산사 춤'사진 9.4에는 3만 명의 무용수와 100만 명의 관중이 모였다. 각 지역, 각 기업, 애호가가 고안한 '화려한 춤'을 자랑한다. 아와阿波 춤같이 시민이 참가하는 축제다. 또한, 모리오카는 축제행사가 융성한 곳이다. 말의 행사인 '차구차구우마코', 성곽마을의 완성을 축하하며 시작된 가을축제인 '모리오카 산차', 추석행사인 '배 띄우기' 등이 있다. 성곽마을의 문화와 농촌문화가 섞여 태어난 특색 있는 행사다.

농촌에서는 민속문화를 계승하는 데에 있어 급속한 고령화로 인한 후계자 문제, 지속적인 유지를 위한 경제적인 문제가 있다. 동시에 도시주민 중에는 특색 있는 민속문화에 빠져 스스로 체험하고 싶어 하는 젊은 사람도 나타나고 있다. 수학여행의 체험강좌 정도가 아닌, 확실히 배워 자신을 표현하는 하나의 기술로 삼고 있다. 이러한 요구가 마주치는 장으로서, 모리오카라는 도시가 해야 할 역할이 크다. 민속문화를 감상하고 체험하는 것은 '그 지역의 생활과 행사의 장이 되어야 한다는 주장도 있지만, 민속문화는 '원형보존'을 주장하는 문화재 관계자의 소유물이 아니다.

사진 9.4 모리오카 산사 춤 화려한 춤으로 잘 알려진 전통 산사 춤 '구로카와(黑川) 산사'.

따라서 표현하는 사람과 관객의 만남이나 표현하는 사람의 능력에 의해 다른 지역의 전통과 형태를 새롭게 창조하는 '살아 있는 표현'인 것이다.

연극의 마을과 모리오카 향토문화극

1989년 들어서부터, 모리오카는 연극의 마을로 불리게 되었다. 인구규모에 비해 많은 약 20개의 극단 수, 1990년에 개설된 신 '모

사진 9.5 시립 모리오카 극장 홀 1913년 민간이 개설한 동북부 최초의 근대극장이다. 1983년에 노화로 인해 파괴된 옛 모리오카 극장을 시민운동으로 인해 시가 토지를 사고 옛 극장 스타일을 그대로 살려 새로운 극장으로 지었다.

리오카 극장'1이 지금까지 펼친 활발한 활동, 1995년에 부활된 모리오카 문화향토극과 1996년에 극적으로 성공을 거둔 일본극작가 대회 등의 실적과 함께 그러한 평가를 이끌었다. 또한, 근대에는 중심시가지 활성화를 위해 관광문화 교류시설인 '플라자 오뎃데'를 2000년에 개설하고 시민으로 구성된 문화관계자가 스스로의 힘으로 개설한 '이와테

표 9.3 홀의 주된 연극공연 활동

극장명	설치	운영	자주 기획사업(감상사업 제외)	비고
모리오카 극장 (메인홀 511석, 타운홀 약 150석)	모리오카 시 1990 개설	문화진흥 사업단	연극 아카데미(기초연극 교실, 고령자 연극체험 등)	1990~
			시민창작 무대 (시민참가형 공연, 모리게키 희곡상과 연동)	1991~2000 2006년 부활
			8시의 연극공연장(오후 8시에 하는 연극공연=지역극단 등)	1996~연 8편
			모리게기 연극상·시민연극상	1995~
			모리게기 희곡상	1991~2000 현재 중지
			모리게기 연극 팜 (연극 자원봉사 조직)	1995~2001 현재중지
플라자 오뎃데 (약 200석)	모리오카 시 2000 개설	관광 컨벤션 협회	오뎃데 리저널 극장 (지역소재의 작품을 시내 유명배우가 공연)	2000~ 연 1작품
이와테 아트 서포트 센터 (약 100석)	NPO 2005 개설	NPO	챌린지 시어터 (젊은 극단, 새로운 시도를 지원)	연 3편
			자주 제작 공연 (적은 인원수로 재연 가능한 작품)	연 1~2편
			리딩 시어터 (낭독극의 정기공연)	연 4편
			어린이 연극교실 (매년 열리는 초등학생 연극교실)	5월~1월
			시민참가 극단, 미토 애라쿠 강좌 (일반시민이 참가하여 쉽게 즐기는 연극공연)	연 1회

주: 이와테 아트 서포트 센터의 사업은 행정으로부터 받는 조성은 없음.

아트 서포트 센터'의 활동이 주목받아 새로운 문화거점으로 성장하고 있다.표 9.3

추진계획에서는 '시민이 주역이 되는 연극의 도시'가 모리오카의 연극특색이라고 기술하였다. '시민 스스로가 극장개설에 앞장서 옛 모리오카 극장의 역사를 찾고, 시민이 주역이 된 극장이 있는 마을만들기'가 모리오카 브랜드의 하나가 된다.

모리오카 향토문화극은 전후의 문예춘추지에서 기쿠치칸菊池寬들과 향토문화극을 올린 스즈키 히코지로鈴木彦次郎(작가) 등이 시작했지만 1962년 이후 중지되었다. 그것을 1995년에 나오키 상 작가인 다카하시 가츠히코高橋克彦 등의 지역작가가 중심이 된 모리오카 연극인에 의해 유지되고 모리오카 극장에서 부활되었다. 사전판매도 판매당일 매진될 정도로 인기가 높으며 교토 작가들의 우정출연 요청도 이어지고 있다. 다카하시는 '모리오카의 향토문화극은 유일하게 문단이 인정한 것으로, 이 향토문화극에 작가로 출연하는 것은 한 작가로서 인정받는다는 것을 의미한다고 말하였다. 2007년 2월에는 NHK위성방송에서 중계되었다. 분명히 전국 유일의 브랜드인 것이다.

그러나 모리오카의 연극계에 새로운 특색을 가진 현대연극 작품이 쉽게 생기기는 어렵다. 질 높은 무대를 만들고자 하는 시도는 관객동원이 따라가지 못한다. 극단 수도 줄어드는 경향이다. 지금까지 모리오카 극장의 활동에 의존하여 새로운 연극과 환경만들기에 소홀했던 것이 원인이다.

사진 9.6 오뎃데 리저널 극장 지역의 인재, 역사, 풍토를 그린 연극공연. 관광 컨벤션협회가 연출하고 출연은 모리오카의 연극인이 한다. '오뎃데'는 모리오카말로 '어서와'라는 의미다.

센다이의 10-BOX, 가나자와 시민예술촌과 같은 창조자 쪽의 요구에 맞추어 '키우고, 만드는 것'을 '시민주체'로 추진할 필요가 있다.사진 9.6

영화의 거리와 미스터리 영화제

중심시가지의 한쪽 거리 300m 안에 영화관이 12곳2006년 12월에 9곳으로 감소 있는 거리는 전국에서도 드물다. 시민은 이 거리를 '영화관 거리'라고 부르며 관광지도에도 기재되어 있다. 이 영화관 거리를 일으키기 위해 추리작가들의 협력을 얻어, 시민주도로는 처음 열린 '거리의 국제 미스터리 영화제'는 2006년에 10회째를 맞이했다.

그러나 과제는 많다. 3곳을 운영하고 있는 사업가가 200m 정도 떨어져 있지만 '영화관 거리'라고 부르기 힘든 다른 거리에 7개의 스크린을 가진 시네마 콤플렉스를 2006년 12월에 개관했다. 교외의 대형 쇼핑센터도 시네마 콤플렉스와의 병행을 구상하고 있다. 행정은 다양한 형태로 영화관 거리의 브랜드화를 지원하고 있지만 낡은 영화관과 스크린 환경에 대한 시민의 불만이 적지 않은 것도 사실이다.

모리오카 시는 영화관 거리와 상가 관계자들과 함께 2006년 10월부터 11월까지, 영화관 거리 진흥을 위한 '시네마 거리 재발견 사업'을 전개했다. 이 사업은 영화관 거리의 가로등에 유명 영화인의 그림을 붙이고 꽃바구니로 장식하는 거리 갤러리 사업과 오래된 영화 자료와 미스터리 영화의 컬렉션 등을 기획·전시하고, 영화인, 작가를 초청한 토크쇼, 영화 티켓 할인 등을 통해 중심시가지를 활성화하려는 시도 중 하나이기도 하다. 이후 중심시가지 활성화를 위해 시민운동과 영화관 소유주를 설득할 방안을 강화하여 영화관 거리를 일으키기 위한 면밀한 검토가 필요하다.

미술, 공예, 디자인의 마을만들기

모리오카의 시가지에는 곳곳에 조각품이 있다. 다카타 히로아츠高田博厚, 후나코시 야스타케舟越保武(모리오카 출신), 사토 추료佐藤忠良 등의 유명작품에서부터 무명시민의 조각까지 많은 작품이 거리 곳곳에 설치되어 있다.

그림도구 소비량이 전국 1위답게 '화랑과 '시민갤러리'가 많으며, 시민 중에는 미술애호가도 적지 않다. 그래픽 디자인에도 저명한 디자이너를 배출한 것 외에도 여타 도시들과 비교될 정도의 많은 디자이너가 활약하고 있다. 물론 난부 철기 등의 공예분야에서도 예술성 높은 작품을 만들고 있다.

사진 9.7 수공예 악기공방 모리오카에는 현악기 공방, 만돌린 공방, 소형 쳄 공방 등 수공예 악기공방이 있다.

추진계획에서는 '미술, 공예, 디자인 활동의 활성화를 촉진하고 미술관과 거리의 작은 갤러리 등에서 다양한 전람회가 항시 개최되어, 시내 각지에서 미술 워크숍이 개최되는 마을을 만들도록 한다라고 기재되어 있다.

모리오카형 아티스트 인 레지던스

다쿠보쿠, 겐지가 활약하던 시대부터 모리오카에서는 많은 문학가가 생겨났으며, 지금도 뛰어난 작가들이 모리오카의 생활 속에서 작품을 탄생시키고 있다. 문학에 그치지 않고 미술, 공예, 디자인, 연극, 음악의 각 장르의

사진 9.8 다카하시 가츠히코 레코드 콘서트 나오키 상 작가 다카하시가 연출한 '우리의 시대전'은 모리오카의 그리운 1955~1965년을 전하는 기획전으로, '모리오카 다쿠보쿠, 겐지 청춘관(국가중요문화재, 구 구주 은행을 개보수하여 활용)의 전시실에서 열려 약 3개월간 4만 명이 넘는 입장객(유료)을 기록했다. 그 중에서 다카하시(사진 좌)는 스스로 코드 콘서트의 안내역을 맡았다.

표현가들이 모리오카 거리에서 살면서, 그 힘을 도시의 문화창조력으로 이어나갈 장치를 만들어야 한다.

역사적 거리 등의 활용

현재 검토가 진행되고 있는 중심시가지의 활성화와 역사적 거리의 보존활용 중에 아티스트 인 레지던스가 있다.

최근 모리오카의 중심시가지에는 맨션을 한창 짓고 있으며, 예상 외로 많은 사람들이 돌아오고 있다. 그러나 교외의 대형 쇼핑센터와 새로운 도시개발의 영향으로 인해 노후된 건물과 상점가에서는 빈 점포가 늘어나고 있다.

사진 9.9 모리오카 민가 모리오카 전통민가가 다수 남아 있는 나타야초(鉈屋町). 거리와 민가생활을 체험하는 여행이 열리고 있다.

사진 9.10 다이지시미즈(大慈清水) 음료, 쌀·채소 썻기, 설거지, 세탁의 4단계로 나누어진 우물. 모리오카 민가가 많은 나타야초에 있다. 멀리서 물을 길러 오는 사람도 많다.

또한, 최근 역사적인 분위기가 남아 있는 오래된 거리가 각광을 받아, 그것을 보존하고 활용하길 원하는 시민의 운동도 활발해지고 있다. 주민 중에서도 낡은 가옥은 살기 불편하고 통풍의 어려움 등 불만도 있지만, 그것을 부수고 근대적인 주택으로 바꾸기보다는 '소중히 남기고 싶다', '자신들은 이주보다는 가옥만은 누군가 활용하길 바란다'는 뜻을 가진 사람들이 늘어나고 있다.

메이지, 다이쇼 시대의 근대화 유산이라고 불리는 건조물의 보존활용에 대해서도 마찬가지다. 가옥을 방치하거나 새로운 건물로 바꾸는 경우도 있지만, 낡은 건물의 장점을 살리고 개보수를 통해, 문화적인 행사에 활용하기 위한 시설로 현대에 계승시키고자 하는 움직임도 강해지고 있다.

이러한 흐름을 브랜드 추진사업의 방향성을 제시하고자 시작된 주요 프로젝트 중 하나가 '거리경관 프로젝트'이며, 이 프로젝트에 생기를 불어넣고 새로운 활기를 전한 것이 문화창조 도시를 향한 접근인 '선인과 문화진흥 프로젝트'다.

모리오카 마치야와 거리활용

모리오카의 번화가라고 할 수 있는 다이지지초大慈寺町, 나타야초鈴屋町, 가와하라초川原町의 경계는 주요 도로가 교차하는 입구이며, 사찰들이 있고 장인, 상인이 사는 마을이다. 다이지지에는 평민 재상인 하라 다카시의 묘지가 있으며, 가와하라초의 엔코지円光寺에는 모리오카 출신의 또 다른 총리대신의 묘지 외에도, 인근 사찰에는 니토베 이나조의 묘지도 있다.

이 일대에는 메이지에서 쇼와 초기에 걸쳐 만들어진 모리오카 마치야라고 불리는 독특한 민가가 다수 있으며, 역사적인 거리도 형성되어 있다. 도시계획 도로 예정지가 되어 거리 주변에 높은 건물을 지을 수가 없어 고층 맨션의 영향을 크게 받지는 않았다. 최근 이 지역의 보존활용 운동 역시 활발해지고 있다. 모리오카 브랜드인 '거리경관 프로젝트'도 국토교통성

그림 9.10 모리오카 중심시가지

의 조사지원 사업에 채택되어, 2006년 중순부터 보존활용 계획을 정리할 예정이다. 이 지구의 도시계획 도로의 노선에 대해서는 보존활용 계획서를 책정·협의할 때 했던 여론조사의 결과를 보면서 수정내용을 협의할 예정이다.

모리오카 마치야는 '신이 있는 집'이라 불린다. 3칸 간격으로 가게 사이에 조이常居라고 불리는 공간이 있는데, 그곳만이 2층 부분이 없으며, 그곳에 신주를 모시는 것이다.

4월부터 11월까지 두번째 토요일은 이러한 모리오카 마치야를 공개하여, 보존활용을 위한 실증실험이 이루어지고 있다. 4월 초순에는 히나마츠리가 열려 마치야 10채에서 에도 시대부터 남아 있는 천 인형이 공개된다. 공교롭게도 비가 왔지만 견학투어에 참가하여 이름을 적은 시민이 700명을 넘었다. 미등록된 개인견학을 포함하면 1,000명이 넘었다. 단번에 시민의 관심이 높아졌다.

동시에 이러한 마치야에 살면서 표현활동을 하고 싶어 하는 지역 예술가의 목소리가 들려왔다. 이 지역은 물의 보고다. 깨끗한 지하수가 흘러나오는데, 지역 곳곳에서 다이지시미즈와 세이류水青竜水라는 두 가지 맑은 물을 공동우물로 활용하고 있다. 또한 큰 주조회사도 있다. 모리오카가 입은 물의 혜택도 이 지역에 남아 있다. 이른바 이 지역은 모리오카의 생활이 남아 있는 것이다. 모리오카 최초의 나오키 상 수상작가인 미야자와 겐지 전집의 편집에 힘을 기울인 모리 소이치도 여기서 태어나 평생을 모리오카 마치야에서 살았다. 미야자와 겐지와의 만남의 장이기도 하다.

이와테카와 주조공장 등의 보존활용과 문화

이 저잣거리가 지금 갈림길에 서 있다. 거리의 핵심인 주조회사 '이와테카와의 도산2006년 2월이 그것이다. 역사적인 거리와 마찬가지로 '이 와테카와'의 상가식 사무실과 술창고가 나란히 서 있다. 술창고의 하나 는 시의 보존건조물로 지정된 메이지 시대의 건물이다. 채무를 변제하 기 위해 파산관리인은 토지건물을 매각하고자 한다. 당초 매각처인 유 력후보 중 하나로 맨션업자가 있다는 정보가 흘렀다. 모리오카 마치야 와 주조회사의 술창고, 그리고 사원들이 형성되어 있는 오래된 저잣거 리의 분위기가 맨션 건설로 인해 파괴되어 버릴 것이다. 시민을 중심으 로 반대운동이 일어났다. 시도 당연히 맨션 건설을 염려해 각 방면으로 선처를 요청했다. 시민의 반대는 지역주민과 경관보호 단체뿐만 아니 라 상공, 문화단체 등으로 확산되어 지역방송에도 크게 보도되었다. 그 결과, 토지구입 희망자 중에 건물의 보존·활용을 전제로 구입을 희망 하는 사람도 나타났는데, 결과적으로 시와 서로 협력하여 보존·활용 하고자 하는 업자가 낙찰 받았다. 많은 시민의 반대에 부딪쳐 맨션 건 립은 이득이 없다고 판단했을지도 모른다. 맨션 건설로 인해 거리가 파 괴되는 최악의 상태는 면할 수 있었다고는 해도, 이 건물의 보존·활용 을 어떻게 할 것인가에 대한 구체적인 방향은 아직 정해져 있지 않다. 보존·활용책을 미루어두고 구입업자에게 새로운 부담을 강요할 수는 없다. 조기에 활용방법을 책정할 필요가 있다.

현재 어떤 활용방법이 있을지, 시민 각층에서 다양한 계획이 검토되 기 시작했다. 그 하나로서 쇼와의 생활문화를 체험할 수 있는 시설로 활용하거나, 장인공방을 유치하는 것도 이야기되었다. 1925년부터 1965년에 걸쳐 사용되던 그리운 낡은 간판과 생활용품을 골목에 재현 하고 전시하는 등 술창고를 쇼와 생활을 체험할 수 있는 견학시설로 사용하거나, 수공예 악기와 공예품 공방 등을 유치하여 이와테카와의 저잣거리와 마치야를 활용하도록 하는 안이다. 또한, 나오키 상 작가의 탄생지기도 하며, 풍부한 거주작가의 활동을 소개하는 문학 코너, 술창고에 음악을 활용한 클래식 홀을 만들거나, 긍지를 담은 술을 만드는 공방, 모리오카 특산품 브랜드의 전시판매장 등으로 만들자는 안도 나오고 있다. 이러한 안은 아직 시안의 전 단계인 아이디어지만, 모리오카 마치야에 살고 싶다는 예술가의 목소리도 포함해 저잣거리를 보존·활용하고 예술가의 활약을 검토하여, 모리오카의 생활문화를 표현할 수 있는 방법을 고안할 필요가 있을 것이다.

문화창조 도시를 향한 제언

　모리오카의 문화는 도시생활과 자연과의 조화 속에 역사자원과 인재, 전통의 힘을 모아 구축되어 왔다. 오래 전부터 '시민의 힘에 의한 생활문화'가 기반이 되어 온 것이다. 무의식 속에 유명하든, 그렇지 않든 아티스트 인 레지던스가 살아 있었다.

　그러나 지금까지 많은 문화가 오랫동안 중앙집권화되어 온 흐름과 마찬가지로 모리오카의 문화상황도 예외는 아니었다. 이시카와 다쿠보쿠는 고향인 모리오카를 '동북 최고의 문학도시'로 자랑해 왔지만, 풍부한 시민문화로 배양된 인재인 다쿠보쿠와 겐지조차 중앙문단을 지향하여 상경했던 것이다. 현재, 다카하시와 나카츠와 같은 유명작가 여러 명이 모리오카에 거주하며 활동하고는 있지만, 무대예술계의 표현은 아직 중앙 지향적임을 부정할 수 없다. 지금, 모리오카의 풍부한 시민문화를 부활시켜 강한 브랜드의 특색 있는 모리오카 문화를 구축하기 위해서는 전통적인 공예와 미술활동의 장르를 포함하여 의식적으로 아티스트 인 레지던스를 추진해야 할 필요가 여기에 있다.

미야자와 겐지의 농민예술개론을 '시민'으로 전환했을 때, 예술활동
에 연관된 것을 생활의 기본으로 둔 시민생활이 상승하는 것이다. '모
리오카 브랜드에 관련된 문화창조 도시만들기'는, 바로 '생활문화'를
기조로 한 시민문화의 진흥을 지향하는 것이다. 겐지는 농민예술개론
중에서 '세계에 대한 큰 염원을 먼저 세우자'고 말하며 '직업예술가는
한 번 망하지 않으면 안 된다. 누구나 예술가의 감수를 받아 뛰어난
개성을 살려 멈추지 않는 표현을 한다. 그 위에 각각의 감성을 가진
예술가가 있다'라고 썼다. 풍부한 전통예능, 생활 속에 숨쉬는 수준 높
은 공예작품, 폭넓은 시민연극 등 '시민문화' 속에서 차세대 다쿠보쿠
와 겐지를 태동시킬 문화창조 도시의 토양 만들기를 진행해 나가야 할
것이다.

센다이

음악의 도시, 연극의 도시, 그리고 ART 센다이를 향하여
다양한 문화정책을 실천하는 센다이의 마을만들기

시가노 게이이치(志賀野桂一, 센다이 시)

chapter 10

창조도시를 향한 정책의 전환

센다이 시는 2006년도에 도시만들기 기본방향을 나타낸 지침으로 '도시 비전'을 책정하였다. 그 이념에는 창조와 교류가 명문화되었고, ① 창조도시, ② 교류도시, ③ 창조와 교류의 장이 되는 도시기반 만들기, ④ 숲의 도시를 재구축한다는 기본적인 4가지 방향성이 도출되었다. 이것은 세계적으로도 유례가 없는 급속한 저출산, 고령화, 그리고 인구감소로 인해 도시경제가 축소되고 활력을 잃어가는 위기를 배경으로 하고 있으며, 국경을 넘어 도시 간 경쟁 속에서 어떻게 주체적이고, 창조적으로 도시를 경영할 것인지가 문제되고 있기 때문이다.

새로운 21세기형 도시상으로 창조도시가 주목을 받으면서, 문화가 지닌 다원적인 평가와 그 창조성을 수단으로 지속 가능한 도시정책을 만들 것인가가 공통의 테마가 되어 왔다.

한편, 심금을 울리며 마음으로 다가오는 것에 사람, 정보, 돈이 모이는 시대가 되었다. 문화예술은 본래 그 표현행위에 있어 합리적인 인간

표 10.1 센다이 시의 프로필(편자 작성)

기초 데이터	총인구:102.5만 명(DID[*1] 인구 90.5만 명, DID 인구비율 88.3%) 총면적:783.5㎢(DID 면적 130.2㎢, DID 면적비율 16.6%) 평면기온:12.1℃
창조성 지수	창조산업의 집적도:4.6%(창조산업[*2]:전산업=2만 1,360명:46만 7,156명) 전국평균치[*3] 3.1%. 같은 지수[*4]는 148.4 창조적인 인재의 집적도(1% 유출결과):5.2%(창조적 인재[*5]:종사자 총수=2만 4,000명:46만 1,000명) 전국 평균치[*6]는 4.9%. 같은 지수[*4]는 106.1
이 책과 관련된 계획· 비전	창조와 교류 센다이 시 비전 2007(예술문화의 창조성을 살린 새로운 도시의 개성과 활력의 창출)
개 요	세계에 알릴 도시문화의 육성, 도시의 문화적 매력의 향상 다양한 문화예술 사업을 충실히 해 누구나 문화에 친숙해지는 환경을 확대하면서 예술문화의 도시만들기에 도움이 되는 방안을 만들어낸다. 정책융합에 의한 지역문화력의 향상, 인적 네트워크의 구축 등을 만든다.
구체적인 시도	●'음악의 도시(樂都)', '연극의 도시(劇都)'를 중심으로 센다이의 문화 브랜드와 홍보력의 강화. 例: 센다이 국제 음악콩쿠르, 센다이 필하모니 관현악단과의 협동사업, 10-BOX 국제연극학교 ●독자적인 예술문화 이벤트 개최. 例: 센다이 클래식 페스티벌, 센다이 연극제 '거리가 극장이 되는 날 ●시민의 문화 자원봉사자 육성, 문화활동과 정보를 알리기 위한 지원 ●'센다이 미디어 테크' 등 예술분야의 일원화 ●센다이 크리에이티브 클러스터, 컨소시엄의 발족
배 경	●동북지방 최대의 도시 ●'숲의 도시'라 불리는 풍부한 자연환경, '배움의 도시(學都)'라 불리는 고도의 연구개발 기능을 가짐 ●시민의 음악활동과 연극(극단 수 약 60) 등 예술, 문화활동이 융성 ●프로 오케스트라인 '센다이 필하모니 관현악단'의 존재
당담관청 · 부서	기획시민국 문화스포츠부 문화진흥과
진행방법	●(재)센다이시 시민문화사업단을 설치(1986년)하여 다양한 예술문화 사업을 실시 ●시티 세일즈 서포트 모임 : 시민이 센다이의 매력을 알리는 목적으로 2004년 11월에 결성 ●배움의 도시 센다이 컨소시엄 : 지식의 창조도시를 지향하며 2006년에 결성
효과 · 과제	도시 비전을 책정하고 예술문화 진흥을 위한 지침을 정하면서 센다이 시의 도시만들기는 새로운 단계를 맞이하고 있다. 문화면에서는 '음악의 도시', '연극의 도시'에 더해 예술시책을 전개하고, 나아가 경제, 복지 등과 수평적인 정책방향이 요구된다.
그 외	10-BOX의 활동으로 촉발되어 상업조합의 주도로 다양한 프로젝트가 고안된 것 외에, 2004년에는 음악 스튜디오 '음악공방 MOX'가 정비된 창조도시추진회의를 개최할 예정(2007~)

주역에 관해서는 16쪽 참조.
출전: 삿포로 시 이마이 위원 발표내용, 삿포로 시 홈페이지, 요코하마 시 「大都市比較統計年表」, Wikipedia, 총무성, 「平成16年度事業所・企業統計調査」, 平成17年度国勢調査抽出速報統計.
작성: 坂東眞己(종합연구개발기공)

상으로는 이해되지 않는 본질을 가지고 있다. 그렇기 때문에 예술적 창조성은 창조도시의 중요한 매개체가 되는 것이다.

그러나 필자는, 문화예술의 창조성을 활용한다고 해도 문화예술이 본질적으로 지닌 다양한 가치를 창조라는 이름의 순결한 가치로만 다루는 것에는 다소 의문을 가진다. 문화예술의 창조성을 살리는 방법과 도시정책으로 전환하는 과정을 충분히 검토할 필요가 있다고 생각된다.

본래 창조성이란, 기술적 창조성, 경제적 창조성, 예술적 창조성과 같은 다방면에 걸친 넓은 개념이다. 창조도시에는 이러한 창조성을 통해 경제, 복지, 환경, 교육 등 정책융합을 그리면서 기존의 도시정책 패러다임 전환과 재구축을 요구하는 정책제안의 의미가 포함되어 있다.

따라서 필자는 도시 고유의 역사와 문화자원을 잘 읽고 파악하면서 정책과 비전을 구축해야 한다고 생각한다. 이것을 '도시의 코어 컴피턴스core competence(다른 곳에 없는 장점)1의 발굴과 해독이라고 바꾸어 말하고, 센다이 시의 사례에 비춰 생각해 보자.

또한, 센다이 시가 진행하고 있는 문화정책을 검증하면서 독자적인 창조도시를 향한 보다 나은 방안을 생각하고자 한다. 센다이 시 도시 비전에 있어 '창조와 교류'의 이념은, 기존의 창조도시라는 개념을 포괄하면서도 세계도시와 창조도시를 대립개념이 아닌, 두 곳에 포함된 지속적인 발전의 요소를 도입하고자 하는 것이다.

도시의 코어 컴피턴스의 발굴과 해독

도시에 묻힌 다양한 유전자 또는 문화자산은 유형인 것이 있지만 결코 가시화할 수 없는 무형의 것도 있다. 특히, 후자에 관해서는 그 재발견, 발굴이 필요하며, 그것을 창조적 시점에서 읽어 들이고, 경우에 따라서는 바꿔 읽는 편집작업이 중요하다. 그 씨앗의 선택적 해독이 새로운 도시 이미지를 불러일으키고 창조적으로 필연성 있는 도시정책이 되는 것이다. 그런 의미에서 도시 고유의 코어 컴피턴스를 기점으로 어떠한 이야기를 만들 것인가가 창조도시를 향한 기본전략인 것이다.

도시의 매력과 개성을 높여 시민이 자랑스러워하는 지역만들기가 도시정책의 목표 중 하나라고 한다면, 그 원천은 어디에 있는 것일까? 여기에서는 조상과 많은 시민이 오랜 역사 속에 배양해 온 재산, 본래 토지에 존재한 자연과 고유의 가치발굴, 또는 재발견이 중요과제가 된다. 그럼, 센다이 시가 지닌 몇 가지 고유성을 들어 고찰해 보자.

숲의 도시

숲의 도시라 불리는 센다이 시는 히로세広瀬라는 강유역의 중앙에 발달한 도시이며, 전국적으로도 보기 드문 자연경관을 가지고 있다. 1987~1988년에는 2시 2촌을 합병하여 시 영역이 788.09㎢로 확대되어, 4계절 변화가 풍부한 광대한 녹지가 현의 경계까지 이어져 있다. 평야의 전원녹지, 하천의 녹지, 야산의 녹지가 더해져 산간의 자연림인 산림녹지가 펼쳐져 있다.

그러나 산림으로 둘러싸인 도시는 세계적으로도 많으며 두드러진 차별점이라고 하기 어렵다. 여기서 필자는 센다이의 고유성이 '숲'이라는 단어에 있다고 생각한다. '숲의 도시'는, 1909년에 '센다이 시오가마 마츠시마仙台塩釜松島 유람의 길잡이'에 숲의 도시로 사용된 것이 시작이라고 한다. 한자로 표기하면 '森'이며 '杜'로 사용된 것은 그 이후의 일이다.

'숲의 도시'라는 명칭은 다테한伊達藩 시대에는 존재하지 않았지만, 마사무네伊達政宗(에도 시대 센다이의 명인)가 수로를 정비하고 집터마다 유실수를 심도록 장려하면서 성곽마을 전체가 숲으로 덮여 '수호신의 숲'으로 보였다고 전해진다. 마사무네의 녹화정책이 남긴 유산으로 볼 수 있는 것이다. 게다가 논밭 지대에는 이구네居久根라는, 집터를 둥글게 감싼 수림이 있는 풍경을 볼 수 있다. 이들의 공통점은 단순히 자연스럽게 생긴 녹지가 아닌 사람이 손으로 만든 녹지, 거기에 정원과는 다르게 생활에 유용하도록 이어진 녹지가 특색인 것이다.

전후 전소되어 들판이 된 시가지에 조유젠지定禅寺 거리, 아오바青葉 거리 등 넓은 도로를 만들고, 오늘날 센다이를 대표하는 느티나무 가로수를 심은 오카자키岡崎 시장의 정책, 후지藤井 전 시장의 '백년의 숲 구상', 현재의 우메하라梅原 시장의 '백만 그루의 숲 만들기식재계획' 등에, 한세이 시대 때 '숲만들기'를 추진한 마사무네의 유전자가 흐르고 있는 것이다.

또한, 1977년에 이 느티나무 가로수 거리에 센다이 시의 공공예술의 선구자라고 불리는 에밀리오 그레코의 조각이 설치되었다. 그 후 느티나무 가로수인 조우젠지 거리에서는 '조우젠지 스트리트 재즈 페스티벌'3 등 다양한 행사가 열리고 있으며, 센다이에는 그런 행사의 무대장치로 빠뜨릴 수 없는 매력적인 도시의 경관을 만들고 있는 것이다.사진 10.1

사진 10.1 조우젠지 스트리트 페스티벌

도시 비전에 '숲의 도시'를 재구축하고 있지만, 그것은 단순히 숲을 보전하고 배양하는 것만이 아닌, 새로운 녹지를 창출할 것과 축제와 예술행사에 녹지의 회랑을 적극적으로 활용한 활동을 추가한 점이 중요하다. 이러한 시민활동이 더해져 능동적으로 만든 새로운 '수호신의 숲'이라는 이미지가 보이는 것이다.

배움의 도시

'배움의 도시 센다이'의 기초는 무사학교였던 '요우켄도養賢堂'로 거슬러 올라간다.

센다이의 도시에는 1886년에 창립된 동북학원대학을 시작으로, 현재 16개 대학, 4곳의 단기대학, 2곳의 고등학교가 있다. 인구 100명당 학생 수가 5.42명으로, 교토, 후쿠오카, 도쿄 도의 구에 이어 4위를 기록하고 있다. 문자 그대로 배움의 도시라는 이름에 걸맞은 역사를 가지고 있다. 그 중에서도 도호쿠東北 대학은, 1907년에 도쿄 대학, 교토 대학에 이어 3번째 제국대학으로 설립되어 '연구 제일주의'와 '문호개방'을 학풍으로 삼고 수준 높은 학술연구 성과와 유익한 인재를 배출하는 등, '배움의 도시 센다이의 얼굴'로 존재해 왔다. 또한, 특허등록 건수와 연구개발에 연관된 다양한 부문에서 일본에서 상위 4위에 기록되어 있다.

이렇게 높은 연구 집적도에 비해, 예술계 대학으로는 도호쿠 생활문과대학이, 음악과로는 미야기 학원 여자대학 등이 있으나, 그 층이 얇고 특히 예술경영과 예술관리 계통의 학과가 부족하다. 창조도시를 지향하는 도시에서 예술계 대학의 전문성을 사회에 살리기 위해서는 이 분야를 충실하게 강화해야 할 과제가 남았다.

유럽 도시와 달리 탈공업화가 뒤쳐진 일본에서는, 새로운 산업창출을 향한 이공계의 지적인 집적이 IT산업 등의 창출에는 유리하지만, 그 점을 충분히 살리고 있지 못하다. 나아가 오늘날은 지식경제에서 창조경제로 옮겨가야 한다는 주장이 힘을 얻고 있으며, 이는 지금까지의 SET로 불리는 과학적·공학적·기술적인 지식에 보탤 문화적·예술적 표현이 가진 경제적 중요성을 강화해야 함을 의미한다.

이러한 시점에서 센다이를 보면, 예술과 관련된 지식과 제휴할 필요성과 함께 '배움의 도시 센다이 컨소시엄'[5]이 형성되고 있다는 점과 센다이가 가진 배움의 도시의 전통을 폭넓게 되살린 과정, 대학과 기업이 지식을 제휴하고 있다는 점은 기뻐할 만하다.

다테의 기질

다테 마사무네伊達政宗는 1613년 사절단을 조직하여 로마 바티칸에 특사를 파견하는 등 스스로 무역 루트를 찾았다. 스페인과 포르투갈이 패권을 다퉜던 대항해의 시대였다. 또한 25살부터 35살까지는 교토와 오사카에 1년의 반을 머물며 그 시대의 문화에 젖어 있었다. 마사무네는 난방 문화의 영향을 받아 노년에 만들고자 했던 섬세하고 대담한 디자인의 갑옷陣羽織[6]에 비친 미의식, 나아가서는 전통음악, 서예, 다도, 예능 등에서 그 재능을 보인 일류 문화인이었다. 특히 노가쿠陣羽織 일본의 대표적인 가면음악극는 무사집안의 소양으로, 스스로도 큰북의 명수였다는 것은 잘 알려진 사실이다.

이것으로 마사무네의 기질은 '진취적 정신', '세계적', '세련된 취미' 등이라는 것을 알 수 있다. 이것은 전국시대 장수의 거칠고 세련되지 못한 정신과는 크게 다르다. 충실하게 파고들어야만 발견할 수 있는 콘텐츠는 이런 기질로도 사용할 수 있다. 창조와 교류를 이념으로 한 도시 비전인 '대교류 시대'라는 의식이 이어지고 있는 것이다.

요람의 땅

센다이는 지금 문학의 붐이 일고 있다. 이것은 센다이 출신 또는 센다이에 사는 작가가 활약하고 있기 때문이다. 센다이 출신의 온다 기쿠恩田陸, 센다이에 사는 작가로는 미스터리 작가 이사카 고우타로伊坂幸太郎, 미우라 아키히로三浦明博, 구마가이 다츠야熊谷達也, SF 작가인 세나 히데아키瀬名秀明, 사에키 가즈미佐伯一麦 등이 있다. 최근에는 가수 마카라 마치俵万智가 센다이로 왔다.

『해후의 숲邂逅の森』으로 나오키 상을 수상한 구마가이는 센다이에 집착하는 이유를

> 센다이를 떠나지 않는 것은, 자신이 태어난 토지라는 점도 있지만 집필하기에 매우 좋은 환경을 가지고 있기 때문이다. 산과 바다라는 자연이 가까이 있으면서도 필요한 정보에 쉽게 접근할 수 있고, 불필요한 잡음도 없다. 나에게는 거의 최고의 환경이다. 나아가 맛있는 음식과 기후도 좋다. 따라서 아직까지 센다이 이외의 땅에서 글을 쓸 이유를 발견하지 못했다.[7]

고 서술하였다. 도시적인 것과 산과 들의 자연이 적절한 거리감을 가지고 있으며, 그것이 작가의 창조적인 작품생산의 원천이 되는 것이다.

돌이켜보면, 센다이 출신의 저명한 문인은 도이 반스이土井晩翠 외에 그리 많다고 할 수는 없지만, 이 도시를 왕래한 문인은 많다. 대표적으로, 시마자키 도손島崎藤村의 고향은 마고메馬籠지만, 1896년 24살 때에 센다이의 선교 대학에서 10개월간 생활한 후 근대시의 여명을 알린 『와카나슈若菜集』를 저술했다. 젊은 시인이 마음의 상처를 치유하고 되살린 창조의 힘을 얻은 곳이 센다이였다.

이 이야기에서 얻을 수 있는 것은 '요람의 땅'이라는 말이다. 센다이라는 온화한 토지의 기후와 풍토, 주민들의 인심, 문인들의 로망 등이 어우러져 센다이를 방문하는 여러 문학자의 청춘과 '정신의 요람'이 되었던 거리가 지금까지 이어지고 있는 것이다. 바꾸어 말하면, 문화의 '배양기'라고도 할 수 있다. 이것은 구체적인 문화사업에도 이어지고 있다.

코어 컴피턴스는 도시가 이루어진 역사라는 시간축, 지리나 풍토적인 공간축에 더해, 인간이 구사하는 다채로운 언어에서 추출된 문화축이라는 세 가지 축 위에 형성되어 있다. 특히, 문화축은 그 땅의 수호신 genius loci이라고 부르는 토지가 지닌 정신성이나 영적 작용과 인간의 창조적인 행위의 결과로 태어나는 것이며, 이 문화축에 주목한 것이 열쇠가 된다.

센다이 시의 문화사업의 중심과 사고방식

센다이 시의 문화 진흥책은, 1984년에 문화담당 부서가 설치되고, 그 후 1986년에 사업계 재단법인 '센다이 시민문화사업단'이하 문화사업단이 설립된 것이 계기였다. 문화시설은 음악당 등을 짓다 말았지만8, 문학관, 미디어아트, 연극공방 10-BOX 등 소프트와 일체화된 시설을 정비해 왔다. 또한, 수많은 감상사업을 제공하는 것 외에 시민문화 활동에 대한 조성사업 등이 계속되어, 그 특징을 한마디로 말하면 소프트를 중시한 것이라고 할 수 있다. 사업의 질적인 면에서도 유통형 사업9이 더해져 설립 당초부터 창조형 사업10에 큰 특색을 보였다.

그러나 현재는 지금까지의 예술문화 진흥책을 예술문화의 틀 속에서 어떻게 높일 것인가와 같은 내부 지향적인 진흥책이 아닌, '예술문화를 도시정책에 살린다'는 시점을 중시하고, 그를 위한 방안은 무엇인가를 생각하는 사고의 전환단계를 맞이하고 있는 것이다. 아래의 세 가지 축에서 그 정책과 과제를 살펴보자.

음악의 도시 센다이

센다이 시는 음악계 문화사업의 총칭이며, 또한 도시정책의 하나로 '음악의 도시 센다이'를 표방하고 있다. 그 '음악의 도시樂都'라는 언어의 유래는 1995년에 센다이 국제음악콩쿠르의 전신인 '젊은 음악가를 위한 차이코프스키 국제콩쿠르'11에서 '배움의 도시에서 음악의 도시로'라는 선전문구로 사용된 것이 시작이었다.

그 후 센다이 시 400년을 기념하여 창설된 '센다이 국제음악콩쿠르'2001년, 2004년의 표어인 '음악의 도시 센다이'가 광범위하게 사용되어 정착되었다. 현재 '음악의 도시 센다이'는 클래식 음악사업뿐만 아니라, 전문 오케스트라를 지원하고 음악당을 견고하게 짓는 등 정비를 포함한 넓은 정책이념으로 발전한 것이다.사진 10.2, 10.3

센다이 필하모니 관현악단

센다이 오케스트라는 1973년 미야기 필하모니 관현악단으로 발족하여 1998년에 센다이 필하모니 관현악단이하 센다이 필으로 명칭이 변경되었고, 1992년에 재단법인으로 등록되어 그 기반이 다듬어져 왔다. 일본 오케스트라연맹 소속 전국 23개의 전문 오케스트라 중 하나로 활동하고 있다. 센다이 시는 도시문화 기반을 지향하자는 의미로 오케스트라를 '도시의 소프트 인프라'로 정하고 연간 3억 엔 넘게 지원하고 있다. 지금까지 센다이 필은 아시아 음악제와 하세쿠라支倉 오페라 제작에 크게 활약하여, 일본 음악계에 중요한 역할을 한 예술문화 사업과 걸음을 같이 해 왔다. 문자 그대로 '음악의 도시 센다이'의 핵으로서 센다이의 음악문화를 지탱하고 있는 것이다.

　일본 음악계에 음악가는 12만 명12 정도라고 알려져 있고, 연주자는 2만 3,400명이다. 약 10%가 오케스트라 단원인 것이다. 일본 음악가의 구조에서 전문 오케스트라는 매우 특수한 위치에 있으며, 전문 예술가의 존립형태를 축소해 놓은 것이기도 하다. 즉, 오케스트라는 노동집약형 음악단체의 필두로, 방송국 내지는 지자체의 보조를 기본으로 국가 보조를 더해져 경영이 이루어지는 구조다.

　센다이 필은 지금까지 안정된 경영기반의 확립을 위해 다양한 개혁을 진행해 왔지만, 2006년도에는 음악감독제를 벗어나 파스칼 베로를 시작으로 한 3명의 새로운 지휘자를 영입하여 악단사무소를 집단지도 체제로 정비하였다. 그 결과, 정기연주회의 입장객 수가 점차적으로 늘어 현재는 물밀듯이 모여드는 상황이 되었다.

　그러나 일본의 연주자와 관중 사이에 있는 클래식 음악계의 경영이 처한 곤란한 상황은 여전히 계속되고 있지만, 상업적인 격차를 뛰어넘

사진 10.2 센다이 국제음악콩쿠르 포스터

사진 10.3 센다이 국제음악콩쿠르 2004

어 도시 속에 큰 음악자원인 전문 오케스트라를 살려 발전시키는 것은
큰 과제다. 센다이의 경우 전문 오케스트라를 음악진흥에 적극적으로
활용한, 즉 센다이 필을 측면에서 지원하는 구조가 '음악의 도시 센다
이' 사업 속에 굳건히 서 있는 것이다.

센다이 국제음악콩쿠르

2007년도는 3년마다 하는 센다이 국제음악콩쿠르를 개최하는 해다.
국제음악콩쿠르 세계연맹WFIMC 가입 120 단체에 들어가게 되었다. 협
주곡을 그 특색으로 하는 콩쿠르는 세계적으로도 많지 않은 높은 수준
의 지명도를 가지고 있다. 제3회째에는 바이올린, 피아노 부문에 35개
국가와 지역에서 322명이 신청하였으며, 서류와 녹음으로 예비심사를
통과한 213명이 세계 6개 도시빈, 파리, 모스코바, 상하이, 센다이, 뉴욕에서 오
디션을 거쳐, 5월에서 6월까지의 1개월에 걸쳐 연주가 울려퍼졌다. 300
명이 넘는 자원봉사자, 열성적인 콩쿠르 팬들이 생겨났으며 본선만이
아닌, 많은 콘서트 기획이 시민의 손으로 행해지는 등 점점 시민들에게
침투하여 정착되고 있다. 당초 목적인 세계 음악문화의 진흥과 젊은 재
능의 발굴이 전 세계적인 문화교류를 촉진시켜, 새로운 생활방식으로
진보하고 시민생활이 향상되는 사회적 효과로 이어지고 있다.

음악사업으로 보면, 저명한 음악가가 중심이 된 음악제와 비교해 콩
쿠르 사업은 규모가 작고, 우승자가 나오지 않는 등의 우려도 있는 사
업이다. 출전자의 시장가치는 몇 년 후 생긴다. 센다이 시가 이러한 긴
안목으로 사업을 선택한 것은 전 단계인 코어 컴피턴스의 사상으로도
이어지는 것이다.

센다이 클래식 페스티벌

'음악의 도시 센다이' 프로젝트에 새롭게 가담한 '음악의 도시 클래

식 페스티벌'에 대해 다뤄보자. 지금까지의 문화진흥책이 '예술문화를 지키고 키운다'에 역점을 두었다면, 지금부터는 '누구나 예술문화를 즐길 수 있는 환경'을 만드는 것이다. 나아가 예술문화가 도시만들기에 도움이 된다는 시점이 중요한 것이며 페스티벌은 이 방향에 알맞은 사업구상이었다.

　일본에서 열리는 클래식 음악분야의 음악제 개최수는 현재까지 120회 정도지만, 아직도 유럽의 대표적인 음악제와 비교해 규모가 작으며 도시의 문화산업이 될 정도는 아니다. 지금까지 음악제는 '음악가의 육성·교류와 교육보급'이라는 두 가지 측면에서 논해 왔지만, 도시재생과 경제적 측면에서 논하는 새로운 유형의 음악제가 화제가 되기 시작했다. 대표적으로 음악 프로듀서인 르네 마르탕이 제창하여 1995년에 시작된 프랑스 낭트 시의 '라 포르 주르네열광의 날'가 있다. 이러한 도시형 음악제는 특허를 받아 패키지로 만들어 리스본 시, 빌바오 시, 도쿄에 수출되기에 이르렀다. 2005년에 행해진 도쿄의 라 포르 주르네는 32만 3,000명, 2006년 2회째는 69만 5,000명이 모이는 등 큰 반향을 불러일으켰다.

　2006년에 시작된 이 페스티벌은 이러한 분위기를 따랐지만 독자성이 강했다. 예술가만이 아닌 청중의 시점에서 만들어진 내용은 클래식 음악이 확대되도록 기여했으며, 가을행사로서 센다이에도 큰 붐을 불러일으켰다.

　그 개요는, 어디선가 들었던 클래식 음악을 전문음악가가 참가해 시내 10곳의 행사장에서 101회의 콘서트를 동시다발적으로 개최하는 것이다. 43개 조 500명의 출연자, 모두 1,000엔이라는 싼 요금, 한 콘서트가 45분간, 어린이도 동반할 수 있는 등의 다양한 내용을 가지고 있다. 한마디로 말하자면, 이 페스티벌은 도시를 '음악의 테마파크'로 변신시

키는 시도였다. 결과는, 연장 입장객 3만 명, 유료공연 93회 중 59회 공
연이 매진되었으며, 대호평 속에 막을 내렸다. 클래식 초보자 수도 목
표했던 60%를 넘었고 한 연령층에 치우치지도 않았다. 반성할 점으로
는 시내 입장이 76%로 압도적이었던 반면, 현 외에서의 입장객은 8%
에 그친 것이다. 내용에 대한 만족도는 매우 높았으며, 스폰서 측면의
만족도는 그 이상이었다. 이것은 각 콘서트마다의 기업관은 물론, 생중
계13와 홀 내부에서의 기업 프로모션을 대담하게 인정하는 등 기존의
메세나 형태의 협찬에서 진일보시킨 결과였다.

　센다이 시에는 NPO를 시작으로 시민참가형의 우수한 음악제가 열
리고 있다. 이 사업은 문화와 경제의 융합을 의식한 최초의 음악제로
서, 민관협동의 수법이라는 점이 중요한 특징이다. 조직운영 체제는 실
행위원회 방식을 취했으며 기존의 형식적인 조직이 아닌 임무를 공유
하는 프로집단의 운영체제를 갖추었다. 먼저, 전체의 예산관리를 시작
으로 사무국을 중심으로 한 시 및 문화사업단이 있다. 두번째는 프로그
램을 구성하고 그 예술성과 시장성에 모든 책임을 지는 프로듀서 집단,
세번째는 기업협찬 모금을 시작으로 음악제의 기업제안 등을 받는 대
행사, 네번째는 음악제를 홍보하고 입장권판매를 책임질 방송국, 이 4
자가 중심이 된 활동이다. 콘서트를 일종의 상품으로 본다면 ① 상품개
발, 납품=프로그램과 예술가의 선정, ② 자금조달=협찬기업, ③ 상품
판매=입장권판매라는 3단계만으로 가능하며, 4자가 각 단계의 위험부
담을 지면서 책임을 분담하는 형태를 가진다.

　이러한 음악제를 운영할 수 있었던 시대적인 배경으로는, 매체환경
의 변화를 들 수 있다. 결국, 방송매체는 최근 계열국의 수직통합이 붕
괴하면서, 사업체로서의 자립이 요구되어 독자적인 콘텐츠를 찾아 움
직인 것이다.

이 사업에서는, 문화를 매개로 기업을 끌어들여 '센다이식 비즈니스 모델'을 만들어내는 것이 숨은 목적이었으며, 그것이 공적 분야의 기존 문화사업과는 다른 업무수법이며 도전이었다. 관리현장에서는 기존 상호의존형의 연대만이 아닌 서로 역할을 분담하면서 주체적인 활동으

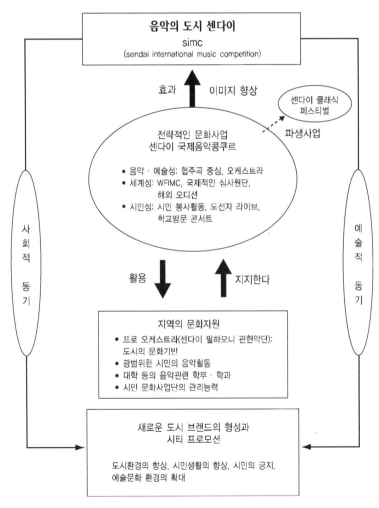

그림 10.1 음악의 도시 센다이

로 사업에 참가하는 것이다. 그 결과, 입장권의 판매, 기업협찬 등 큰 폭으로 목표를 넘어설 수 있었다.

시장성이 약하다고 알려진 클래식 음악제임에도 사업의 방법에 따라서는 강력한 비즈니스 콘텐츠가 될 수 있다는 것을 증명한 것이다.

'음악의 도시 센다이'는 콩쿠르의 구호에서 시작된 도시 프로모션이고 정책의 하나로 진화된 사업 콘셉트지만, 새로운 도시 비전에서도 중심이 되는 도시이미지를 만든 것이다.

연극의 도시 센다이

연극 붐의 도래

센다이 시의 연극 진흥책은 1987년 엘파크 센다이 개설과 함께 행해진 '무대기술 육성강좌'를 기점으로 한다. 이 강좌와 외래 소극장계의 연극공연이 자극이 되어 극단이 증가했다. 두번째로는, 청년문화센터에서 1992년부터 시작된 센다이 연극제, 1995년부터 연극 워크숍에 이어 영화운동이라고 불리는 오늘날의 프로듀서 공연의 혼을 만드는 시도였다. 그 후 2001년의 '센다이극의 거리 희곡상'이 시작되었다.

센다이 연극공방 10-BOX

세번째로는 2002년 창조문화 시설 '센다이 연극공방 10-BOX'가 개설된 것이다. '시도하면서 정성껏 연극을 만드는 공간이라는 콘셉트로, 대규모 제작작업장과 임대 작업장 등 다른 곳에는 없는 특색 있는 시설, 경영면에서는 최장 6주간의 장기이용과 정기이용을 우선으로, 야간에도 연장 이용할 수 있는 나이트 패스를 발행하는 등, 창조자의 입장에서 운영시스템을 만들었다. 매년 열리는 워크숍은 더욱 진화된 검은 띠·흰 띠 도장, 국제 연극학교를 거쳐 보다 고도의 장기화된 사업 체계가 되었다. 나아가 중요한 점으로는 장애인용 시설 '노조미 정원'

이 같이 있어 개인주의로 흐르기 십상인 연극활동 단체에 새로운 과제를 던졌다. 커뮤니케이션 예술이라고 불리는 연극에게 무엇을 할 수 있는지 묻는 것이다.

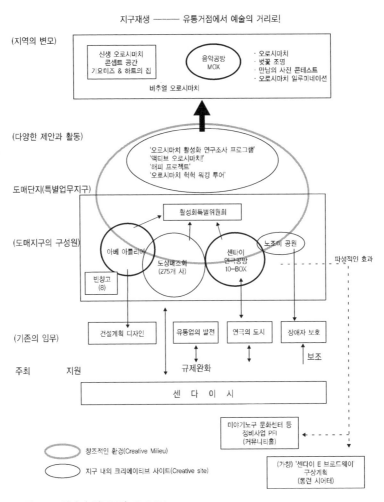

그림 10.2 센다이 연극공방 10-BOX

현재 극단사업은 희곡상과 프로듀서 공연이 2년마다 실시되어, 희곡상을 선정하는 해에 연극제가 열린다. 내용면에서는 2대째의 공방 대표, 야마키 도시부미八券寿文의 '가구라神楽(신에게 제사 지낼 때 연주하는 무악)'의 복권이 시도되었다. 도호쿠는 일본 유수의 민족예술의 보고로 잘 알려져 있었지만, 도시 쇠퇴와 후계자 부족으로 인해 폐색이 짙어가고 있다. 신앙과 기원인 가구라는 현대연극과 반대성향으로 보이지만, '신체=정신'으로 통하는 무대표현의 기준으로서 현대에 계승되고 있다. 이 가구라를 재발견하고자 오래된 새로운 연극의 재생을 시도하고 있는 것이다. 도호쿠의 센다이라는 시점과 가구라라고 하는 이 땅에 전해져 오는 신체언어를 다시 보고자 하는 것은 지금까지의 연극진흥에서 한 발 나아간 것이다.

오로시마치(卸町)로의 파급

10-BOX의 개설은 오로시마치 지구와의 협동으로 지구재생을 의식화시킨 결과다. 오로시마치는 1965년 센다이 시 동부에 도매업자 191개 사가 참가하여 설립된 도매종합 유통단지다. 현재는 약 55만㎡의 토지에 275개 사, 약 5,000명이 종사하고 있다. 유통에 큰 비중을 차지했던 토지이용으로 개발한 지 30년이 경과하여 갱신할 시기를 맞이하고 있다.

2003년에 규제가 완화되어 지금까지 특별업무 지구로 인정받지 못했던 소매점, 음식점, 집회소, 극장, 영화관, 연회장, 관람장이 인정받게 되었다. 도매상가 단지를 구성하는 도매센터조합에서는 오로시마치 지구 142만㎡의 마을만들기협의회 외에 활성화특별위원회를 만들어 마을만들기의 새로운 결실을 맺어갔다.

10-BOX의 활동으로 촉발되어 오쿠다 준이치奥田潤一 이사장의 도매조

합이 주도하여 '버추얼 오로시마치', 야외영화관 '오로시네마' 등 다양한 프로젝트가 고안되어 지구의 변모에 이목을 집중시켰다. 상징적인 프로젝트로는 2004년 8월에 임대 스튜디오 광고탑인 붉은 비상계단이 등장했다. 조합 사람들은 이것을 'MOX 정열 타워'라고 부르고 있다. 4곳의 스튜디오와 웨딩룸에 주로 설치된 시설로서, 밴드 등의 음악활동으로 인기 있는 장소가 되었다. 시설을 개업하면서 지금까지 오로소마치가 좀처럼 만날 수 없었던 젊은 사람들과 교류하기 시작한 것도 효과 중의 하나다. 다양한 사업을 통한 만남은 '창조적인 환경Creative milieu'을 형성해가고 있다.

창고의 도시에서 만납시다

센다이의 예술 프로듀서 요시카와 유미吉川由美는 오로시마치 조합원의 의식을 자극하기 위해 일련의 사업을 진행하였다. 아사히 아트 페스티벌에도 포함된 '창고의 도시에서 만납시다2005년라는 예술행사는 자신들의 지역가치를 재발견하는 효과를 가져왔다. '와 와 워킹 투어'라는 이름의 행사는 오로시마치만의 상품지식과 소재정보 등을 20명 남짓 참가했던 시민에게 전했다. 예를 들어, 도기상이 '좋은 다관은 손으로 만든다'를 직접 보여주면 모두 '와~'를 연발한다. 평범함은 의외로 가까이에 있다는 점을 참가자도 주최자도 인식했다. 호평을 받은 이 행사는 다음 해에도 부근 초등학교 생활과의 수업인 '오로시마치 창고학교'에도 적용되었다. 나아가 이용하지 않던 빈 창고를 되살렸다. '기요미즈', '하트의 집'이라는 이름을 붙여 즐거운 행사가 진행되었고, 단순한 기능만 하던 창고를 새로운 고유가치로 이어 나갔다. 2006년도는 '느티나무 가로수에서 만납시다'라는 타이틀로 다양한 라이브와 워크숍이 열렸다.

도매상가 단지 뉴스의 상징구호도 변했다. '지금이야말로 원점으로'
에서 '변합니다! 오로시마치'로, 그리고 현재는 '혁신 오로시마치'라는
확실한 진화를 표방하고 있다.

센다이 E - 브로드웨이 구상

또 하나 '연극의 도시 센다이'로서, 현재 진행되고 있는 관민협동 프
로젝트를 소개하고자 한다. '센다이 E - 브로드웨이 구상'이라고 불리
는 장기공연이 가능한 극장정비 계획으로, 장소가 센다이 역 동쪽에 있
어 E가 사용되었다.

이 프로젝트가 시작된 배경은, 2001년에 실시된 지역 최초의 장기
공연극단 사계의 <오페라의 유령>이 83일 동안 92회 공연으로 11만
4,237명의 관객을 동원하였고, 나아가 2003년 <캣츠> 공연에서는 139
일 동안 146회 공연에 14만 9,383명을 동원한 기록을 만든 것이 계기
였다. 이 공연으로 뮤지컬 공연이 넓은 지역에서 고객을 유치하기 위
한 장치로 널리 인식된 점과 스스로 만든 웹사이트, 음식점과의 제휴
등 장기공연으로 인해 다양한 사회현상이 일어났다. 이 폭넓은 경제·
사회적 효과가 현실화되어 이 프로젝트의 기운이 순식간에 높아진 것
이다.

현과 시, 상공회의소, JR, 매스컴, 기업 등의 관계자가 하나가 되어
시도하게 되었다. 민관협동으로 사회조직을 만들어 우수한 소프트를
항시적으로 도시에 공급하는 것이 첫 목적이지만, 궁극적으로는 제작
에서 상연까지 전 과정에 걸쳐 많은 사람들이 참여하고 즐기면서 진행
하는 '극장문화'를 만드는 것을 지향하였다.

일본의 극장문화는 그 다양성이 약하여 여러 극단에서 무대의 장기
공연이 시도되었지만, 1개월을 넘긴 공연은 극단 사계를 제외하고는

드물었다. 일상적으로 상연되던 '상설 연극흥행장'이라는 전통은 있었지만, 전후 일본의 공공 홀은 다양한 행사를 위한 다목적 문화회관으로 정비되는 과정에서 없어지고 말았다. 이 프로젝트는 그러한 연극흥행장을 회복한 것이다. 뉴욕에서 본 바와 같이, 무대작품을 주민이 지탱하는 구조를 작으나마 가능하게 하고자 하는 염원을 담아 프로젝트 이름을 정한 것이다.

극장이 도시의 한 기능으로 인식되기 위해서는 무대작품이 지속적으로 상연될 필요가 있으며, 그러한 극장이 도시에 존재함으로 인해 새로운 극장문화가 형성된다. 그것은 도시에 활기와 풍요로움을 창출하며, 출연자가 오래도록 체류하면서 가져오는 예술의 효과, 즉 그 소재를 사용한 어린이 강좌와 워크숍 등으로 인한 교육효과 등, 직접·간접적인 효과가 기대된다. 도시활동의 다양한 연쇄반응으로 인해 그 극장문화는 도시생활의 일부가 되어 사람들과 함께 커가는 것이다.

공공 홀의 건설에서는 건설 그 자체가 목적이 되어 내용면에서 소홀해지기 쉽다. 이 프로젝트에서는 이러한 공공 홀의 한계를 넘기 위해 정비후보지, 정비방법, 운영 시스템 등 기존방식이 아닌 새로운 생각으로 계획했으며, 실현까지는 상당히 어려울 것으로 예상되지만 지방도시에서 장기극장의 운영 모델이 될 수 있다는 큰 의미를 가지게 되었다.

'연극의 도시 센다이'는 극장이 지닌 커뮤니케이션의 힘을 활용하여 다양한 사업, 프로젝트를 통해 시행착오를 겪어 왔다. 앞으로도 도시에 어떤 '극장문화'와 충격을 전할 수 있을지가 과제다.

ART 센다이

'ART 센다이'가 또 하나의 기둥이 되어야 하는 것은 마사무네의 미의식에 비추어 보더라도 자명한 것이지만, 그것은 필자의 희망을 담은 용어이며 현안에 직면해 정당화시킨 것은 아니다.

아트 갤러리, 도서관, 영상센터의 기능을 겸한 복합문화 시설 '센다이 미디어테크'가 2000년에 시공되었다사진 10.4. 지금은 세계적인 건축가로 활약하고 있는 이토 도요伊東豊雄가 설계한 것이다. 13개의 철골이 얇은 바닥과 유리벽을 지탱하는 특이한 건축은 개관 이래 시찰자가 끊이지 않는다. 영상사업 등이 이루어지고 있으며, 시민에게는 센다이의 지적인 중요장소로 인기를 얻어 왔다. 미술과 영상문화의 활동거점으로 움직이기 시작했다. 그러나 지금까지도 센다이 미디어테크라는 건축작품으로서의 영향은 크다. 역으로 말하자면 센다이를 상징하는 대표적인 예술사업은 아직 보이지 않는다는 것이다.

돌이켜보면, 센다이 시의 예술사업의 경우, 대중예술의 핵이라고 할 수 있는 '센다이 조각이 있는 마을만들기' 사업이 비교적 빠른 1977년부터 시작되었다. 주문생산으로 저명한 조각가에게 설치장소에 맞추어 작품제작을 의뢰하는 '센다이 방식'은 시 안팎에서 높은 평가를 받았다. 또한 문화사업단에 의해 몇 가지 전시사업이 시작되었고 무대예술 분야도 사업의 중심이 되었지만, 시각예술에 있어서는 보관문제도 있어 크게 진전되지는 않았다. 2007년도부터는 센다이 시의 아트센터라고 불리는 '센다이 미디어테크'의 지정관리자가 문화사업단으로 변경될 예정이며, 이것을 시작으로 예술 분야의 일원적인 조직체계를 만들어 창조도시 추진사업에 있어 새로운 전개가 기대된다.

앞으로의 전망에 대해 요구되는 시점을 3가지로 정리하자면,

사진 10.4 센다이 미디어테크의 외관
제공: 센다이 시

① 예술은 본래 다양한 문화 장르와의 융합으로 인해 새로운 지평을 열어 왔다. 앞으로 어떤 장르가 융합할 수 있는지 지역자원에 맞추어 새롭게 찾아야만 하는 단계가 오고 있다. 프랑스 낭트 시의 'BOOK & ART전'15 등이 힌트가 될 것이다.

② 미술관, 갤러리를 총칭해서 '화이트 큐브'라고 부르는데, 예술을 화이트 큐브에 가두는 것이 아닌 도시 그 자체와 어떻게 관여해 나갈 것인가가 문제가 된다. 사례로, 기타가와 포럼에서 에츠고 츠마리越後妻有가 프로듀스한 예술제 '대지의 아트 트리엔날레'와 도시형인 '파레 다치가와'16 프로젝트를 들 수 있다.

③ 센다이에는 새로운 유형의 도시를 상징하는 종합적인 예술전이 반드시 필요하다. 그것이 예술 전문가뿐만 아닌 창조적인 인재를 끌어들이게 된다. 이러한 생각으로 2007년도에는 가칭 '창조도시 추진회의' 및 '크리에이티브 카페' 사업이 시작될 예정이다.

건축이 거의 하나의 예술작품으로 인지되는 '센다이 미디어테크'는 아직 큰 가능성을 가지고 있다고 필자는 생각한다. 또한 1919년에 월터 그로피우스W. A. G. Gropius가 시작한 '바우하우스bauhause'17를 염두에 둔 것인데, '센다이 미디어테크'는 더 넓은 시점으로 바라볼 필요가 있다. 도시 전체를 시야에 넣고 예술을 매개로 한 정책융합을 추진하는 예술센터가 되어야 한다.

《주 · 출전》

1. 코어 컴피턴스는 가치를 제공하는 기업 내부의 일련의 기술 중에서 타사가 흉내낼 수 없는 기업만의 힘, 또는 근원적 경쟁력을 의미한다. 제창자인 Gary Hamel과 C. K. Prahalad는, 제품, 서비스, 기술, 자산, 인프라, 비즈니스 유닛 등의 변하는 경영자원을 받아들이는 방식의

하나로서 '흩어져 보이는 사업의 집합체를 연결시킨 결합체다'라고 정의하였다.

2. 이구네란, 센다이의 농촌에서 많이 보이는, 부지를 둘러싸려고 심은 가옥 주변의 숲을 말한다. 눈과 바람으로부터 집을 보호하고 식재와 건재, 연료로 이용하기 위한 숲으로 지역문화, 환경교육, 경관보존 등의 관점에서 최근 그 가치가 재인식되고 있다.

3. 定禅寺 스트리트 재즈 페스티벌은 1991년에 시작된 시민 수공예 행사로서, 기네스북에도 등재된 규모로 16회째를 맞은 2006년은 이틀간 71만 명을 동원하였고 연주참가자는 651개 밴드에서 4,000명을 넘어섰다.

4. '산학연계활동의 평가(경제산업성 平成 17년도 조사)에서는 전국 대학의 2위로 평가를 받았다. 기업과의 공동연구는 라이프 사이언스(平成 15년도의 건수 기반 25%), 제조기술(동 20%), 에너지(동 18%), 나노테크와 소재 (동 16%) 등의 분야를 중심으로 활발히 이루어지고 있다.

5. '배움의 도시 센다이 컨소시엄'은 2006년 9월에 만들어진 대학 등의 고등교육 기관과 시민, 기업, 행정이 호혜적인 관계를 맺는 배움의 도시의 연대나 지식의 창조도시를 지향하는 연대조직이다.

6. 모던한 디자인.

7. 河北新報(2004년 8월 28일) 문화란 인터뷰 기사에서.

9. 대형 음악사무소가 전국에 공급하고 있는 콘서트 기획 등을 그대로 사들이는 사업형태.

10. '支倉 오페라' 공연 등으로 대표되는 작품제작을 작곡, 대본, 연출, 게스트 등 제로에서 만들어 세상에 알리는 형태의 사업.

11. 차이코프스키 콩쿠르 입상자 연맹에 의해 1992년 모스크바에서 시작되었다. 센다이 시에서는 제2회를 개최하여 지속적으로 개최하려 했지만, 러시아의 혼란스런 국내사정으로 인해 무산되었다. 이에 대신하여 시작된 것이 센다이 국제음악콩쿠르다.

12. 伊藤裕夫 著, 『新刊 アーツ・マネジメント概論』, 水曜社, 2001.

13. TV 전화를 이용한 동영상 배송서비스, 도코모가 FOMA를 대상으로 제공.

14. '마치게키'는 연극제를 야외의 메인장소에서 열면서 이름 붙여졌다. 특색은 도호쿠 대학 공학연구과의 坂口大洋의 설계로 세워진 방식으로, 임시로 만들어진 사방 2.5칸짜리 가구라 무대에서 열리는 민속예능이다.

15. 옛 비스킷 공장을 예술센터 '뉴 유니크'로 개조하여, 거리서 열리는 책과 어우러진 예술전시회.

16. 1994년에 미군기지터 7개 지구에 109점의 예술작품을 전시해 거리재생을 이룬 사례. 파레는 이탈리아어로 '창조=fare'에 다치가와의 이니셜 T를 붙여 FARET가 되었다.

17. 바우하우스는 독일 마이마르 시에 개설된 공예, 미술학교로 1919~1933년까지 14년간 있었지만, 20세기 디자인과 건축에 큰 영향을 미쳤다. 초대교장은 건축가인 그로피우스였다. 센다이 시에는 일본 최초의 디자인센터라고 불리는 구 상공성 공예지도소가 1928년에 설치되었다.

도미다(富田) 팜(FARM)

반도 마유미(坂東真弓, 종합연구개발기공)

 이 책은 매력적인 도시를 만들기 위해 문화, 창조성을 중심으로 한 새로운 도시정책에 대해 다양한 시점으로 논점을 정리한 것이다. 이 연구가 앞으로 일본 활성화를 위해 중요하다는 점은 당연하지만, 일본에는 도시만 있는 것이 아니라 오히려 도시규모만 못한 소규모 마을이 더 많이 존재하고 있다. 인구도 적고 정보를 얻기도 어려운 그러한 지역에서는 도시와 같은 정책을 적용해도 충분한 효과를 발휘하기는 힘들다. 그럼 마을과 지역의 재생, 활성화는 어떻게 해나가야 하는 것일까?

 문화를 살린 지역만들기의 경우, 마을에는 풍부한 자연환경, 시골생활의 지혜, 여유로운 시간 등, 도시와는 다른 문화적 자원이 풍부하다. 필자는 도쿄 출신이지만 홋카이도에서 농업행정과 관련된 경험으로 농촌의 여유로움과 그 매력을 실제로 체험해 왔다. 따라서 여기서는 이 연구 프로젝트의 목적인 도시를 떠나 시골 중에서도 농촌지역을 대상으로 이러한 문화자원을 살린 매력 넘치는 지역만들기에 대해 생각하고자 한다.

 농촌의 이미지는 어떠한가. '풍부한 자연', '맛있는 음식', '지혜가 해박한 할머니', '전통·관습', '소박하고 지루한 …. 농업은 자연을 상대로 한 생명순환을 기조로 삼고 있으며, 농촌에서의 삶은 생산과 생활이 하나 되고, 공생, 조화를 기반으로 이루어지고 있다. 또한, 사계절의 변화가 뚜렷하고 계절마다 다른 농작업, 생활의 변화, 풍경의 변화, 동식

물은 농촌의 큰 매력이라고 할 수 있다.1

물론 매력만 있는 것은 아니다. 도회지를 동경하여 그 고장을 떠나는 젊은 사람이 늘어나고 있으며, 그에 따른 과소화와 고령화가 진행되어 활기가 없어지기 쉽다. 또한, 국내외의 경쟁으로 인해 기반산업인 농업이 쇠퇴하는 등 농촌지역이 안고 있는 문제도 많다.

그러나 도시에도, 농촌에도 각각의 장·단점이 있지만 어느 쪽이 좋은가에 대한 성격이 아니며, 그럴 필요도 없다. 단지 농촌주민은 의식적으로 단점을 많이 생각하는 편이어서 농촌이 지닌 매력을 느끼기 어렵다. 아마, 특별히 내세우고 싶은 농촌의 장점은 일상생활에 지나치게 밀착되어 있어, 그들에게 당연한 것을 새롭게 의식할 필요가 없기 때문일지도 모른다. 그러나 자신들이 사는 지역에 대한 부정적인 이미지를 가지고 있으면 당연히 지역에 대한 애착과 긍지는 자라기 힘들며 지역활성화를 위한 아이디어도 떠오르기 힘들다. 그럼 어떻게 하면 좋을까?

'그린 투어리즘Green Tourism'이란 말이 있다. 그것은 본래 도시와 농어촌의 주민끼리 하는 교류활동의 총칭으로서 농림수산성이 사용한 행정용어이며, 구체적으로는 농작업 체험, 농업 레스토랑, 농가 민박, 풍부한 자연과 동물과의 접촉 등, 농림수산성을 중심으로 한 생활경영 그 자체를 체험하는 관광사업을 목표로 한다. 그린 투어리즘은 거품경제붕괴 후인 1992년에 태어났는데, 스트레스 사회와 싸우는 도시주민의 '치료', '안정'에 대해 효과적으로 대응하기 위해 꾸준히 활발해지고 있다. 여기서 중요한 것은 농촌환경은 도시주민에게도 큰 가치를 가진다는 것이다. 도시주민은 풍부한 자연과

사진 1 도미다 팜의 전경
제공: 도미다 팜

그곳에 사는 야생환경, 그 지역에서 채취된 신선한 농작물을 살린 요리, 조용하고 느긋하게 즐길 수 있는 시간과 공간이 필요하여 농촌으로 향한다. 이러한 도시주민이 느끼는 '가치'를 교류활동을 통해 농촌주민이 재인식하는 것이 지역활성화로 한발 다가서는 것은 아닐까.

그럼, 홋카이도 오코페초興部町에서 그런 투어리즘 활동을 전개하는 낙농가 '도미다 팜'을 소개하고자 한다.

오코페초는 오호츠크 해에 접한 곳으로, 인구 4,700명에 젖소 10,700두를 키우고 있는 한가로운 낙농지대다. 도미다 팜은 80ha의 광대한 대지에 젖소 120두, 육성소 80두를 사육하고 있으며, 하루 2,500ℓ의 우유를 생산하고 있다. 질 높은 우유를 생산하기 위해 주식인 목초에는 화학비료를 일체 사용하지 않으며 소의 배설물을 발효시킨 유기비료를 투입한다. 또한, 우유 수확량을 늘리기 위해 기계를 사용하던 방법을 피하고 스트레스를 가급적 줄이며 관리하고 있다. 흙과 풀, 소와 사람의 순환을 고려한 순환형 낙농업인 것이다. 도미다 팜에서는 본업인 낙농 외에도 집에서 만든 치즈도 판매하고, 다양한 농업과 자연체험을 할 수 있는 농가민박, 레스토랑도 경영하고 있다. 정성껏 제조한 집에서 만든 치즈는 2006년 '제5회 ALL JAPAN 내추럴 치즈 콘테스트'2에서 2종류가 각각 최우수상, 우수상을 수상하였는데, 이것은 원료가 된 우유의 질이 높다는 것을 증명한 것이다.

사진 2 도미다 팜에서 태어난 송아지
제공: 도미다 팜

도미다 팜에서는 본래 낙농업만 하고 있었으나, 그것만으로도 대규모 경영이기 때문에 가족만으로는 노동력이 부족하여 아르바이트와 실습생을 받아들이고 있었다. 그리고 목장에 방문한 젊은 사람들을 직원과 실습생으로 받아들이면서, 그들 대부분이 도시생활로 인한 스트레스를 받아 치료가 필요하다는 것을 알게 되었다. 그들에게 있어 목장은 '치료', '배움'을 제공해주는 장소였다. 그래서 도미다는 그들이 또 오고 싶은 목장을 만들자고 결심하고 농장을 일반에게 공개하였다. 그것으로 치료와 배움의 장으로서 낙농의 매력을 전하는 활동을 시작한 것이다.

먼저, 낙농교육이라는 인증취득이 필요했다. 낙농교육 팜이란, 농장에 어린이들이 방문하여 견학과 체험을 통해 생명과 먹거리의 소중함을 배우고, 너그러운 마음을 키울 기회를 제공하는 목장, 농장이다. 인증을 취득한 2002년부터 젖 짜기 체험과 아이스크림, 버터 만들기, 농작업 체험 등 낙농체험 서비스를 제공하기 시작하여, 그 다음 해에는 치즈를 만들어 팔고, 농가민박, 레스토랑을 운영하였다. 여기서 농가민박은 체험숙소로 운영되고 있으며, 숙박자는 무엇보다 체험을 하도록 하는 것을 원칙으로 하고 있다. 이것도 작지만 많은 사람에게 낙농의 매력을 전하고자 하는 마음의 표현인 것이다. 도미다 팜의 홈페이지를 보면 도미다 씨의 생각을 홈페이지 관리자인 딸이 멋있게 표현하였다.

아버지는 꿈이 있습니다. 그것은 이 목장을 다양한 사람들과 교류할 수 있는 공간으로 만드는 것입니다. 도시에 사는 사람들이 여기에 와서 체험하고, 배울 수 있는 그러한 목장을 꿈꾸고 있는 것입니다. 오호츠크 해의 자연은 우리에게 풍부한 혜택을 전해주고 있습니다. (중략) 제품을 손에 넣는 것만이 아닌 그것들이 주는 은혜를 받아들이며 그 과정에 참가함으로써 우리와 자연과의 거리는 더욱 가깝게 되는 것입니다.

아버지의 꿈은 이러한 자연과의 생활을 통해 목장을 사람들의 치료 공간으로 만드는 것입니다.

　물론, 처음 그린 투어리즘 활동을 전개하게 된 계기인 스트레스를 안고 있는 도시 사람들, 등교를 하지 않는 아이들을 받아들인 것은, 고용노동력인 직원들과는 별개로 치료공간을 제공한다는 취지로 계속되고 있다. 도미다 팜은 일상적인 농가생활 속에 건강과 교육의 기능이 발휘된다는 좋은 사례로 농업경제학자인 大江靖雄 씨의 논문에도 게재되었다.3

　도미다 씨는 도시주민과의 교류를 통해 농업과 그것을 둘러싼 농촌 환경의 가치를 발견하고, 자신의 일과 지역에 긍지를 가진 많은 사람들에게 그것을 전하고 있다. 매일 많은 사람들이 도미다 팜을 방문하면서 주변 주민에게도 지역의 매력을 인식시키는 기회가 되었다. 이러한 농장이 늘어나 완만하게 연대하면, 지역의 소중한 환경과 문화를 계승하여 키워나가고자 하는 기운도 배양될 것이다. 농촌은 본래 문화적 소재가 풍부한 지역이다. 나중에는 지역의 주민이 그것을 인식하고 현대적인 감성으로 이어나가 지역활성화의 길을 열게 될 것이다. 또한 역으로, 이러한 지역 독자적인 환경, 문화를 살려, 그 지역만의 매력을 끌어올리는 방법은 도시가 배워야 할 점이다.

《주·출전》
1. 柱瑛一, 「グリーンツーリズムと農村の振興」(『新しい農村計劃』 120) 2004년 참조.
2. 국산 내추럴 치즈의 제조기술의 향상과 소비확대를 목적으로 사단법인 중앙낙농회의가 주최한 국산 내추럴 치즈의 국내 최대 규모의 콘테스트.
3. 大江靖雄, 「農業の多面的機能を活用したグリーンツーリズムの展開」(『農村統計調査』) 2005년 참조.

《참고문헌》
• 持田紀治 『グリーンツーリズムとむらまち交流の新展開』, 家の光協会, 2002.
• 宮崎猛, 『これからのグリーン·ツーリズム』, 家の光協会, 2002.
• 도미다 팜 홈페이지 http://www.tomita-farm.jp/.

▮ 요코하마 ▮
도심의 역사적 건축물에 예술가가 모인다
크리에이티브 시티 요코하마의 도전

노다 구니히로(野田邦弘, 돗토리 대학)   *chapter* **11**

요코하마 시는 2004년 새로운 문화도시 정책을 채용했다. 그것이 '문화예술 창조도시=크리에이티브 시티 요코하마'다. 이것은 문화정책의 차원에서 보면 공립 문화시설을 거점으로 시민의 문화서비스 제공과 같은 기존의 문화정책 모델에서 문화, 예술의 창조성을 활용한 도시재생 모델로 전환하는 것을 의미하고 있다. 또한, 도시정책 차원에서 보면 문화, 경제, 도시계획 등 지자체 행정의 과제를 횡적·종합적으로 다루는 문화도시 정책으로서, 지금까지의 각 과제들이 처해 있던 종적 행정을 넘어선 종합행정으로 새로운 유형의 정책이 등장한 것을 의미한다.

요코하마 시의 정책배경으로는, 현재 세계적으로 주목받고 있는 창조도시의 개념이 있다. 이 장에서는 이러한 요코하마 시의 새로운 문화도시 정책을 소개하고, 그로 인한 파급효과로 만들어진 도시 활성화의 현황을 소개한다. 또한, 그 도시정책상의 의의와 가능성, 나아가 그 과제에 대해 고찰하고자 한다.

표 11.1 요코하마 시의 프로필(편저 작성)

기초 데이터	총인구:358.0만 명(DID^{※1} 인구 348.8만 명, DID 인구비율 97.4%) 총면적:437.4㎢(DID 면적 347.5㎢, DID 면적비율 79.5%) 평면기온:15.5℃
창조성 지수	창조산업의 집적도:4.7%(창조산업^{※2}:전산업=5만 5,945명:118만 5,778명) 전국평균치^{※3} 3.1%. 같은 지수^{※4}는 151.6 창조적인 인재의 집적도(1% 유출결과):9.7%(창조적 인재^{※5}:종사자 총수=16만 6,300명:171만 3,400명) 전국 평균치^{※6}는 4.9%. 같은 지수^{※4}는 198.0
이 책과 관련된 계획· 비전	문화예술 창조도시-크리에이티브 시티 요코하마(2004~)
개 요	예술문화를 중심으로 한 종합적인 도시구상 전략
구체적인 시도	• 기구개혁 '문화예술 도시 창조사업본부'(현 '개항 150주년, 창조도시 사업본부)의 설치(문화행정 담당부문의 국 상당의 조직으로 재편) • 크리에이티브 코어의 형성: 예술가, 크리에이터가 살고 싶은 창조환경의 실현, 역사적 건조물의 활용 • '요코하마 도심부 역사적 건축물 문화예술 활용실험 사업': 사용하지 않던 건축물을 문화, 예술의 활동거점으로 활용하는 프로젝트로서, 관리운영을 NPO 'BankART 1929'에 위탁 • 영상문화 도시구상: 도쿄 예술대학의 영상연구과를 유치, 창조적 산업 클러스터로 경제활성화 • 내셔널 아트파크: 2009년에 개항 150주년을 맞이하여 매력적인 지역자원의 활용으로 국제 문화관광 거점으로 정비 • 요코하마 트리엔날레: 3년마다 개최되는 국제현대미술전, 제1회 2001년, 제2회 2005년
배 경	최근 경제상황의 변화로 인한 '미나토미라이 21' 개발의 정체, 역사적 건축물의 감소, 간나이 지구 오피스의 공동화 등, 요코하마 도심부의 구심력이 약화. 2002년에 취임한 나카타 시장이 문화도시 정책으로 도시재생 전략을 중시하여 같은 해 '문화예술과 관광진흥으로 도심부 활성화 검토위원회'를 설치하여 그곳에서 새로운 도시문화 정책을 검토
당담관청 · 부서	개항 150주년, 창조도시 사업본부
진행방법	나카타 시정 • '민간의 힘이 충분히 발휘되는 도시 요코하마의 실현'이라는 시정운영의 기본이념에 준하여 민간과 행정과의 '협동'을 적극적으로 추진. 예: 'BankART 1929' - 시 시설의 관리운영을 행정의 직영 및 제3분야로 위탁하는 기존의 발상이 아닌, 공모를 통해 민간 운영단체를 선정(건물의 임대료는 시가 제공 : 돈은 내지만 관여는 하지 않음) • 개별행정으로서의 문화정책에서 마을만들기의 중심개념으로서의 문화정책을 실현. 조직개혁으로 일부 국의 권한을 넘어서 종합적인 시점에서 행정실행을 가능하게 하였다. 종에서 횡으로
효과 · 과제	요코하마 시의 시도는 '창조도시'의 선진사례로서 전국적으로 주목을 모았으며, 특히 'BankART 1929' 등은 미디어에서도 종종 나오며 많은 시찰단이 찾아가는 등 화제가 되고 있다. 과제로는 시민 사이에서 행정의 인지도가 낮은 점과 도심부의 재생을 목적으로 했기에 교외로의 전개가 부족한 점이 있다.

주역에 관해서는 16쪽 참조.
출전: 삿포로 시 이마이 위원 발표내용, 삿포로 시 홈페이지, 요코하마 시 「大都市比較統計年表」, Wikipedia, 총무성, 「平成16年度事業所·企業統計調査」, 平成17年度国勢調査抽出速報統計.
작성: 坂東真己(종합연구개발기공)

크리에이티브 시티 요코하마가 태어난 배경

혁신 지자체의 별-아스카타(飛鳥田) 시정

요코하마 시는 1970년대의 혁신 지자체 붐의 선두를 달린 도시다.1 1963년에 치른 제5회 선거에서 전국 곳곳에서 혁신시장市長이 탄생했다. 요코하마에서도 구 사회당의 아스카타 이치오飛鳥田一雄 시장이 당선되었다1978년까지 재임. 그 후도 미노베美濃部 도쿄도지사1967년~1979년, 구로다 료이치黑田了一(1971년~1997년), 나가스 가즈시長洲一二(1975년~1995)라는 대도시를 중심으로 한 혁신수장이 속속 탄생했다2. 1970년대의 혁신 지자체를 중심으로 시작된 것이 '지자체 문화행정'이며, 이것이 오늘날 지자체 문화행정의 원류가 된 것이다.

아스카타 시정은, 예를 들어 국가에서 세운 기준보다 더 철저한 공해대책과 도시디자인 등, 경우에 따라서는 국가와 심각하게 대립하면서도 시민생활 중심의 행정을 진행했다. 예를 들어, JR 간나이 역 앞의 수도고속도로는 경관보호를 위해 반 지하로 건설되었는데, 이것은 당시 요코하마 시 기획조정국장이었던 다무라 아키라3가 당시 건설성의 반대에도 불구하고 집요하게 교섭하여 실현된 것이다. 이것은 요코하마 시가 서울시 청계천 고가도로와 현재 화제가 되고 있는 도쿄 니혼바시의 고속도로를 철거하면서 불거진 문제의식을 남보다 먼저 맞닥뜨린 것이다.

또한, 행정수법을 보면 직접 시민의 목소리를 행정에 반영하는 시도로 '1만인 시민집회'를 4회에 걸친 시의회의 반대결의를 극복하고 실현시키는 등 시민에게 열린 행정을 지향했다. 이러한 시민자치 기구를 만들어 추진한 것이 다무라와 아스카타의 브레인이었던 나루미 마사야스鳴海正泰(기획조정국 전임주간)다. 나루미 등은 프랑스, 이탈리아의 지자체 실정을 시찰하기 위해, 1963년 혁신시장회가 실시한 요코하마 투어에 참가했다. 방문한 도시 중에서도 이탈리아의 볼로냐가 가장 시민자치가 앞서 있는 도시라는 것을 인상 깊게 보았다고 서술하였다.[4]

　그 후 전국적으로 혁신 지자체가 쇠퇴하면서, 1978년 구 자치성 사무차관을 지낸 사이고 미치카즈細郷道一로 시장이 교체된다.재임 1978년~1990년 그 이후 구 건설성 사무차관을 지낸 다카히데 히데노부高秀秀信 (재임 1990년~2002년)와 중앙성 출신의 시장이 24년간 계속되었다. 그 사이 하수도 등 뒤쳐진 도시기반 정비 등이 착실히 진행되고 있었지만, 아스카타 시장시대 때 전국에 알려졌던 '요코하마 방식'의 선진적인 시도는 다른 지자체에서도 채용하게 되어 요코하마의 존재감은 차츰 희박해졌다.

나카타 시장의 등장

　2002년의 시장선거에서 4선을 바라보던 현 시장을 제치고 37살의 젊은 나카타 히로시中田宏가 예상을 뒤엎고 승리했다. 같은 해 4월에 취임한 나카타 시장은 행정정보를 철저하게 공개하고, 행정조직의 재편, 행정적자의 감소 등 대담한 개혁을 조기에 실시하여 성과를 올렸다. 그 때까지의 대형건설 등 확장노선에서 '비성장 확대시대에 대응한 행정'으로 전환한 본격적인 재정재건을 시도하였다.

　그러나 나카타는 행정 내부의 개혁에 그치지 않고 정책면에서도 대담하고 혁신적인 시도에 착수했다. 예를 들어, 나카타가 취임 이후 강조해 온 과제의 하나인 쓰레기 문제가 있다[5]. 쓰레기감량 시도가 효과[6]를 보게 되어 시내 6곳의 쓰레기 소각장 중 두 곳이 폐쇄되었다. 그중 한 곳은 노화되어 재건축을 할 예정이었기 때문에, 재건축 비용 1,100억 엔과 운영경비 약 30조 엔이 절감되었다. 또한, 2003년부터 2005년

까지 3년간 350개 사의 창업과 벤처기업을 새로 유치하려던 목표를 1
년 9개월 만에 달성했다. 또한, 미나토미라이 지구에 닛산 본사와 후지
제록스의 R&D분야의 유치를 실현시킨 성과를 가져왔다.

도심 난개발의 위기인식

나카타가 특히 힘을 기울인 것이 문화를 통한 도시재생이었다. 요코
하마의 도심부는 항구를 중심으로 독특한 역사와 문화를 가지고 있으
며, 선구적인 도시디자인 정책을 시도한 결과, 매력적인 도시공간을 형
성해 왔다. 중화거리 등 사람이 모이는 거점의 존재와 함께 많은 관광
객이 방문하는 관광도시로 발전해 왔다.

그러나 1990년대 경기후퇴로 인한 미나토미라이 21개발의 정체, 역
사적 건축물의 감소, 간나이 지구의 오피스 공동화와 맨션 건설의 증가
등, 요코하마의 도심부가 지닌 매력이 사라질 위기에 놓이게 되었다.

이러한 요코하마의 도심부 활성화를 위해, 2002년 11월 '문화예술과
관광진흥에 의한 도심부 활성화 검토위원회'가 설치되었다위원장은 기타
자와 도쿄 대학대학원 조교수7, 요코하마 시 참조. 위원회는 2004년 1월 '문화예술
창조도시-크리에이티브 시티 요코마하의 형성을 향해'라는 의견을 시
장에게 제출했다.[8]

또한, 그 제언을 시민에게 알리기 위해 2004년 2월 요코하마 시는 국
제교류기금과 공동으로 '도시의 미래를 열자-크리에이티브 시티 요코
하마를 지향하며'라는 심포지엄을 개최하였고 창조도시론의 기수 랜드
리도 참가했다.[9]

제언에서는 랜드리와 플로리다 등 창조도시론의 토론을 기반으로 요
코하마의 새로운 도시 비전을 '문화예술 창조도시-크리에이티브 시티
요코하마'로 정하고 문화, 예술을 중심으로 한 도시재생 비전을 제언하

었다. 여기서는 도심부의 활성화를 통해 시 전체를 견인해 나간다는 개념 아래, 지금까지 지자체 문화정책에는 없었던 시점이 포함되었다.

요코하마 시는 제언의 내용을 실행시키기 위해, 2004년 4월 기구개혁을 단행했다. 지금까지 문화정책을 담당해 온 시민국 시민문화부를 없애고 새로운 조직으로 '문화예술도시 창조사업본부'10를 설치하고, 그곳에 시민문화부의 기능을 잇는 문화정책과의 제언으로 신규 프로젝트를 진행해 나갈 '창조도시추진과'를 신설했다. 그때까지 시민국의 일부에 지나지 않았던 문화정책 부문이 국급 조직으로 격상된 것이다. 이것은 문화를 단순한 시민의 문화서비스 제공으로만 여기는 것이 아닌 문화의 창조성을 도시재생에 살려나가고자 하는 의사표현인 것이다.11

크리에이티브 시티 요코하마 시동

크리에이티브 코어(창조구역)의 형성

제언에서는 지금까지 도시활력의 원천을 선진기술의 연구개발과 새로운 산업창출, 예술창조와 콘텐츠 비즈니스 등 넓은 의미의 '창조성'에 있다고 생각하고, 이 창조성을 마을만들기의 주요 콘셉트로 설정했다. 특히, 창조성을 가장 신선하게 표출하는 문화, 예술에 주목하여 도심부에 문화, 예술활동을 활성화시키는 것을 정책목표로 삼았다.

이러한 문화 창조성을 도시에 흡입시키기 위해서는 예술가와 크리에이터가 많이 사는 도시만들기가 필요하다. 그래서 제기된 것이 '아티스트, 크리에이터가 살고 싶은 창조환경의 실현=크리에이티브 코어창조구역'의 형성이다. 도심부에 보다 많은 예술가와 크리에이터가

거주하고 창작활동을 하면서 시민과의 교류 등 사회참가를 추진하여,
도심부를 문화적·경제적으로 활성화해 나가는 것이 목적이다. 그를
위해서 제작환경의 정비, 작품발표, 유통 시스템의 정비, 예술가와 크
리에이터의 생활환경의 정비, 그들과 시민과의 교류 등 사회참가를
촉진하는 것을 중요하게 다루었다.

　이러한 기능을 가진 거점 '크리에이티브 코어 – 창조구역'을 미나토
미라이 선線 바샤미치馬車道 역 주변바샤미치, 기타나카 지구으로 상정했다. 또
한, 그 주변에 남은 역사적 건축물과 연안부의 창고를 개조하여 얼터네
이티브 스페이스12로 재생시키고, 개성적인 문화시설, 상업시설로 재생
시키는 내용이 제안되었다.

BankART 1929의 활동

　크리에이티브 코어를 만들기 위한 선도적 프로젝트로 출발한 것이
'요코하마 도심부 역사적 건축물 문화예술 실험사업'이다. 이것은 바샤
미치 역 주변에 있는 구 다이이치 은행 본점요코하마 은행 본점과 구 후지
은행 요코하마 지점으로, 사용하지 않던 역사적 건축물을 2004년 3월
부터 2006년 3월까지 약 2년간 NPO에게 관리운영을 맡겨, 문화, 예술
의 활동거점으로 활용하고자 하는 프로젝트
다.13

　프로젝트를 추진하기 위해 외부위원으로
구성된 '도심부 역사적 건축물 문화예술 활
용실험 사업추진위원회'가 설치되었다. 위
원회는 사업일정을 정한 후, 관리운영 단체
를 공모하여 24개 단체를 심사했고, 'ST 스
폿 요코하마'와 'YCCC 프로젝트'라는 단체

사진 11.1 BankART 1929
YOKOHAMA
제공: 요코하마 시

를 선출하고, 양자 협의를 통해 새로운 단체 'BankART 1929'14를 결성
하여 2004년 3월부터 사업을 시작했다.사진 11.1

사업개시 후, 요코하마 시가 유치를 추진하던 도쿄 예술대학 대학원
영상연구과가 요코하마에서 학교를 열어, 영상전공과가 BankART 1929
의 활동거점의 하나인 구 후지 은행으로 들어가게 되었다. 그것을 위해

사진 11.2 도쿄 예술대학 대학원
영상연구과 영상전공
제공: 요코하마 시

사진 11.3 BankART Studio NYK
제공: 요코하마 시

표 11.2 BankART 1929의 활동실적

	2003년도 (2004년 2, 3월)	2004년도	2005년도	계
주최사업	6건	52건	63건	121건
코디네이터 사업	19건	210건	251건	480건
입장객수	6,410명	8만 1,189명	8만 3,344명	17만 943명
BankART학교 강좌수 수강자수	-	32강좌 406명	28강좌 418명	60강좌 824명
스튜디오 팀 수	-	21팀	20팀	41팀
출판 게재 수	39건	167건	231건	437건
카페, 퍼브 방문객	1,720명	2만 7,000명	2만 5,000명	5만 3,720명

출전: 「도심부에서 역사적 건축물의 문화예술 활용실험 사업의 정리」, 2006년 3월 요코하
마 시 도시정비국에서 작성.
주: 아티스트 인 레지던스(예술가의 체류 제작)를 실시한 예술가의 수(개인, 단체가 있음)

BankART 1929는 이곳을 나와 일본 유센 창고구 역사자료관로 이전하고,
'BankART Studio NYK'로 활동을 지속해 나갔다.2005년 1월, 사진 11.2, 11.3

　　BankART 1929는 전시, 콘서트, 연극, 댄스공연 등의 사업실시주최, 공
동개최, 기획협력, 코디네이트, 임대 등의 코디네이트 사업, 카페, 상점,
학교, 스튜디오 등의 기반사업 등을 연중무휴로 전개하여 지금까지의
공립 문화시설과는 전혀 다른 콘셉트의 문화시설을 탄생시켰다.표 11.2
BankART 1929는 2년간의 사업을 마치고, '사업추진위원회'에게 사업
평가를 받았다. 요코하마 시는 이 평가결과를 바탕으로 평가보고서를
발표했다.15

　　시의 평가보고서에서는 BankART 1929의 활동을 다음과 같이 평가
했다.

　　① 요코하마 도심부에 문화예술의 새로운 활동거점이 형성되어 문
　　　화예술 창조도시 요코하마를 알리게 했다.

　　② 역사적 건축물을 활용한 성공 모델을 나타내어 역사적 건축물의
　　　활용가능성을 열었다.

　　③ 창조구역을 형성하고 문화예술의 새로운 마을만들기의 싹을 키
　　　워 중심시가지의 활성화에 공헌했다.

　　④ NPO만의 시설운영과 경영협력으로 효과적이고 효율적인 시설
　　　운영을 실현시켰다.

　　요코하마 시는 이러한 BankART 1929를 높이 평가하는 한편, 요코
하마 시 자신도 포함한 이후의 과제로 시민참가형 프로그램의 구축,
세계를 향한 정보의 홍보, 교류의 장으로 확대, 시설의 입지성과 특징
을 살린 효과적인 활용, 활동거점의 확보와 창조적 산업유도, 나아가
서는 효과적·효율적인 운영과 경제적인 자립을 들었다. 이러한 평가

로 BankART 1929를 향후 3년간 지속하기로 결정했다.[16]

영상문화 도시구상

제언에서 다루었던 두번째 방향은 '창조산업[17] 클러스터의 형성으로 인한 경제활성화'다. 이후 성장이 기대되는 창조산업의 축적으로 인해 보다 창조적인 구역을 도심에 형성시키고 문화, 예술의 정보를 강하게 알릴 뿐만 아니라 새로운 산업창출과 고용의 확보, 관광진흥과 같은 경제활성화를 촉진해 나가는 것이 목적이다.

그리고 이 정책목표를 구체화한 것이 '영상문화 도시'다. 제언에서는 영상문화관련 시설, 영상연극계 대학, 대학원 등 인재육성 기관과 같은 중요한 기능이 들어서도록 촉진하고, 극장 등 엔터테인먼트 기능이 모여 활기를 만들어내기 위한 내용이 서술되었다. 그것을 위해서는, 콘텐츠 생산을 지휘하고 관련수요를 만드는 영화, 비디오, 게임, CG, 애니메이션 등의 제작관련 기업과 함께, 기업들을 지탱하는 관련 산업이 도심부 영역으로 모여들도록 감세, 입지 조성금, 사무실 임대료보조 나아가서는 벤처 지원을 위한 저리융자, 이자보조, 채무보증 등의 자금제공 시스템의 정비가 요구된다. 또한, 요코하마 시가 영상문화 도시구상에 기반을 두고 유치한 것이 앞서 설명한 도쿄 예술대학 대학원 영상연구과다. 국립대학으로서는 일본 최초로 영상계 대학원이 2005년 4월 구 후지 은행 요코하마 지점에 개설되었다.영상전공 뒤이어, 동 대학원 미디어 전공이 2006년 4월 신항객선 터미널에 개학하였다.

또한, 2005년도에 요코하마 시가 신설한 '영상콘텐츠 제작기업 등 입지촉진 조성제도'관내 지구에 진출한 영상콘텐츠 제작기업, 교육기관을 대상으로 최고 5,000만 엔의 조성금을 지급를 첫번째로 적용한 구 만고쿠바시万国橋 창고를 개조한 '창조공간 만고쿠바시 SOKO'에 '나카'의 이토 유이치伊藤有壱가

운영하는 애니메이션 제작회사 '아이톤'와 패션 영상전문 크리에이터
를 육성하는 '패턴 갤러리 스쿨'이 입주했다.2006년 4월

또한, 영상문화 도시를 장식한 행사로, 2006년 7월 22일부터 30일까
지 BankART를 포함해 도심에 위치한 역사적 건축물을 중심으로 한 8
곳의 회의장에서 영상문화 도시 페스티벌 '요코하마 EIZONE'이 개최
되어 약 3만 3,000명이 참가했다.주최는 요코하마 시, NHK 요코하마 방송국, (재)
요코하마 시 예술문화진흥재단, ㈜NHK 엔터프라이즈로 구성된 실행위원회

나아가 그 사이, 요코하마 시와 깊은 교류를 가져온 한국 필름 아카
데미, 북경 전경학원, 일본 영화학교와 요코하마 학생영화제18가 공동
으로 개항 150주년 기념영화를 제작하기 위한 준비에 들어갔다.

영상분야에서는 민간에서의 활동이 활발해지고 있다. 수도권의 콘
텐츠 크리에이터들이 교류하는 영상관련 기업과 크리에이터, 엔지니어
의 교류회인 '하마쿠리'19와 CG아트전인 '아시아 그래프'20 등이 요코
하마에 정착했다.

내셔널 아트파크

먼저 서술한 세번째 방향은 포트사이드 지구에서 야마시타후토까지
의 수변지역을 대상으로, 국가와 연계하여 2009년의 개항 150주년을 향
한 문화관광 거점정비를 실시하고, 세계로 향한 요코하마의 얼굴을 만
들기 위한 '내셔널 아트파크' 구상이다. 이 구역 내에 6곳의 거점지구를
설정하고, 특히 먼저 정비해야 할 지구 3곳을 정했다. 조노하나象の鼻, 오
산바시大さん橋 지구, 야마시타후토山下ふ頭, 바샤미치 역 주변이다.

일본 문호개방과 요코하마 항 발상지인 조노하나와 오산바시 지구
에 대해서는 문화라는 시점으로 받아들인 상징적인 지역으로서 국가
와 연계하면서 많은 시민이 공감할 수 있는 아이디어를 폭넓게 공모하

여, 세계에 자랑할 매력적인 지역형성을 제안하고 있다. 이것을 이어 요코하마 시는 이 지구의 개발을 향해 설계공모를 실시하여 오이즈미 아틀리에를 선정했다.2006년 10월

야마시타후토 지구는 이 지구 내의 시영 3호, 4호 창고를 대회장으로 하여 국제현대미술전 제2회 '요코하마 트리엔날레'를 2005년에 개최하여 이 지구의 토지이용의 미래상에 대한 시사점을 제시했다. 이후에는 항만물류의 향후 예상의 검증을 고려해 창고 등의 기존 항만시설을 보존·활용한 문화, 상업지구로 토지이용을 전환하는 등 야마시타후토 지구의 향후 토지이용 비전을 검토하고 있다. 또한, 바샤미치 주변지구에 대해서는 실제로 창조구역의 형성이 시작되고 있다.21

요코하마 트리엔날레

크리에이티브 시티 요코하마의 핵심사업이 요코하마 트리엔날레다. 2001년에 제1회가 개최된 후, 1년 늦은 2005년에 제2회가 개최되었다. 제2회에서는 약 19만 명의 관객이 찾아와 성공적으로 마쳤다. 개최개요는 표 11.3과 같다.

표 11.3 요코하마 트리엔날레 개최개요

테마	아트 서커스 - 일상으로부터의 비약
기간	2005년 9월 28일부터 12월 18일
장소	시영 3호, 4호 창고가 주요 대회장(요코하마 시 중구 야마시타후토 내)
주최	요코하마 시, 국제교류기금, NHK, 아사히 신문사, 요코하마 트리엔날레 조직위원회
종합 감독	川俣正
참가 예술가	세계 각국에서 프로젝트 71개, 작가 86명

요코하마 트리엔날레는 이 전시와 병행하여 시민에 의한 자주적인 활동이 YCAN Yokohama City Art Network으로 전개된 점도 주목할 만한 점이다. 이것은 (재)요코하마 예술문화진흥재단이 트리엔날레 개최 전부터 주기적으로 개최해 온 '요코하마 트리엔날레 작전회의'에 모였던 다양한 시민이 역사적 건축물인 구 관동재무국ZAIM을 거점으로 활동을 전개한 것으로, '요코하마의 예술문화 활동에 관한 시민협동 네트워크'다. 'City Art'란 인재와 예술행사, 경관, 역사적 건축물 등 요코하마 거리자원을 활용하고, 시민이 중심이 되어 진행하는 협동, 세계와 이어나가는 새로운 가치의 창출을 특징으로 한 예술문화 활동이라는 의미를 나타내는 단어다.[22]

크리에이티브 시티 정책의 성과

BankART 1929의 파급효과인 창조구역 형성

이러한 요코하마 시의 시도는 어떤 성과를 남긴 것일까? 또한 그 과제는 무엇인가에 대해 고찰해 보자.

바샤미치 주변에 예술가와 크리에이터가 집결할 창조구역을 형성해야 한다는 의견이 나왔다. 그것을 선도했던 역사적 건축물 문화예술 활용실험 사업인 BankART 1929의 활동에 대해서는 이미 서술한 바와 같이 요코하마 시에서 높은 평가를 받아 3년간 지속하기로 결정되었다. 그림 11.1은 바샤미치 역 주변의 창고구역의 형성상황을 지도에 나타낸 것이다.

그럼 이것이 높은 평가를 얻은 원인은 무엇일까? 그것은 한마디로 기존의 행정형 문화경영 모델에 비해 민간형 문화경영 모델이 높은 평

그림 11.1 창조구역의 형성상황(해안부)

표 11.4 기존 공립 문화시설 운영과 NPO에 의한 BankART 1929 운영의 비교

	공립 문화시설(요코하마 시)	BankART 1929
시설	신축	매각이 끝난 역사적 건축물을 개보수하여 활용
시설내용	연극, 음악, 전시 등 장르에 큰 비중을 둔 시설	다목적 공간
설치목적	지역에 뿌리내린 개성적인 문화의 창조에 기여한다(요코하마 시 구민 문화센터 조례)	① 새로운 요코하마 문화의 창조와 홍보 ② NPO 중심의 새로운 스타일로 사업을 운영 ③ 산업과 마을만들기 전개(요코하마 시 '가칭 크리에이티브 시티 센터 사업의 이념과 체제'로부터)
관리주체	지금까지는 (재)요코하마 시 문화진흥재단. 앞으로는 지정관리자(공모)	BankART 1929(민간단체). 공모전형
사업기획	연간계획에 기반하여 실시(도중변경 없음)	계획성과 즉흥성의 공존
사업기간	지금까지 특별히 정한 것 없음. 앞으로는 지정관리자 제도의 지정기간	2년으로 정한 프로젝트(3년 연장)

가를 받은 것이라고 할 수 있다. 표 11.4는 요코하마 시의 기존 문화시설 운영지정관리자 제도도입 전과 BankART 1929의 활동을 비교한 것이다.

표를 보면 알 수 있듯이, BankART 1929의 활동은 다채로우며 동시에 상당한 양의 사업을 진행해 왔다. 또한, 사업에 대한 자세도 유연하다. 때문에 이용자인 예술가들에게는 호평을 얻어 이용희망자가 늘어왔다. BankART Studio NYK 부설 카페 퍼브에서는 항상 사람들이 몰려 토론하거나 쉬고 있다. 여기서는 뜻하지 않게 사람을 만나 아이디어를 교환하고 새로운 프로젝트가 생겨난다. 마치 '크리에이티브 미류'23와 같다. 때문에 BankART 1929의 주변지역에 변화가 생기기 시작했다. 다음으로 BankART의 파급효과인 주변지역의 변화에 대해 소개하고자 한다.

점에서 선으로, 관에서 민으로, 예술에서 마을만들기로 급속하게 진행되는 창조구역 만들기

기타나카 BRICK & 기타나카 WHITE

BankART 1929 YOKOHAMA 도로를 끼고 맞은편에 데이산帝蚕 창고가 서 있다. 개항 후 요코하마에서는 견직물을 해외로 수출했으며, 이 창고는 그 원료인 생사를 보관하던 창고다. 여기서는 4동의 창고와 2동의 사무실 건물이 서 있으며, 이 창고군이 재개발로 인해 해체되게 되었다고층맨션 건설예정. 요코하마 시는 이러한 역사적 건축물에 대해서는 미리부터 일부 보존하도록 개발사업자에게 설명해 왔다.

이러한 배경 속에서 '기타나카 BRICK'구 데이산 창고 본사 건물, 4층과 '기타나카 WHITE'구 데이산 창고 사무실 건물, 4층 2동의 사무실 건물을 대상으로, 2005년 7월부터 2006년 10월까지 예술가와 건축가 등 크리에이터에게 아틀리에와 사무실로 사용하도록, 저렴한 임대료를 받고 빌려주

사진 11.4 기타나카 BRICK & 기타나카 WHITE(사업전 단지)

는 프로젝트 '기타나카 BRICK & 기타나카 WHITE'가 시작되었다.사업주체는 이 부지를 재개발하던 ㈜모리빌딩. 2동의 건물에는 50곳의 예술가와 크리에이터 개인과 그룹이 입주해, 지금까지 조용하던 일대가 활기차게 되었다(사진 11.4)

모리빌딩이 이러한 레지던스 프로그램을 시작한 것은 BankART 1929의 영향이다. Bank ART 1929가 행정주도의 사업인 것에 비해, 이것은 민간 기본 프로젝트다. 기타나카 BRICK & 기타나카 WHITE 프로젝트는 2006년 10월에 끝이 났지만 여기에 입주했던 예술가, 크리에이터 중에서 11곳은 주변 혼마치 건물에 입주해 활동을 지속하고 있다.'혼마치 비르시코가이' 프로젝트

ZAIM(구 대장성 관동재무국 사무소)

미나토미라이 선의 바샤미치 다음 역이 니혼오도오리다. 관청 거리에 있는 니혼오도오리의 입구에 서 있는 것이 구 관동재무국, 구 노동기준국이다. 벽돌외벽이 특징인 역사적 건축물로서, 요코하마 시가 문화활용을 상정하여 국가로부터 빌린 것이다. 여기는 요코하마 트리엔날레 2005 기간 중, '트리엔날레 스테이션'으로 서포터와 시민그룹이 활동거점으로 활용하였다.

그 후 2006년 6월부터 2007년도까지 임시로 'ZAIM 본관, 별관'으로 활동을 계시했다. 이것은 다음 트리엔날레를 향한 새로운 예술을 알리고 창조의 근거지로서, 예술가, 크리에이터가 모여 일상적으로 창조활동을 하고, 시민이 예술과 교류할 거점이 되도록 만든 것이 아티스트 인 레지던스 프로그램이다. 관리운영은 요코하마 시에서 (재)요코하마 시 예술문화진흥재단에게 위탁하고 있다24. 여기에는 25명의 예술가

등이 입주를 개시했다.2006년 8월, 사진 11.5 25

창조공간 만고쿠바시 SOKO

바샤미치에서 바다를 향해 똑바로 걸어가면 만고쿠바시가 있다. 다리를 건너면 붉은 벽돌창고가 있는 신항부두가 있다. 그 만고쿠바시와 BankART Studio NYK의 옆에 자리잡은 것이 만고쿠바시 창고다. 창고 소유주가 요코하마 시에 창조구역 형성에 협력하고 싶다는 요청을 하였고, 시가 이에 호응하여 2006년 4월부터 새롭게 '창조공간 만고쿠바시 SOKO'로 재출발했다.사진 11.6

입주한 영상작가 이토우 유이치伊藤有志가 주장한 '아토원'26과 영상, 패션 작가를 육성하기 위한 교육기관 '패턴 갤러리 스쿨', 나카가와中川 憲造가 주장한 디자인 사무실 'NDC 그래픽스'가 있다.제2기로서 건축설계 사무소 등이 입주할 예정 이 중에서 아토원과 패턴 갤러리 스쿨은 '요코하마 영상콘텐츠 제작기획 등 입지촉진 조성금27 적용 제1호가 되었다.

이 사례도 민간이 바탕이 된 활동이며 요코하마 시의 영상문화 도시구상에 기반한 조성금제도가 계기가 되어 실현된 것이며, BankART 1929 이후의 창조구역 형성에 한 획을 그은 것이다.

입주한 애니메이션 제작회사 아이톤의 이토우는 요코하마 출신이지만, 제작자로 활동하고부터는 계속 도쿄를 거점으로 활동을 해 왔다. 그러나 요코하마 시의 창조도시추진과 담당자와 만나

사진 11.5 ZAIM.
제공: 요코하마 시

사진 11.6 창조공간 만고쿠바시 SOKO
제공: 요코하마 시

'요코하마 시가 진지하구나'라고 생각하여 웅대한 계획을 내걸고 열의를 담아 실현하려는 요코하마 시에 대한 신뢰가 생겨 도쿄를 떠날 결심을 하였다고 밝혔다.[28]

BankART 사쿠라소우(桜荘)

기존 시설을 개조하고 관리운영 단체를 맡을 NPO를 공모하는 방법은 지역재개발에도 응용되고 있다. 나카 구中区 하츠네초初音町, 고가네초黃金町, 히노데초日の出町 지구의 재개발을 선도하기 위해 요코하마 시 나카 구와 개항 150주년 창조도시사업본부가 공동으로 시도한 것이 '하츠코우 히노데마치 문화예술 진흥거점'가칭이다.

이 지구는 수년 전까지 일본에서도 제일 큰 소규모 음식점이 집결한 비합법 매춘지대였지만, 지역, 경찰, 행정이 일체가 되어 새로운 마을 만들기를 향해 활동하기 시작하였다. 하츠코우 히노데마치 문화예술 진흥거점 형성사업가칭은 요코하마 시가 거리의 활기를 만들기 위해 점포전용 모델사업으로 시작하였다. 관리운영 단체를 공모한 결과, 지금까지 실적을 가지고 있던 BankART 1929가 선정되어 옛 음식점을 개조하여 'BankART 사쿠라소우'가 문을 열었다.2006년 6월, 사진 11.7

규나사카 스튜디오(무대예술 창조거점)

창조구역 만들기 사업의 최신 정보로는 구 시영 결혼식장인 아이마

츠松 회관을 활용한 것이다. 요코하마 시는 여기를 무대예술 창조거점으로 삼기로 결정했다. 공영결혼식장의 수요가 줄고 있어, 요코하마 시는 시설을 활용할 방법을 검토하고 있었다. 거기서 창조구역 만들기

사진 11.7 BankART 사쿠라소우

사업이 시작되어 지금까지 소개해 온 것과 같이 거점형성이 진행된 것
을 기반으로 아이마츠 회관을 무대예술을 중심으로 한 창조거점으로
정비하여 활용하기로 한 것이다.

시설은 SRC구조의 지하 1층, 지상 3층짜리 건물로서, 면적 1,489㎡이
며 다목적홀, 스튜디오, 회의실, 방 등이 있다. 공모에는 5개 단체가 응
모하였는데 전형위원회의 결과, 아트 네트워크 재팬과 ST 스폿이 우수
제안단체로 선정되었다.대표단체는 아트 네트워크 재팬 선정된 단체는 요코하
마 시와 협의를 거쳐 2006년 10월 '규나사카 스튜디오'로 문을 열었다.
사진 11.8

여기서 전개된 사업은 리허설장 운영사업, 거주 예술가 육성사업, 무
대예술 전문인재 육성사업, 플랫폼 사업, 시민예술, 커뮤니티 활성화사
업, 광고전략, 네트워크 사업 등이 있다.29

문화예술 창조도시로서 요코하마의 평가향상

이러한 BankART 1929의 활동을 기점으로 한 창조구역 만들기는 급
속히 확대되어 전국에서 주목을 받고 있으며, BankART 1929와 요코
하마 시에는 많은 시찰단이 찾아오고 있다. 또한 요코하마 시의 동향
은 해외에도 전해져 많은 반향을 일으키고 있다.

먼저 2004년 1월 EU 재팬 페스
트위원회가 주최한 강연회인 '항
구마을의 부활은 문화에서부터 -
제노바와 요코하마'가 열려 요코
하마 시에 제출된 크리에이티브
시티 요코하마의 제언내용이 보고
되었다.30

사진 11.8 구 아이마츠 회관
제공: 요코하마 시

그 후 요코하마 시는 베네치아 비엔날레 건축전에 참가해 달라는 요
청을 받았다. 2005년에 개최되는 요코하마 트리엔날레 홍보도 겸해 출
전하였다. 전시회장은 아스널 지구의 구 조선소 자리인 해상에 플로트
를 띄워 20개의 부스를 만들고, 그곳에 세계의 '해상도시'뉴욕, 상하이 등의
마을만들기를 전시하는 특색 있는 전시였다.사진 11.2

　　요코하마 시는 미나토미라이21 지구와 창조구역 형성이 진행되는
바샤미치 부근, 조노하나, 오산바시, 야마시타후토의 향후 개발계획을
전시하였다. 같은 건축전시에 2006년에도 초대받아 요코하마 트리엔날
레와 BankART 1929의 활동이 소개되었다.

　　또한, 2005년에는 '일본 EU 시민교류의 해'31의 일환으로 'EU 일본
창조도시교류 2005＝Arts for Community Growth and Development'가 개
최되었다. 이것은 EU 6개국이탈리아, 아일랜드, 영국, 프랑스, 핀란드, 독일과 일본
7곳의 지자체오사카 부, 고베 시, 교토 시, 후쿠오카 시, 삿포로 시, 히로사키 시, 요코하마
시 사이에 아트 NPO 상호교류를 위한 사업이며, EU 6개국에서 제안을
받아 국제교류기금과 지자체에서는 요코하마요코하마 시와 (재)요코하마 시
예술문화진흥재단가 일본 측의 창구가 되어 실시되었다.

　　6월에 아트 NPO의 대표자와 지자체의 직원이 EU 6개국을 방문하여

그림 11.2 베네치아 비엔날레 건축전 아스널
대회장 계획
제공: 치타 드 아쿠아

핀란드 헬싱키의 '케이블 공장
등 문화, 예술에 의한 지역활성
화의 선진적 사례에 대해 시찰한
후, 11월에 EU의 아트 NPO, 지
자체 관계자가 일본을 방문하여
심포지엄을 개최하는 등의 교류
가 이루어졌다.

　　방문지는 제노바항만지구의 재개

발계획 등, 더블린, 슬래이고폐교 예술센터 이용 등, 런던, 뉴캐슬창고 갤러리 전용 등, 릴, 마르세이유공장부지 이용에 의한 다문화 도시 프로젝트 등, 휘스커스, 헬싱키케이블 공장의 예술활용 사례 등, 함부르크, 엣센탄광촌이었다. 일본에서 이곳을 방문한 NPO는 remo 기록과 표현 미디어를 위한 조직오사카, 예술과 계획회의C.A.P., 고베, 아트 NPO 링크교토, 뮤지엄 시티 프로젝트후쿠오카, S-AIR삿포로, Harappa히로사키, ㈜기업메세나협의회, 아트 라보 오바요코하마, ST 스폿 요코하마요코하마32였다. 이것을 계기로 일본의 각 도시와 EU 각 도시 간 창조도시 네트워크가 형성되기 시작했다.

크리에이티브 시티 정책의 과제

시민들에게 정책의 인지도가 낮다

　크리에이티브 시티 정책은 획기적이며, 착실히 성과를 올리고 있지만 시민 사이에서는 그다지 잘 알려져 있지 않다. 인구 360만 명을 넘는 요코하마 시는 시정과 시민의 거리가 먼 것이 큰 과제다. 도시규모가 크기 때문에 시 정책과 사업도 가깝게 느끼기 힘들다. 그러나 참된 창조도시를 형성하기 위해서는 한 사람 한 사람의 시민이 움직이고 마을만들기에 참가하는 것이 필요하다. 따라서 창조도시 전략의 두번째는 시민의 움직임을 어떻게 만들 것인가가 열쇠가 된다. 이를 위해서는 BankART 등 생기기 시작한 창조적인 반응을 충분히 활용하여, 단순히 문화와 예술만이 아닌 복지와 교육과 같은 시민생활에 관련된 폭넓은 주제에 대해 문화의 시점에서 중요시하며, 광범위한 대화를 만들어나가는 것이 필요하다. 요코하마 시는 다양한 분야의 과제에 대해 적극적으로 시민과 토론하고 활동할 기회가 생겨나도록 유도해야 할 것이다.

도심만을 대상으로 한다는 비판에 대해

창조도시 정책은 위기에 처한 도심부를 재생시킬 목적으로 시작하여, 그 후 기존의 문화정책과 융합하면서 새로운 종합적인 도시정책으로 형성시켜 왔다. 이런 이유로 출발하였기 때문에 도심 해안부만을 중시하고 주변지구 주민은 무시했다는 비판이 있다.[33]

창조도시 정책이 도시재생의 기폭제 역할로 개항 150주년2009년을 향해 시도되었기 때문에 기존의 문화정책과는 어떤 의미에서 단절된 점은 부정할 수 없다. 요코하마 시는 그때까지도 시내 전 지역의 시립 문화시설을 재단이 운영한다는 기존의 문화정책을 진행해 왔는데, 그것은 2004년 이후에도 계속되고 있다. 그러나 지금까지 이러한 기존 문화정책의 흐름과 새롭게 시작된 창조도시 정책이 반드시 서로 연결되어 왔다고 말하기는 어렵다. 특히, 2006년도의 기구개혁으로 기존의 문화정책을 담당하던 문화정책과가 문화예술도시 창조사업본부에서 시민활력추진국구 시민국 소속으로 변경되어 양자의 연대가 더욱 어려워질 우려가 있지만, 두 조직이 깊이 연대하여 현재 도심에 전개되고 있는 시도를 교외에서도 전개하기 위해 협조하고 있다. 앞으로 시 전체에 전개될 것으로 기대된다.

문화, 예술을 마을만들기의 도구로 이용한다는 비판

창조도시 정책에 대해서는 예술과 문화가 마을만들기의 도구로 자리잡고 있으며, 예술문화 스스로가 가치를 추구하는 '본래의' 문화정책에서부터 벗어나고 있다는 비판이 주로 예술가들에게서 나오고 있다.

창조도시 정책은 예술과 문화가 내포하는 창조성을 살린 도시재생을 목적으로 한다. 이를 위해 예술가와 작가가 활동하기 좋은 환경을 정비하거나 그들의 발표공간을 창출하고 있다. 그러나 이것은 문화진

흥만을 정책목표로 한 것이 아니며, 그들을 통한 도시재생이 최종목표
다. 문화예술 자체의 진흥은 자연스럽게 중요하게 된다.

문화진흥과의 역할은 결코 축소되는 것이 아니며, 지정관리자 제도
의 도입 등을 통해 정책목표의 달성수단이 변한 것에 지나지 않는다.
중요한 것은 예술문화의 가치를 추구하는 기존의 문화정책과 창조도
시 정책을 유기적으로 연계시키는 것이다.

지자체 정책에서 창조도시론의 의의

요코하마 시의 사례를 기반으로 지자체가 창조도시 정책을 채용한
의의에 대해 생각해 보자. 요코하마 시는 문화정책의 목적을 '시민문화
진흥'에서 '문화예술 도시창조'로 상승시켰다. 이것은 다음과 같은 의
미를 가진다.

개별정책인 문화정책에서 마을만들기의 중심개념인 문화정책으로 탈피

지금까지 개별정책 과제였던 문화가 기존의 문화정책을 이어받으면
서 마을만들기의 중심주제로 격상되었다. 문화정책의 지향점이 지금까
지의 시민을 향한 문화서비스 제공사업에서 문화에 의한 도시재생으
로 이동한 것이다.문화예술 자체의 진흥은 일부 여기에 포함되어 있음

그러나 마을만들기를 일으키기 위해서는 기존의 문화정책 담당부문
의 권한을 넘어 종합적인 시점에서부터 행정을 펼칠 필요가 있다. 이
점은 요코하마 시가 창조도시 정책을 개시하면서 가장 중시한 점이었
다. 아무리 훌륭한 제언이라도 그것을 실행하기 위한 구체적인 수단이
없으면 그림의 떡으로 끝나고 만다. 요코하마 시의 창조도시 정책의 열

쇠는 이 추진체계에 있다.

　제언에서는 최후에 추진체계로서 관청 내부적으로는 문화에 의한 도심재생을 추진할 담당조직의 설치와 창조도시 형성을 견인할 민간 중간지원 조직의 검토가 포함되어 있었다. 그것에 기반을 두고 2004년 4월 '문화예술도시 창조사업본부'가 신설되었다. 그 본부에는 옛 문화정책을 담당하던 '문화정책과'와 신규사업을 담당하는 '창조도시추진과'가 설치되었다.사업본부는 2년간의 활동을 마치고 2006년 4월 개항 150주년 기념사업, 정상회담 유치 등의 기능을 가진 '개항 150주년 창조도시사업본부'로 변경되었다

종합행정으로서 문화정책 추진이 행정개혁의 엔진역할을 한다

　문화의 창조성을 살린 마을만들기를 추진하기 위해서는, 문화, 경제, 관광, 도시계획, 항만 등 각 국局에 걸친 정책영역의 경계를 넘어 마을만들기 시점에 기반을 두고 종합적인 행정을 진행해야 한다. 종에서 횡으로 업무진행 방식이 변경된 것이다. 예를 들어, 창조구역 형성에 대해서는 그 대상구역은 도심 연안부기 때문에 도시정비국, 항만국, 서구, 중구 등의 사이에서 관청 내 정비가 중요하다. 이것은 기존의 시민국 시민문화부에서 모두 할 수 있는 것은 아니다. 국에 걸친 조정항목은 국과 동등한 조직이 되어야 하는 것이다.

　또한, 조직개혁의 장점으로 의사결정이 빨라졌다는 것이다. 시민국 시민문화부 시대는 국의 의사결정에 오랜 시간이 걸렸다.당시 일본 내에는 7개의 부가 있어 간단히 이야기하면 문화정책에 관한 시민국의 의사형성에 걸리는 시간은 국 전체의 9분의 1 정도였다 과의 방침안이 결정되면 즉각 사업본부장과 조정하고 사업본부의 방침이 확정된다. 이 때문에 사업본부의 방침결정은 매우 빠르다.

도시의 기억과 시민의 아이덴티티 형성

요코하마 시의 창조구역 형성은 역사적 건축물이나 창고와 같은 요코하마 시의 역사와 문화가 새겨진 시설을 보존, 활용하는 수법을 취하고 있다. 이것은 시민이 도시의 기억을 가지고 자신들만의 아이덴티티로 형성해 간다. 이러한 장소를 방문하는 시민은 자연스럽게 요코하마의 역사를 배우게 되며, 이러한 경험을 통해 행정을 향한 구심력도 높아지게 되는 것이다.

창조도시 정책에 있어서 고려해야 할 점

세계적인 창조도시 붐을 배경으로 일본에서도 많은 도시가 창조도시를 지향한 도시정책을 채용하고 있다. 마지막으로 창조도시 전략이 성공하기 위해 필요한 중요사항에 대해 설명하고자 한다.

창조적인 도시를 만드는 것은 직업, 사람, 제도, 사업 등 모두가 창조적으로 혁신을 이루어내지 않으면 안 된다. 먼저, 행정조직의 혁신이다. 지자체는 법령을 시행하는 것이 사명이므로 보수적인 체질을 갖게 된다. 그러나 지자체의 본질은 법령의 집행이 아닌 시민생활을 향상시키기 위한 정책을 실행하는 것이다. 이런 폐해가 되는 법령은 변화시켜 내야 한다.35

고도로 전문화가 진행된 현대사회에 다양해진 시민의 가치관에 대응하고, 적합한 행정을 하기 위해서는 항상 각 분야의 전문적인 지식과 그것을 융합한 횡적 정책의 연구개발과 신속하고 유연한 대응이 요구된다. 이를 위해서는 지금까지의 종적 조직에 매달리지 않고 새로운 조직을 향한 방향을 검토하고 채용해야 한다.

　　그러나 마을만들기는 행정만으로 되는 것은 아니다. 특히, 창조도시 형성에서는 예술가와 작가들과의 교류가 필요하며, 이것은 본래 행정이 약한 분야다. 자유분방한 발상을 소중히 생각하는 예술가나 작가들과 법령과 조례, 매뉴얼을 중시하는 행정가는 발상의 방향이 다른 것이다.

　　그러나 앞으로는 사회에서 예술가와 작가들의 자유로운 발상에 기반을 둔 다양한 아이디어로 사회를 혁신하고 다시 그려나가야 한다. 이를 위해서는 예술가나 작가, 창조산업과 아트 NPO와 행정 사이를 조정하는 기능이 중요하다. 요코하마 시는 이러한 기능을 가진 민간이 주체가 된 추진조직을 설립하기 위해 검토하고 있다.

　　20세기가 국가시대였다면 21세기는 도시의 시대다. 나아가 도시연계의 시대인 것이다. 지금 창조도시를 표방한 도시 간 네트워크 형성의 움직임이 커지고 있다. 요코하마 시는 국내외의 각 도시와 교류하기 시작하였는데, 이러한 도시 간 네트워크를 발전시켜 각 도시의 활성화가 한층 더 진전되기를 바란다.

《주·출전》

1. 전후 최초의 혁신수장은 나카타 홋카이도 지사와 하야시 나가노 현 지사였는데, 시 차원에서 광범위한 네트워크인 '혁신 시장회'를 탄생시킨 것은 아스카타였다.
2. 全国革新市長会 編, 『資料·革新自治体』, 日本評論社, 1990, p.559
3. 다무라 아키라의 업적에 관해서는 田村明, 『都市プランナー田村明の闘い』, 学芸出版社, 2006에 상세하게 기록되어 있다
4. 飛鳥田一雄 編著, 『自治体革新の実践的展望』, 日本評論社, 1971, p.226
5. 나카타는 시민의 의식계발을 위해 'G30(쓰레기 제로)'이라는 구호를 스스로 고안하여 시가 발행하는 매체에 게재하는 등 쓰레기 분리와 감량에 힘을 기울였다.
6. 2002~2004년 3년 간 쓰레기 수집과 소각으로 인한 CO_2 배출량을 18% 감소(2005년 3월 17일 요코하마 시 발표)

7. 이것은 당시의 것으로 현재는 도쿄 대학대학원 교수다.

8. http://www.city.yokohama.jp/me/keiei/seisaku/bunkageijutu/teigensho.pdf

9. http://www.city.yokohama.jp/me/keiei/seisaku/bunkageijutu/sympo/kekka.html

10. '사업본부'란 긴급한 해결이 요구되는 시정상의 중요과제에 효과적으로 대응하기 위해, 2, 3년 기한으로 설치된 국에 해당하는 조직이다. 2003년도에 시민협동, 어린이교육 지원, 요코하마 프로모션 추진이라는 세 가지 사업본부가 설치되었다(모두 3년간 한정 조직).

11. 좁은 문화정책의 틀을 넘어 문화에 의한 마을만들기를 추진하기 위해서는 지금까지의 다른 국이 소관한 사업과의 조정이 필요하다. 그러나 이것은 부 수준에서는 실현 불가능하며 국 수준의 권한이 필요하다.

12. 예를 들어, 사용하지 않게 된 창고를 갤러리로 사용하는 등 사용하지 않게 된 시설을 개조하여 '또 다른 목적을 위해' 활용하는 시설과 장소. 뉴욕의 소호 지구와 PS1 컨템포러리 아트센터, 베를린의 쿤스틀라 하우스 베타엔진 등이 선진사례다.

13. http://www.city.yokohama.jp/me/toshi/dcond/toshi/kannai/rekishijikken/index.html

14. BankART 1929에는 세 가지 의미가 있다. 활동거점인 두 가지 역사적 건축물의 시설 명칭으로, 이 시설을 관리·운영하는 단체의 명칭, 그곳에 전개된 사업의 명칭이다.

15. '도심의 역사적 건축물 등의 문화, 예술 활용실험 사업의 정리'(2006년 3월 요코하마 시 도시정비국)

http://www.city.yokoama.jp/me/toshi/dcond/toshi/kannai/rekishijikken/pdf/torimatome.pdfl

16. 위와 동일.

17. 영국 정부의 정의에 의하면, '창조산업'이란 광고, 건축, 앤티크, 예술, 공예, 디자인, 패션, 영화(영상), 비디오, 게임, 음악, 무대예술, 출판, 소프트웨어, 컴퓨터게임, 텔레비전, 라디오 등이 있다.

18. http://www.ysff.jp/

19. http://digitalcamp.net/

20. http://www.loftwork.com/AG/

21. 「내셔널 아트파크 구상제언서」, 2006. 1.

http://www.city.yokohama.jp/me/shinin/geijutsu/iinkai/nap/pdf/teigen.pdf

22. http://www.ycan.jp/

23. 토론과 창조의 장. 여기서는 예술가만이 아닌 시위원도 자주 들르며, 그곳에서 열리는 틀에 박히지 않은 정보교환이 창조도시 형성에 도움이 된다.

24. 구 관동재무국 건물(행정재산)을 재단에게 목적 외 사용으로 무상임대하는 것으로, 시가 운영비를 재단에게 보조하는 것이다.

25. (재)요코하마 시 예술문화진흥재단의 2006년 8월 23일 기자발표 자료에 의하면, 입주단체의 내역은 예술가 6, 건축설계 4, 중간지원 단체 10, 시민활동 단체 3, 그 외 2였다.

26. 클레이 애니메이션을 중심으로 한 기법으로 '냣키' 등 TV방송, CM, 뮤직비디오 등을 제작하고 있다.

27. 간나이 지구에 진출한 기업의 설비공사비, 보수공사비의 일부(반 이상, 최대 5,000만 엔)를 조성하는 요코하마 시의 제도.

28. 요코하마 경제신문 2006년 4월 14일 http//www.hamakei.com/column/107/.

29. 요코하마 시 개항 150주년 창조도시사업본부 창조도시추진과 기자발표자료(2006년 8월 10일)

30. http://www.eu-japanfest.org/program/12/japan/genova_semi.html

31. 2002년의 제11회 일·EU 정기 수뇌협의에서 2005년을 '일·EU 시민교류의 해'로 정하고 다양한 교류사업이 열렸다.

32. 요코하마 시 문화예술도시 창조사업본부 기자발표자료(2005년 5월 19일).

33. 요코하마 시에는 18개 구가 있지만, 이 중에서 창조도시 정책이 대상으로 한 도심 연안부는 유럽, 중구의 연안부가 있으며 전체 시의 일부에 지나지 않는다.

34. 문화시설 관리운영의 방향은, 2003년에 도입하기 시작한 지정관리자 제도를 요코하마 시는 일찍부터 도입했다. 현재 이 제도를 적용한 시의 17개 문화시설 중에서 (재)요코하마 시 예술문화진흥재단이 단독으로 지정한 것은 4개 시설, 재단이 다른 곳과 같이 지정한 곳은 5개 시설, 재단이 응모하지 않았지만 지정한 곳이 8개 시설이다(2006년 8월 현재).

35. 이러한 사고는 요코하마 시에서는 아스카타 시장 시대에 생긴 것이지만 그 후에는 이어지지 않고, 나카타 시정에서 부활한 것이다(예를 들어, 경사지 맨션 문제에 있어서 국가의 대응 등).

기타큐슈

새로운 '모노즈쿠리 도시'를 향한 도전
문화를 살린 산업도시로

나카모토 나루미(中本成美, 기타큐슈 시)			*chapter* 12

모노즈쿠리의 도시 기타큐슈 시와 문화창조

문화와 창조성, 그것이 나고 자란 지역사회풍토란, 그곳에 살며 활동하는 '사람'을 매개로 하여 서로 큰 영향을 주고받는 점에 대해서 이의를 제기하는 사람은 없다.

여기서는 이것을 기본으로 하여 전형적인 '모노즈쿠리' 산업도시인 기타큐슈 시5개 시를 합병하여 현재의 기타큐슈 시가 탄생(1963년 2월)했지만 그 이전의 중요시설을 포함하여 편의상 기타큐슈 시라고 표시한다. 이하 동일와 그 문화, 창조성과의 관계에 대해 몇 가지 사례를 통해 기술하고자 한다.

또한, 지면의 상황과 필자의 소견이 부족하여 기타큐슈 시의 모든 현상을 기술하지 않았다는 점 및 의견 등에 관한 부분에 대해서는 기타큐슈 시를 대표하는 것이 아닌 필자의 개인적인 것이며, 기술내용에 관한 책임도 필자 개인의 것임을 사전에 밝힌다.

표 12.1 기타큐슈 시의 프로필(편저 작성)

기초 데이터	총인구:99.4만 명(DID[*1] 인구 88.8만 명, DID 인구비율 89.4%) 총면적:487.7㎢(DID 면적 156.7㎢, DID 면적비율 32.1%) 평면기온:15.8℃
창조성 지수	창조산업의 집적도:2.0%(창조산업[*2]:전산업=8,357명:41만 4,716명) 전국평균치[*3] 3.1%. 같은 지수[*4]는 64.5 창조적인 인재의 집적도(1% 유출결과):3.3%(창조적 인재[*5]:종사자 총수=1만 4,600명:43만 6,900 명) 전국 평균치[*6]는 4.9%. 같은 지수[*4]는 67.3
이 책과 관련된 계획· 비전	기타큐슈 르네상스 구상(1988~) 기타큐슈 마을만들기 추진계획 2010(2006~)
개 요	공업도시로서의 기술축적, 동아시아에 근접한 지리적 우위성 및 공해극복의 기술과 경험 등을 활용하여, 21세기의 새로운 '모노즈쿠리 도시'를 구축한다. 특히, '마을만들기 추진계획 2010'에 서는 지금까지의 사회기반 등을 살려 '높은 생활의 질을 가진 도시', '새로운 가치를 창조하는 도시'를 지향하고 있다.
구체적인 시도	• 인재창조의 도시 : 미래를 이끌어갈 인재가 성장할 수 있는 마을만들기 • 안전, 안심의 도시 : 지역과 어우러져 안심하며 살 수 있는 마을만들기 • 높은 수준의 도시공간을 가진 도시 : 쾌적하고 기능적이고 매력적인 도시공간을 가진 마을만 들기 • 경쟁력을 갖춘 산업도시 : 새로운 기술과 산업의 창조에 도전. 새로운 도시산업으로 관광산업 의 진흥 및 인재의 육성 • 세계의 환경수도 : '같이 살고 같이 창조하는 사회의 구축', '환경으로 경제를 연다', '도시의 지속가능성의 향상'이라는 세 기둥으로 세계 환경수도를 창조 • 동아시아의 거점도시 : 동아시아와 연계하여 같이 성장하는 마을만들기
배 경	• 5개 시 합병으로 현재의 기타큐슈 시가 탄생(1963) • 역사적으로 일본 굴지의 중화학공업 지대로서 일본산업의 근대화를 견인. 산업(기업)이 문화특 성의 발생원이 되었음 • '24시간 가동'하는 공업도시의 특성에서 도시 전체가 24시간 체제로 대응 가능한 기능을 가짐 • 기타큐슈 시는 생활환경의 실태를 보이는 지표에서는 높은 평가를 얻었음에도 '차가운 철', '폭 력의 거리' 등 이미지가 나쁘다. - 평가를 향상시킬 필요성
당담관청 · 부서	기획정책실 기획정책과(문화부문은 경제문화국 문화진흥과)
진행방법	일반적인 문화진흥에 대해서는 타 도시와 거의 동일한 방법으로 지원. '모노즈쿠리 도시'의 창조 에 관한 문화창조에 대해서는 종합계획에 있는 '마을만들기 추진계획 2010'에 기반하여 각 부서 가 관계사업을 실시하고 기획정책실이 그 진행관리 및 종합조정을 실시. 재정적인 지원은 예산에 '도시 활성화 지원'의 틀을 창설.
효과 · 과제	지금까지의 시도로 인한 차세대 산업의 창설에 필요한 지적 기반(기타큐슈 학술연구 도시)과 공 항, 항만 등의 국제경쟁력 있는 물류기반의 정비, 세계적으로도 평가받는 환경활동 이외에도 문 화, 예술시설의 정비와 활용시스템, 관광거점의 정비, 새로운 지역활동의 시스템구축 등의 성과 를 들 수 있다. 앞으로의 과제로는 구체적인 성공 모델의 제시와 지속적인 진행구조의 확립.
그 외	시의 기본구상 '기타큐슈 시 르네상스 구상'에 의한 시도로 인해 도시재생은 착실히 진행되고 있다. 이번 '마을만들기 추진계획 2010'은 지금까지의 시도를 살리면서 다음 단계로 진행하기 위 한 계획이며, 그 속에서 문화창조를 축으로 한 하나의 새로운 '마을만들기'를 구축한다.

주역에 관해서는 16쪽 참조.
출전: 삿포로 시 이마이 위원 발표내용, 삿포로 시 홈페이지, 요코하마 시「大都市比較統計年表」, Wikipedia,
　　총무성,「平成16年度事業所·企業統計調査」, 平成17年度国勢調査抽出速報統計.
작성: 坂東真己(종합연구개발기공)

기업(산업)이 이끄는 문화창조

조업을 개시한 관영 하치만 제철소

1901년, 하치만초八幡町(현 기타큐슈 시 하치만 동구)에 관영 하치만 제철소가 조업을 개시했다. 그 후, 이 제철소를 중심으로 전기와 금속 등을 제작하는 주요한 기업의 본사와 공장이 들어서면서 기타큐슈 시는 일본굴지의 중화학공업 지대가 되어, 일본 산업의 근대화를 견인하여 왔다.

관영 하치만 제철소의 조업개시 당시, 하치만초는 그 전년도에 마을제도가 시행1917년에 시정을 시행되었지만, 인구 6,600명 정도의 문자 그대로 시골이었다. 1921년에는 인구 약 11만 명, 1941년에는 약 26만 명, 1961년에는 약 34만 명으로, 태평양 전쟁 말기의 일부를 제외하고는 그 수가 크게 증가되어 왔다.

기타큐슈 시 전체적으로도 인구가 약 18만 명에서 100만 명을 넘게되어, 과거에 경험한 적 없던 속도로 인구가 증가했다.

또한, 인구의 증가는 제조업만이 아닌 사람들의 생활과 밀접한 운송산업, 식품공업과 상업, 금융업이 모이는 상승효과를 가져왔다.

기업 및 인구의 집적과 문화의 진흥

이와 같은 인구증가는 당연하지만, 그 대부분이 자연동태출생과 사망의 차이가 아닌 사회동태전입과 전출의 차이로 인한 것이며, 기타큐슈 공업지역은 규슈만이 아닌 전국 각지에서 노동자를 받아들인 일종의 용광로와 같았다.이것을 단

사진 12.1 기타큐슈 시가지 상공에서 본 기타큐슈 시의 고쿠라(小倉) 도심부. 좌측에 제철공장이 보인다.

적으로 나타내는 일례로, 기타큐슈 시에서 사용되는 언어는 규슈 지방인데도 방언이 없고, 발음도 표준어와 매우 가까운 것을 종종 듣고 있다

　문화가 사람의 활동을 보다 좋게 하는 이상, 기업이 모여들어 인구가 대폭 증가하고, 기타큐슈 시의 문화창조와 문화진흥의 방향과 속도가 크게 변화하게 된 것은 당연한 결과다. 많은 사람이 지역에 모여들었다는 양적인 면과 전국에서 모였다는 질적인 면이 합쳐진 인구의 증가는 지금까지 지역의 전통적인 문화와 사고에 더해져 전혀 새로운 문화특성을 만들었다.

　그리고 그 새로운 문화특성의 발생원인이 되었던 것이 많이 모여든 사람들로 만들어진 공통기반인 '산업기업'이었다.

　산업이 지역의 문화를 만든 사례로 기업축제를 들 수 있다. 서술한 바와 같이 1901년11월 18일, 관영 하치만 제철소의 작업개시식이 열렸는데, 그 이후로 작업개시식을 기념한 기업축제가 매년 개최되고 기타큐슈 시에서도 가장 성대한 축제의 하나로 지금까지 계속되고 있다.

　특히, 중공업이 일본 경제를 견인하던 고도 경제성장기에서의 기업축제는 지방도시에서는 평소 시민이 접할 기회가 없던 수준의 음악과 예술공연을 개최, 유치하는 등 지금으로 말하자면 메세나적인 관점까지 존재했던 것이다.

　기타큐슈 시에는 지금도 큰 북으로 유명한 고쿠라기온小倉祇園과 도바타초친 야마가사戸畑提灯山笠 등의 축제가 지역사람들의 손을 통해 전수되고 있다. 이는 신에게 올리는 제사에서 시작된 전통적인 축제에 더해져 지역기업의 탄생을 축제로 축하하는 풍습으로 승화된 것은 모노즈쿠리 산업이 기타큐슈 시민의 생활과 문화에 얼마나 큰 영향을 미쳤는가를 보여주는 한 예다.

　기업활동이 지역특성을 창조한 하나의 사례로, '24시간 움직이는 도

시'라는 면을 잊지 말아야 한다. 중대형 산업, 특히 기초소재 제조업은
그 제조공정이 24시간 쉴 새 없이 움직이는 특성을 가지고 있다. 당연
히 기업의 활동과 그 종업원의 취업형태도 24시간 체제3교대이며, 도시
전체가 이에 대응 가능한 기능을 가지게 되었다. 예를 들어, 편의점을
시작으로 오늘날에는 일반화된 24시간 영업도 기타큐슈 시내의 슈퍼
마켓이 전국에서 가장 먼저 실시된 것이다. 또한, 도시 전체가 24시간
구동에 대응할 수 있는 하드, 소프트 양면으로의 축적은, 오늘날 주요
한 기업이 기타큐슈 시내에서 콜센터를 개설한 요인만이 아닌, 2006년
3월에 개항한 기타큐슈 신공항을 24시간 운용할 수 있게 하였다.

기업 종업원과 지역문화

　기업축제는 기업의 존재 자체가 지역의 문화창조에 영향을 미치고
있는 예이며, 기업에서 일하는 사람들의 문화창조 활동이 지역에 미치
는 영향은 그 이상의 것이라고 할 수 있다.

　각지에서 사람들이 모여 급격히 성장한 지역이 도시로 기능하기 위
해서는 모여든 사람들이 하나가 될 수 있도록 하는 '핵구심력'이 꼭 필
요하다. 기업의 문화활동은 기업은 그럴 의도가 없다고 해도 결과적으
로 그 핵이 되는 것이다.

　1899년부터 4년간, 육군의관 부장인 모리 오우가이森鷗外가 고쿠라
에 재임하면서 지역에 새로운 문화문학의 씨앗을 뿌렸으며, 그 흐름을
이어받아 1938년에는 히노 아시헤이火野葦平가 아쿠타가와芥川 상을 수
상했다.

　쇼와 시대에 들어와 하이칸 제철소, 철도관리국, 신문사 등 기타큐슈
시의 각 직장에서 문학활동이 활발해져 다수의 아쿠타가와 상과 아오
키 상 수상작가를 배출했다. 그 외에, 연극과 음악분야에서도 기타큐슈

시내 기업에 근무하는 종업원의 활동은 지역의 문화창조에 높은 영향을 미쳤으며, 그 수준의 향상에 기여한 점은 쉽게 상상할 수 있다.

문화분야에 그치지 않고 기타큐슈 시내의 기업종업원의 활동은, 기업을 중심핵으로 다양한 토지에서 모여든 기타큐슈 시민이 도시에 대한 일체감과 자신감을 갖는 수단이 되었다.

예를 들어, 하치만 제철소는 야구부가 1954년 도시대항 야구대회에서 우승한 것을 시작으로, 1960년대 전반에는 럭비부가 수차례 1위가되었고, 육상경기에서는 멕시코 올림픽의 마라톤 은메달을 획득하는 등 그 활약이 시민들에게도 도시에 대한 긍지를 전했다.

오늘날 이상으로 노사의 대립축이 뚜렷했던 당시에, 회사 전체가 하나가 될 수 있도록 하는 무엇인가는 기업에게도 명백히 필요하였을 것이다. 또한, 일반시민을 직접 소비자로 하는 기업에게 있어 운동부의 활약은 절호의 홍보소재란 점은 오늘날도 변함없는 것이다. 그러면서도 기초소재 산업인 제철업에 소속된 운동부가 활약한다는 점은 기업의 홍보면 이상으로 그 회사가 존재하는 지역에 큰 힘이 되는 것이다.

덧붙이자면, 당시 회사의 운동부가 연습과 시합에 사용하고 있던 야구장과 그라운드, 체육관 등의 시설은 오늘날에도 시민이 일반적으로 사용하는 시설이며 시민의 건강증진과 스포츠 활동에 일조하고 있다.

이러한 기업 및 그 종업원의 활동이 지역에 미치는 영향 중에서 가장 큰 것은 도전하는 풍토를 키우는 것이라고 할 수 있다.

확실히, 인간은 누구라도 다양한 것에 도전하고자 하는 본능을 가지고 있으며, 지역 기업이 점점 세계 제일, 세계 최초의 제조기능을 설치하거나 상품을 개발하여 그 종업원이 노력을 더해 명예를 손에 쥐는 것성공체험을 가까이서 보고 시민이 협력하는 것, 도전하는 것의 소중함과 그것의 결실을 아는 정신이 모여 그 지역에 도전하는 풍토를 만들어내는 것이다. 그리고 이 도전하는 풍토가 중대형 산업이 쇠퇴하는 속에서도 기타큐슈 시를 재생으로 이끄는 원동력이 되고 있는 것이다.

기업이 이끄는 문화창조의 문제점

기업종업원이 문화를 시작으로 하는 다양한 분야에서 활약한다는 것은 지역의 문화와 창조성을 높이는 요인의 하나가 된다는 것은 사실이며, 동시에 이 도시의 재산이 되고 있다.

그러면서 한편으로 기업이 이끄는 문화창조에 있어서 전혀 문제가 없는 것은 아니다. 여기서는 몇 가지 예를 들어보자. 또한, 미리 말해두지만 문제점이 존재하는 것은 분명하지만 그것이 지역기업과 지역에 가져오는 각종 플러스 요인과 비교한다면 후자 쪽이 더 크다는 것은 명백하다.

먼저 지역기업, 특히 대기업과 같은 기업이 문화창조를 이끌어나간 점으로, 본래 맡아야 할 시민은 역할을 제대로 수행하지 못했다. 예를 들어, 하치만 제철소의 기업축제는 지방도시로서는 매우 높은 수준의 음악과 예술분야의 공연이 개최되지만, 이 행사들은 당연히 기업이 먼저 진행, 관리하게 되고 대부분의 시민은 단지 관객입장에만 그쳤다. 바꿔 말하면, 일반시민은 유명한 예술가의 공연은 기업이 만들어 초대해 주는 것이며, 자신이 스스로 기획, 실행하여 관객으로서 요금을 지불하고 입장하는 것은 아니라는 풍조를 키운 것이다. 이것은 100만 명의 인구와 200만 명의 상권을 가진 도시임에도 불구하고, 다른 비슷한 도시와 비교할 때 문화공연 등을 연출하는 회사가 매우 적은 것에도 원인이 있다.

다음으로 주요 기업 및 그 종업원의 활동은 확실히 지역문화의 창조에 큰 역할을 했지만, 지역주민과의 사이에는 눈에 보이지 않는 벽이 존재해 왔다. 결국, 주요기업 및 그 종업원의 활동과 시민의 활동과는 직접적으로 조화되지 못하는 부분이 많으며, 시민들은 한 거리에서의 활동이면서도 자신들과는 다른 세계에서의 활동이라고 느끼고 있는 것이다.

　주요기업 및 그 종업원의 활동으로 인해 기타큐슈 시로서는 문화창조 수준이 결과적으로 명백히 향상되었지만, 도시를 구성하는 시민과의 괴리가 존재한 것도 사실이다.

　결국, 기업이 이끄는 문화창조는 당연히 그 견인역할의 에너지에 의해 직접 좌우되는 것이다.

　화려한 문화 창조성을 자랑하는 기타큐슈 시도 주요기업이 제조 본거지를 다른 도시로 이전하게 되면 생산기능과 인원이 축소되어 그 문화활동도 축소될 수밖에 없다. 당연히 다른 도시와의 상대적인 관계에서 그 지위가 저하되는 것이 사실이다.

　결론적으로 모노즈쿠리 산업도시였던 기타큐슈 시는 지역경제만이 아닌 문화 창조성도 하치만 제철소로 대표되는 주요기업의 활동에 크게 좌우되며 그 영향을 받고 있다. 기업이 이끄는 문화활동 분야에 관해서는 행정과의 협동이 일부 존재하지만 행정이 주도적인 역할을 하는 것은 전무하다고 할 수 있다. 역으로 시민의 일체감과 지역에의 긍지 양성 등, 본래 행정이 맡아야 할 분야도 결과적으로는 시내의 기업이 크게 공헌하고 있는 것이다.

도시의 개성과 특성을 살린 문화창조

도시 아이덴티티로서의 문화창조

먼저 서술한 바와 같이 시내 기업 및 그 종업원에 의한 문화창조 활동은 기타큐슈 시의 상징적인 것이지만, 이와 함께 시민차원의 문화창조 활동도 진행되었다. 그에 대해 행정은 문화행정이라는 형태의 지원도 다른 도시와 마찬가지로 진행하였다.

특히, 5개 시가 합병하여 기타큐슈 시가 탄생한 뒤로는 ① 생활수준의 향상이라는 시민요구의 대응, ② 5개 시 합병으로 탄생한 새로운 시의 일체감과 아이덴티티의 양성, ③ 최초의 법령지정 도시라는 자부심, ④ 공업도시라는 도시 이미지를 높이는 등의 시점에서 문화창조에 적극적으로 몰입했다.추가로 필자는 '공업도시'라는 언어는 부끄러운 것이 아니라고 생각한다

시민의 문화활동 추진의 모체는 기타큐슈 시 탄생을 계기로, 옛 5개 시의 문화연맹이 '백 만 시민을 위한 기타큐슈 예술제'를 개최1963년 4월, 그 후 매년 개최하여 성공을 거두고, 옛 5개 시의 문화연맹을 통합한 '기타큐슈 문화연맹'이 결성된 것이다.1963년 11월

시설 면에서는 옛 5개 시의 시민회관과 도서관이 그대로 활용되면서 비슷한 규모의 도시에 비해 당초부터 충실한 기반에 미술관, 중앙도서관 등의 새로운 시설이 건설되었다. 한편 소프트적인 면에서는 시민문화상의 제정1968년, 청소년 예술극장후에 기타큐슈 패밀리 극장 및 시민음악제 등을 개최하고 각종 문화단체를 지원해 왔다.

'기타큐슈 시 르네상스 구상'에 기반을 둔 문화창조

고도 경제성장기 후반부터 석탄에서 석유로의 에너지 전환, 공해의

발생, 중대형 산업의 쇠퇴, 생산거점의 이전 등으로 인해 기타큐슈 시는 공업도시로서의 상대적 지위가 저하되어 왔다. 특히, 원유가격의 상승과 엔고에 의한 수출관련 기업의 수익저하는 기초소재형 산업중심인 기타큐슈 공업지대에 있어서는 큰 진통이었으며, 신닛테츠新日鉄 하치만 제철소가 용광로 1기 체제제4차 합리화계획로 이행하는 등 1980년대 전반의 기타큐슈 시는 말 그대로 '쇠퇴하는 산업도시'로 불리는 상태였다.

이러한 위기상황에 처해 있던 기타큐슈 시가 새로운 상업도시로 되살아나기 위한 처방으로 책정된 것이 '기타큐슈 시 르네상스 구상'이하 르네상스 구상이다.

르네상스 구상에서는 수변과 녹지와 만나는 '국제 기술도시로'라는 기조 테마를 기반으로, 구체적으로 지향할 5가지 도시상의 하나로 '건강하고 생기가 넘치는 복지, 문화도시'를 들어, '모노즈쿠리의 도시'를 중심에 두면서 도시를 되살리기 위해 각종 문화정책의 추진이 그려져 있다.

르네상스 구상에 기반을 둔 문화정책의 특징은 다른 도시와는 다소 다르며 지역특성과 강점을 살린 특색 있는 문화정책을 중점적으로 추진한 것이다.

당연히 타 도시가 실시하고 있는 기본적인 문화사업은 착실히 실시하면서도 다른 도시와는 다소 다른 방향성, 또는 방향성은 동일해도 내용면에서는 '다른 맛을 풍기는 기타큐슈 시만의 문화정책을 만드는 것에 중심을 둔 것이다.

각종 시도
르네상스 구상에 기반하여 실시해 온 각종 문화정책, 문화사업 중에

서 기타큐슈 시의 특색을 살린 한 예를 소개한다.표 12.2 당연히 이 외에
도 시민문화제, 시립미술관의 충실한 수장작품, 기획전의 개최, 문화실
시 단체로의 조성 등 다른 일반 도시에서 실시하고 있는 문화사업도
많이 있지만 그에 대해서는 지면의 한계상 생략하고자 한다.

표 12.2 기타큐슈 시의 특색 있는 문화관련 시책의 예

구분	소프트 분야	하드 분야
음악	• 기타큐슈 국제음악제(1988~) - 구후모 실내 음악제의 기타큐슈 시판 - 1달 반에 걸쳐 시내에서 약 20회의 콘서트 개최 - 유치원생부터 고교생까지 교육프로그램을 실시 • 인터내셔널 뮤직 아카데미(2002~) - 피아노, 바이올린 등의 체류형 강습회	• 기타큐슈 시립 히비키 홀(1993) - 실내악 전용홀 - 시 안팎의 음악가로부터 높은 평가 - 720석 • 오테마치 연습실(1995) - 음악, 연극전용 연습장 - 시민의 바람대로 정비
연극	• 기타큐슈 연극제(1993~) - 초청극단, 시내 · 외 극단의 상연 - 기타큐슈 연극 아카데미 실시 - 일본극작가협회 제1회 대회도 동시 개최 • 시어터 프로젝트(2000~) - 극단운영 노하우 확립, 인재육성, 소프트의 확립	• 기타큐슈 예술극장(2003) - 단순한 임대관이 아닌 창작하고, 키우고, 보는 것을 콘셉트로 다채로운 사업을 실시 - 대형홀(전문 다목적홀 1,269석), 중극장(연극전용 극장 700석), 소극장(216석) - 외부에서 프로듀서와 스태프 등 극장 운영 전문가를 초빙
미술	• 국제 철조각 심포지엄(1987) - 필립 킹(영국) '양치기 자리의 달' 등의 철강작품을 제작 • 현대예술 서머 세미나(1989~1995) - 강사 36명, 수강생 297명 • CCA 기타큐슈(1997~) - 일본 최초의 현대미술 전문학습, 연구기관 - 감독은 빈 국립 가극장의 무대막 디자인의 전형위원 - 중국 상하이에서도 심포지엄을 개최(2006)	• 구 하쿠산주 은행 갤러리(1993) - 은행점포를 갤러리로 개조, 시민의 작품 등에도 개방 • 레토르 예술촌(2002) - 통폐합으로 사라질 초등학교 자리를 젊은 예술가의 아틀리에로 개방 • 메세나 미술관(검토중) - 시민과 기업 소유의 미술품을 전시 예정

문학	• 기타큐슈 시 역사 문학상(1990~) - 森鴎外을 기념하는 문학상 - 매년 약 400편이 응모, 대상작품은 출판 • 기타큐슈 시의 작가전(1990~) - 기타큐슈 시 숲의 작가를 선정해 작품과 생활방식, 관계 등을 폭넓게 소개 • 전국 여성 시 대회(2002~) - 시 대회, 낭송회 유치(1993~)로 발전 - 여성만의 시 대회로서 전국에서 약 3,000편을 투고	• 林芙美子 기념자료관(1996) - 출생부터 작품에 관한 자료를 전시 • 松本清張 기념관(1998) - 기타큐슈 시 출신의 작가이며, 유족에게 기부 받아 도쿄의 자택에 있던 서재를 옮겨 전시 - 清張 문학의 모든 것을 알기 쉽게 소개 - 연간 약 10만 명의 입장객 • (가칭)기타큐슈 시 문학관(건설중) - 향토 숲의 근대문예에 관한 자료수집, 보존, 연구, 공개시설 - 시민이 참가하는 열린 문예의 장을 지향
그 외	• 기타큐슈 시 마이스터(2001~) - 뛰어난 모노즈쿠리 기술을 가진 사람을 표창. 시내의 전문학교와 공업고교, 초·중학교에서 기술을 발표, '모노즈쿠리'의 귀중함, 기술에 대한 존중을 가르친다. • 어린이 문화 패스포트(2003~) - 시모노세키 시와 공동으로 시내의 예술, 문화시설의 무료입장권을 발행	• 기타큐슈 시립 자연사, 역사박물관(2002) - 일본만이 아닌 중국, 한국에서도 방문(특히 한국에서 수학여행으로 인기) • 환경 뮤지엄(2002) - 콘셉트는 '시민을 위한 환경학습, 교류종합 거점시설 - '학습', '정보', '활동'의 세 가지 센터 기능 - 자연소재, 재활용소재, 태양광발전 등 환경기술을 적용한 건축물

　　표와 같이 시도한 결과, '문화 불모지', '활기 없는 도시'라는 부정적인 이미지가 많이 회복되고 있다고 자부하고 있다. 이러한 시도로 인해 시민이 '문화가 풍기는 도시'라는 자신감을 되찾은 점이 무엇보다도 크다. 전국의 중대형 중심산업도시가 쇠퇴하는 가운데, 작지만 성공사례를 체험하고 도시재생을 향한 적극적인 시도와 기세를 잃지 않았던 점이 오늘날 기타큐슈 시의 마을만들기를 면면히 살아 숨쉬게 한 것이다.

행정주도 문화창조의 과제

서술한 바와 같이 기타큐슈 시 탄생 이후 다른 도시와 동일한 문화정책, 문화사업에 기타큐슈 시의 독자성을 살린 시책과 사업도 실시하고 있으며, 문화적인 면은 다른 도시와 비교해 손색이 없다고 생각된다.

한편, 기타큐슈 시는 물론 이외의 다른 지자체에서도 지금까지의 문화시책에 대해 과제와 문제가 없는 것은 아니다. 필자가 지금까지 본 전국의 지자체의 사례를 바탕으로 필자만의 생각을 더해 몇 가지 과제와 그 원인을 들고자 한다. 당연히 이러한 사례는 모두 기타큐슈 시의 과제만은 아니며, 역으로 모든 지자체에서 두드러진 문제만도 아니다.

먼저, 일반적으로 행정은 소프트보다 하드를 중시하는 경향이 있다. 재정적인 면에서도 하드 정비에 관해서는 그 비용의 일부를 국고보조금과 지방채로 충당하는 경향이 있으며, 소프트면에 대해서는 매우 열악하고 많은 사업이 지자체의 단독예산으로 해야만 하는 것이 현실이다. 한편, 시민들도 문화적인 기능보다는 '문화 홀의 건설', '도서관의 정비' 등 기반의 정비를 바라는 목소리가 높은 것이 사실이다.

또한, 문화관련 단체는 다양하지만 행정으로서 특정단체와 행사만을 지원하는 것은 평등성의 원칙에 어긋나는 일이다. 지원해야 할 대상을 결정하는 것은 누가 보더라도 공평, 공정하다고 납득시키기는 매우 어려운 것이다. 한편, 하드 정비는 특정단체를 위해서만이 아닌, 모든 사람과 단체가 동등하게 활용할 수 있기 때문에 공평성의 확보라는 구실을 손쉽게 만들 수 있다.

결국, 행정에 있어 '문화활동의 지원'은 '그 장소의 확보'이며, 하드를 정비하면 소프트인 문화는 자연스럽게 성장하는 것또는 행정이 손을 놓을 수 없는 것이라고 생각하지 않을 수 없다.

　　다음으로 꽤 중복되는 내용이지만 지자체의 행정 내부에서 문화정
책에 대한 중요성이 잘 이해되지 않고 있으며, 문화관련 예산확보가 어
렵다는 점이다. 특히, 교부세, 교부금의 감소와 저출산, 고령화로 인한
사회보장비의 증대 등 지자체의 재정상황이 어려워진 가운데 문화시
책의 예산확보는 한층 곤란해진 상황이다.

　　예를 들어, 지역의 향토예능을 다른 도시에서 공연할 경우, '문화진
흥'이라는 명목으로 예산을 확보하는 것보다는 '지역의 홍보', '관광지
원' 등의 명목으로 예산을 확보하는 것이 쉬운 지자체도 많을 것이다.

　　이른바 '문화로 밥을 먹을 수 있는가'라는 단적인 질문에 답할 준비
가 되어 있는가가 과제인 것이다. 많은 예산과 문화의 창조성이 반드시
정비례하는 것은 아니지만, 필요한 예산을 확보할 수 없는 것은 문화진
흥에 있어 타격일 것이다.

　　세번째로 문화단체와 행정 사이에 인적인 연계가 지속되기 어려움
이다. 문화단체는 다양하며 행정으로서 특정 단체만을 우선적으로 지
원하기는 어렵다. 합리적이고도 상식적인 범위에서의 공평한 교류, 지
원이 요구되는 것이다. 더하자면 행정 내부는 정기적인 인사이동이 있
으므로 문화단체에서 보면 담당창구 직원이 2~3년 주기로 변하는 것
이다. 인사이동에 의한 담당직원의 교대는 조직과 활동의 신선함이라
는 면에서는 효과적이지만 인적 교류의 축적이라는 면에서는 다소 문
제를 가진다고 할 수 있다.

모노즈쿠리의 도시를 견인하는 문화창조

새로운 국면

이상으로 기타큐슈 시의 독자성을 활용한 특색 있는 시도와 기존 문화분야의 영역을 벗어나지 않는 문화시책을 소개했다.

르네상스 구상에 기반을 둔 각종 시도로 인해 도시재생을 향한 기반정비와 함께 이를 활용한 시도도 서서히 정비되고 있다. 이 외에도 복지, 교육 등 다방면으로 하드, 소프트 양면에서의 축적이 진행되어 왔다. 특히, 차세대 산업과 기술을 만들어내는 지적기반인 '기타큐슈 학술연구 도시', 동아시아 각 도시와의 새로운 수평분야 시대에 대응하여 '만드는' 것에서 '만드는+운반하는'을 높은 서비스, 저비용으로 실현하는 국제물류 기반 '히비키 컨테이너 터미널, 기타큐슈 공항', 환경의 시대, 폐기물 제로를 지향하는 '지역 제로 미션'과 새로운 환경산업의 창조에 도전하는 '기타큐슈 에코타운' 등의 정비가 진행되어 기타큐슈 시의 산업은 새로운 국면에 접어들었다.

모노즈쿠리에 대한 지향은 변함없지만 무엇을 만들 것인가는 유연하게 변화하고 있다. 특히, 단순한 제품의 제조비용면만으로는 BRICs 등의 나라들에 대항할 수 없는 것이 명백하기 때문에, 단순히 '만드는' 것만이 아닌 '창조하는' 것이 중요해진다. 기타큐슈 시가 아니면 '만들 수 없는' 것을 '창조하는' 도시가 되는 것이 필요하다.

그것은 지금까지의 시도로 인해 정비, 축적이 진행된 하드, 소프트 양면의 도시기반을 지금부터 적용시킬 지혜와 방안이 필요한 것이며, 이것들을 최대한 살리기 위한 창조성을 가진 도시가 되는가 못되는가의 분수령을 맞이하고 있는 것이다. '문화만으로 먹고 살 수 없다'는 목소리가 들리는 가운데 '문화로 먹고 살 수 있는', '문화가 없으면 먹고 살 수 없는'이라는 구체적인 사례를 나타내는 것이 필요하다.

기타큐슈 디자인 학원

전후 기적이라고 불리는 일본의 경제성장을 이끈 것은 일본이 가진 모노즈쿠리 기술이었으며, 오늘날 단순히 과거의 연장선상에 있는 모노즈쿠리만으로는 국제경쟁력을 지킨다는 것은 불가능하다.

여기에 2004년 기타큐슈 시는 모노즈쿠리에 가격을 매기는 행위인 디자인이라는 측면에서 기타큐슈 시만의 모노즈쿠리를 검토하면서 실

표 12.3 기타큐슈 디자인 학원(개최개요)

〈2006년도 코디네이터 桂英史(도쿄 예술대학 조교수)〉

	내용	강사	참가인원
제1회 04.06.22	'재팬 디자인'과 '모노즈쿠리'	柏木博(무사시노 미술대학 교수)	240명
제2회 04.07.29	'디자인 시너지'	松井竜哉(디자이너)	180명
제3회 04.11.11	산업기술을 둘러싼 '지방색'과 '표현'	川俣正(도쿄 예술대학 교수)	120명
제4회 05.01.28	'모노즈쿠리의 이해'로서의 디자인 사고	川崎和男(산업디자이너, 나고야 시립대학대학원 교수)	630명
제5회 05.03.28	'설계'와 '디자인'의 사이	曾我部昌史(미칸구미 대표)	130명

〈2005년도 코디네이터 桂英史(도쿄 예술대학 조교수)〉

	내용	강사	참가인원
제1회 05.05.19	스타플레이어사와 디자인 전략	武藤康史(㈜스타플레이어 기획담당 대표) 松井竜哉(디자이너)	500명
제2회 06.03.06	지역성 속의 디자인	松岡恭子((주)스핀 글래스 아키텍트 대표)	80명
제3회 06.03.30	이노베이션과 디자인	山中俊治(생산 디자이너)	150명

제로 고용과 산업의 고도화로 이어진 디자인 및 그 인재육성 프로그램을 검토하기 위해 '기타큐슈 디자인 학원'을 개시하였다.

기타큐슈 디자인 학원에서는 '21세기의 모노즈쿠리에 필요한 인재'와 '모노즈쿠리에 있어 디자인의 중요성' 등을 시민에게 이해시키는 것을 목적으로 세계적으로 활동하는 디자이너 등이 참가하는 발표회와 토론을 실시하고 있다.표 12.3

회의장에서는 제조업의 제품개발 담당자, 기업의 디자인부문의 사원, 대학의 교원과 학생은 물론 디자인과 모노즈쿠리에 관심을 가진 많은 일반시민이 참여하여 매회 성황을 이루며 개최되었다.

기타큐슈 디자인 학원과 같은 운동의 확대로 지적 가치가 중시되는 시대에 대응한 '모노즈쿠리 도시'로 탈바꿈하는 데에 속도를 더할 것으로 기대된다.

기타큐슈 공항의 개항

2006년 3월 기타큐슈 시의 인공섬에 새로운 기타큐슈 공항이 개항했다. 2,500m의 활주로를 가지고 소음의 영향이 적은 24시간 운용가능한 해상공항의 개항은 기타큐슈 시 탄생 이후 시민의 꿈이 실현된 것이기도 했다.

신공항에서는 현재 국제선이 2개 노선, 주 5회 왕복, 국내선이 3개 노선, 하루 20회 왕복으로 운항하고 있으며, 그 중심은 기타큐슈 시에 본사를 둔 새로운 항공회사인 스타플레이어사SF사의 도쿄하네다 편이다.

SF사는 국토교통성의 규제완화에 따라 설립된 신규 항공회사의 하나다. 앞서 운행을 시작했던 3사스카이마크 에어라인사, 홋카이도 국제항공, 스카이네트 아시아항공의 교훈을 기반으로 대형 항공회사와의 항공운임 경쟁에 몰입하지 않고 이른 아침부터 심야까지 운항하는 편리성과 최고

급 서비스를 제공한다는 명확하고 개성적인 전략을 내세웠다.사진 12.3
　　이러한 다른 신규 항공회사와의 다소 차별화된 기업전략의 하나로,
기체부터 기내에 이르기까지 토탈디자인코퍼레이트 디자인이 있다. 로봇
디자인으로 유명한 마츠이松井電哉가 대표를 맡고 있는 '플라워 로보틱
스'가 디자인했는데, 기체외장에서 기내의 좌석, 객실 승무원의 유니
폼, 승객에게 제공되는 종이컵, 기내안내 리플렛, 항공접수 카운터에
이르기까지 흑과 백을 기조로 한 통일된 코티네이터는 기타큐슈 시만
이 아닌 지금까지의 항공업계에 새로운 바람을 불러일으켰다. 더군다
나 색에 사용한 빛나는 검정색은 기타큐슈 시에 모노즈쿠리 도시라는
꾸밈 없고 굳건한 이미지를 가져온 것이다.
　　이 참신한 디자인은 많은 팬을 확보하게 했으며 시민에게 '우리 도
시의 에어라인항공사'이라는 강한 인상과 의식을 심었다. 그리고 무엇보
다 큰 것은 시민, 특히 어린이들이 SF사의 항공기를 '멋지다고 생각하
여 그 항공사가 기타큐슈 시에 존재하고 있는 것을 긍지로 여기는 점
과 멋지고 높은 서비스가 지닌 가치를 현실에서 체험하고 이해하게 된
것이다. 보충하자면 이 코퍼레이트 디자인을 실현할 기반이 된 것이
'기타큐슈 디자인 학원'이었다는 점이다.

　　　　　　　　　　　　신공항의 개항에 관해서 SF사의 항
　　　　　　　　　　　　공기 외에도, 공항을 연결하는 교량의
　　　　　　　　　　　　디자인에 대해서도 언급해 보자.
　　　　　　　　　　　　　브라이트 그린의 아름다운 아치 형태
　　　　　　　　　　　　인 연결교량은 일본의 최고급차라고 불

　　　　　　　　　　　　리는 승용차 CF의 무대가 되어 그 뛰어
사진 12.3 SF사 항공기　기타큐슈 공　난 디자인성이 전국에 알려지게 되면서
항에 취항하고 있는 스타플레이어사　지역주민에게 있어서는 큰 자랑거리가
의 항공기. 흑과 백의 참신한 디자인
으로 인기를 모으고 있다.

되고 공항섬을 건너는 하나의 즐거움이 되었다.사진 12.4

이상과 같이 창조성이 가진 가치의 중요성이 시민, 특히 젊은 세대에 인식되어, 장기적으로는 새로운 모노즈쿠리와 함께 모노즈쿠리 도시로서 기타큐슈 시가 비약할 수 있는 기반이 될 것으로 확신한다.

환경수도 만들기

일본에서는 고도 경제성장기에 중화학공업을 중심으로 생산량이 확대되면서 대기오염이나 수질오염과 같은 공해가 발생하여 주민이 고통 받게 되었고, 기타큐슈 시도 예외는 아니었다. 오히려 일본에서 최초로 혼탁한 광화학 스모그 경보 등의 대기오염과 '죽음의 바다'라고 불리는 수질오염으로 인해 '공해의 마을'이라는 달갑지 않은 이름으로 불린 역사도 있었다.

그러나 산·학·민·관이 한자리에 앉아 대책을 협의, 실시한 '기타큐슈 방식'이라는 방법으로 공해를 극복하고, 그 경험과 기술을 가지고 개발도상국의 공해대책에 공헌하고 있다. 또한, 1990년대에는 국제연맹환경계획UNEP에서 일본의 지자체로서는 처음으로 '글로벌 500'1을 수상한 것 외에도 1992년에는 리우데자네이루에서 열린 지구 서미트에서 '국제연맹지자체 표창'2을 수상하는 등 세계적으로 환경도시로 인지되고 있다.

기타큐슈 시는 법령지정 도시면서도 시 면적의 약 40%가 산림으로 자연의 축복을 받은 도시다. 여기에 세계적으로도 평가받았던 환경국제협력, 공해대책을 개시할 당시부터 존재하던 산·학·민·관의 네트워크, 환경에 관

사진 12.4 신항공 연결교량 공항 등과 연결된 도로의 일부로 건설. 아름다운 디자인이 인상 깊다.

한 기술·경험·인재의 축적, 기타큐슈 에코타운과 같은 선진적인 시도
등 기타큐슈 시가 충실하게 다져온 환경분야는 넓게 인정받고 있다.

이러한 시도와 함께 시민이 일체가 되어 긍지를 가지고 자연환경을

사람과 지구, 그리고 미래 세대를 향한 기타큐슈 시민의 약속
- 세계의 환경수도를 지향하며 -

전문
· '환경은 사람의 생존을 위해서는 빠질 수 없는 것'이라고 하는 원점으로 돌아간다
· '참된 풍요로움'이 넘치는 도시로 키우고, 미래 세대로 이어나가는 것을 결의한다

배경과 결의
· 왜 환경수도를 지향하는가
　지역의 시도가 중요한 것
　지속 가능한 사회로의 역할을 이끌어 나갈 사명감을 가질 것
　여기서 살아서 잘되었다는 마음의 고향 같은 도시가 될 것
· 우리 도시의 특징
· 우리 환경으로의 시도
· 우리의 과제
　아름다운 거리, 매너와 도덕, 에너지, 각 주체간의 정보공유, 협력 등
· 긍지와 경험 위에 선 환경수도를 향해

기본이념
'참된 풍요로움'이 넘치는 거리를 만들고 미래의 세대로 이어나가 이것이 하나된 행위의
최상의 가치기준으로 정해, 그것을 실현하기 위해 세 가지 기준을 정한다.
함께 살고, 함께 만든다 · 환경으로 경제를 다진다 · 도시의 지속가능성을 높인다

기타큐슈 시민 환경행동 10원칙
1. 시민의 힘으로 즐기면서 도시가 지닌 환경의 힘을 높입니다
2. 뛰어난 환경인재를 배출합니다
3. 얼굴이 보이는 지역의 연을 소중히 합니다
4. 자연과 현명하게 어울리고, 지키고, 키웁니다
5. 도시의 자산을 지키고, 잘 사용하고, 아름다움을 요구합니다
6. 도시의 환경부하를 감소시킵니다
7. 환경기술을 창조하고, 이해하고, 산업으로 확대합니다
8. 사회·경제 활동에 있어 자원을 순환하여 이용하도록 힘을 씁니다
9. 환경정보를 공유하고, 알리고, 행동합니다
10. 환경정보 모델을 알리고, 세계로 펼칩니다

그림 12.1 세계 환경수도인 그랜드 디자인의 골자

지키며 '세계의 환경수도'를 지향하는 운동을 전개하고 있다. 2006년 10월에는 1,000건이 넘는 시민들의 의견을 기반으로 세계 환경수도 창조의 기본이념과 행동계획을 정리한 '그랜드 디자인그림 12.1'을 책정하고, 시민, 기업, 행정 등 다양한 주체가 구체적인 계획을 진행하고 있다.

'그랜드 디자인'에 나타난 핵심 중 하나에, 시내의 환경관련 산업의 창출을 촉진하고, 지역과 산업의 활성화를 위해 '환경으로 경제를 살린다'는 시점이 있다. 그 시도의 하나로 2006년도에 개시된 '기타큐슈 에코 프리미엄 산업창조 사업'이 있다. 이 사업은 시내 기업의 환경을 배려한 제품, 서비스를 책정하고 전시회와 발표회 등을 통해 폭넓게 보급, 계발하여 모노즈쿠리의 환경화를 촉진시키고 산업진흥에 기여하도록 하는 것이다. 일상생활에 관계가 있는 제품과 토목건축과 관련된 소재, 공장 등 생산현장에서 사용되는 기기, 각종 관리·재활용 서비스 등 다양한 분야에 있어서 친환경 제품과 서비스를 책정하여, 시민과 기업이 그것을 구입하도록 안내하고 있다.사진 12.5

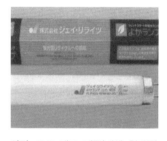 

사진 12.5 에코 제품(재생 형광등) 기타큐슈 에코타운에서 자원으로 회수한 형광등을 재활용하여 제작한 형광등. 일본에서 유일한 재생 형광등이며 기타큐슈 시 에코제품으로 인정받았다.

사진 12.6 Ⅵ 킥오프 대회 민간주도로 조직된 '기타큐슈 시 활기만들기 간담회'가 개최한 비지터즈 인더스트리(Ⅵ) '킥오프 대회'의 모습(로봇이 선언문을 위원장에게 전달했다).

비지터즈 인더스트리(VI)

모노즈쿠리 이외의 분야에서도 르네상스 구상에 기반을 둔 지금까지의 마을만들기의 성과를 살린 새로운 움직임이 시작되고 있으며, 그 대표적인 예가 '비지터즈 인더스트리활기산업'다. 이것은 주변 지자체만이 아닌 국내외의 사람들이 기타큐슈 시에 방문하는 것이며, 그 목적도 관광, 비즈니스에 한정하지 않고 문화, 예술, 의료, 음식 등의 폭넓은 것을 대상으로 하고 있다.사진 12.6

이미 소개한 문화·예술 분야에서의 하드, 소프트의 집적과 환경수도를 향한 시도, 모노즈쿠리의 기술집적산업관광 등의 콘텐츠와 신공항의 개항이라는 충실한 물류기능을 활용한 새로운 산업창조로의 도전이다.

필자는 이 시도로 인해 지금까지 많은 사람들이 기타큐슈 시를 방문하고, 새로운 '모노즈쿠리 도시'로 변모하고 있는 기타큐슈 시를 폭넓게 알아가고 있음은 물론, 그 이상으로 이러한 시도를 통해 시민이 자신이 사는 도시에 자신감과 긍지를 갖고 있는 점, 또 하나 여러 지역사람들과의 만남을 통해 창조성을 자극하고 새로운 도시문화를 만들기 위한 계기가 되기를 기대하고 있다.

문화창조와 지자체의 변혁

기타큐슈 시의 과제

새로운 모노즈쿠리에 도전해 나가는 가운데 문화와 창조성을 가진 힘을 활용하고자 시도한 예를 소개했지만, 이러한 시도가 모든 면에서 순조롭게 진행되고 있는 것은 아니며 또한 이후를 고려할 경우 해결해야 할 과제도 존재한다.

먼저, 이것들은 다른 도시에서 모방해온 것이 거의 없다는 점을 들 수 있다. 기술한 대로 본래 기타큐슈 시는 도전정신이 번성한 지역이므로 다른 표본이 된 사례가 없었던 것을 부정적으로 생각하는 것은 아니지만, 역시 시행착오 속에서 발생되는 문제를 하나하나 찾아 해결하며 앞으로 나아가는 데에는 많은 에너지를 필요로 한다.지자체가 바로 선진 사례지를 시찰하는 것은 이 부분을 생략하여 남은 에너지를 다른 곳에 사용하기 때문이다

다음으로 이러한 시도의 대부분이 기획부문과 환경부문에서 실시되었으며, 문화부문과 산업진흥 부문이 맡아 관리하지 않았던 점이다. '그것은 종적 행정의 전형적인 의견으로 행정 전체로 시도하면 좋으며, 소관은 관계가 없다'는 의견도 있지만, 역시 사업의 효율성 등의 면에서는 문화부문과 산업진흥 부문을 포함하여 진행하는 것이 바람직하다.

세번째로, 시작한 지 오래되지 않은 상황이기 때문에 성과가 나타나기까지 시간이 다소 걸리는 점을 들 수 있다. 본래 이러한 시도와 그 성과에 시간차가 존재하는 것이 행정이 실시하는 이유이기도 하지만, 오늘날에는 행정에서도 성과를 내기 위해 속도를 낼 필요가 있다. 극단적으로 말하자면 시도하려는 목표는 틀리지 않아도 결과를 내기 이전에 사업이 정리되는 경우도 있다. 또한, 이것은 기타큐슈 시에 그치지 않고, 문화 면뿐만이 아닌 모든 분야에서 요구되는 것이다.

창조성이 지자체를 변화시킨다

이상으로 문화와 창조성, 모노즈쿠리와 관련된 시점에서 사례를 기술했지만, 기타큐슈 시의 문화와 창조성이 모노즈쿠리 이외의 분야, 즉 일반시민의 정신적인 면과 교양 면에서 풍요로움을 향상시키는 데에

어떻게 기여해 왔는가에 대해서는 기술하지 않았다. 그러나 기술하지 않은 것은 모노즈쿠리 이외의 분야와의 관계에서 문화시책을 경시하는 것은 아니다. 오히려 다른 도시 이상으로 문화가 본래 가진 목적을 중요하게 여기며 문화의 진흥을 지원해 왔다고 자부하고 있다.지자체의 전체적인 계획을 담당하는 필자는 지자체의 역할은 주민의 안전과 안심의 확보, 쾌적한 생활 환경의 창조, 지역산업의 진흥 등 다양하며 문화의 충실함만은 아니다. 때문에 문화시책의 시도만을 가지고 해당 지자체를 평가하는 것은 적절하지 않다고 생각된다

또한, '기업산업이 이끄는 문화창조', '도시의 개성과 특성을 살린 문화창조', '모노즈쿠리의 도시를 이끄는 문화창조'라는 세 가지 큰 조류의 각 문제점과 과제를 기술했다. 그 중에서 두번째와 세번째 조류에 대해서는 행정이 크게 관여해 왔으나 오늘날에도 그 과제 등은 남아있기 때문에, 이후 과제해결을 향해 행정뿐만 아닌 시민문화관련 단체를 포함의 노력이 필요하다. 특히, 두번째 조류에 대해서는 다른 많은 지자체가 직면하고 있는 과제이므로, 해결을 위한 처방전을 제시하는 것이 그 연구'문화도시 정책으로 만드는 도시의 미래'의 목적 중 하나다. 그러나 지방행정의 현장에 서 있는 사람으로서 볼 때, 하드는 어찌되었든 소프트는 지역특성에 의해 크게 좌우되는 것이다. 특히 문화면에서는 그러한 과제가 현저히 드러나기 때문에, 모든 지자체에 효과적인 만능 해결책은 존재하지 않는다존재한다면 벌써 활용하여 문제가 해결되었을 것이다. 진부한 표현이지만, 지자체가 자신이 가진 자원인적 자원, 재원, 역사 등을 평가, 활용하여 해결책을 스스로 찾아내는 방법밖에는 없다고 말할 수 있다. 그리고 그것만이 참된 창조성이며 지자체를 변하게 하는 에너지라고 확신한다.

《주 · 출전》

1. UNEP(국제연맹 환경계획)이 지속 가능한 개발의 기반인 환경의 보호 및 개선에 공적이 있는
   개인과 단체를 표창하는 제도. 당초 1987년부터 1991년까지 5년간 약 500개의 개인과 단체
   를 표창하는 계획이었기 때문에 글로벌 500상으로 불렀지만 이 표창제도는 1992년 이후에도
   지속되고 있다.
2. 환경과 개발에 관한 국제연맹지구회의(서미트)에서 지속 가능한 개발에 대한 선진적인 시도
   를 실시한 지자체를 표창한 것. 전 세계에서 12개 지자체가 수상했다(일본에서는 기타큐슈
   만 수상).
* 본문에서 수치 등은 2006년 9월 말의 것임.

현대미술센터 CCA 기타큐슈

이이자사 사요코(飯笹佐代子, 종합연구개발기공)

기타큐슈 시의 직원이 해외 방문지에서 명함을 내밀면, '저 CCA로 유명한 시군요'라는 말을 한다. 해외에서 CCA의 브랜드 힘은 매우 크다. 어느 미술관계자도 '세계적 아트의 장에서 높은 평가를 받고 있는 세계기준의 아트센터'라고 말을 한다.[1] 한편, 일본에서는, 그리고 본거지인 기타큐슈 시내에서조차 그 지명도가 그다지 높지 않다. 아는 사람만이 아는 CCA라는 조직은 도대체 어떤 것일까?

메이지 시기에 관영 하치만 제철소가 조업을 시작했던 하치만 동구에 '현대미술센터 CCA 기타큐슈'CCA는 Center for Contemporary Art의 약자가 개설된 것은 10년 전인 1997년이었다. 나아가 10년을 거슬러 1987년에 같은 곳에서 개최된 '국제 철조각 심포지엄 YAHATA'를 계기로 다음 해부터 7년 연속으로 매년 지역시민과 기업관계자를 중심으로 한 운영주체로 '현대미술 서머 세미나 in 기타큐슈'가 열린 것이 CCA가 탄생

하게 된 시초였다. 파리 퐁피두센터의 초대 국립 근대미술관장이었던 퐁듀스 후르텐이 파리에 창설한 학교의 이념을 계승한 것이다. 민간의 임의 단체가 운영하고 기타큐슈 시가 중심적으로 조성한다.

국내 최초의 현대미술에 관한 비

사진 1 리서치 프로그램의 수강생 전람회(2006년 10월)
제공: CCA 기타큐슈

영리 상설 연구, 학습기관으로서 국내외의 젊은 예술가와 감독을 대상
으로 매년 7개월간의 양성코스인 '리서치 프로그램'을 실시하고 있다.
지금까지 이 프로그램의 수료생은 153명에 달하며, 그 중에서 외국인
은 60명을 차지한다.2006년 10월 시점

　교수, 강사진도 해외에서 저명한 예술가와 전문가를 초대하는 등,
CCA는 지극히 국제적인 짜임새를 갖추었다. 수강생 전형도 세계의 일
류 예술가와 미술전문가 등으로 저명한 국제위원회표1가 맡았다. 수업
료는 7개월에 약 36만 엔이고, 시민단체가 지원하는 장학금 제도와 지
원기업이 기숙사를 제공한다.

　CCA가 설치한 사무실은 폐교가 된 초등학교 자리에 위치한 기타큐
슈 국제대학 문화교류센터 안에 있
다. 인접한 원래 초등학교 체육관을
개조하고 칸을 나누어 전용 스튜디오
를 만들고, '리서치 프로그램'의 수강
생은 24시간 사용할 수 있게 하였다.
최근 주목을 모으고 있는 예술에 의
한 폐교활용의 선진사례인 것이다.

사진 2 영국 예술가 하미슈 힐튼의
전람회(2006년 11월)
제공: CCA 기타큐슈

　예술가 육성에 추가로 힘을 기울
인 것이 현대미술에 관한 정보의 수
집, 홍보사업이며, 전문서와 전람회
전단지, AV자료 등을 1만 점 넘게 소
장하고 있다. 교수로 초빙된 예술가
와 함께 전람회 등의 공동 프로젝트
를 실시하고 『아티스트 북』을 간행하
기도 했다. 해외에서는 이 책이 서점

사진 3 원래 초등학교의 체육관을 활용
한 스튜디오
제공: CCA 기타큐슈

과 100곳 가까운 미술관에 놓여 있다.

　나아가 예술가와 연구자를 잇는 세계적인 네트워크 거점을 지향한 활동도 전개하고 있다. 그를 위한 특색 있는 시도 중 하나가 '브릿지 더 갭?'이라고 부르는 회의 시리즈다. 예술을 다른 다양한 분야로 연계시켜 다른 분야와의 창조적인 반응을 기대하는 이 회의에서는 뇌과학과 컴퓨터 사이언스, 사회학 등의 최전선에서 활동하는 참가자를 모으고 있다. 2006년 11월에는 CCA설립 10주년을 기념하여 상하이 시 등과 공동개최로 '도시와 문화' 등을 주제로 한 회의가 기타큐슈와 상하이 두 곳에서 열렸고, 일본에서는 혹성학자와 인지과학자 등도 참가했다.

　이러한 독자적인 콘셉트를 기반으로 세계적인 시점에서 현대미술을 견인하는 CCA의 활동은 전문가에게는 한눈에 보이지만, 일반시민과

표 1 국제위원회의 구성원

마리나 아프라모비치	예술가
마리우스 바비아스	예술평론가
다니엘 밴바움	디렉터 / 프랑크푸르트 슈타델슐레
사스키아 보스	예술학부장 / 쿠파유니온, 뉴욕
다니엘 뷰렌	예술가
마리아 아이히홀	예술가
오라퍼 에리아슨	예술가
하밋슈 휠튼	예술가
리암 기릭	예술가
한스 휠립 오브리스트	큐레이터 / 서펜타인 갤러리, 런던
杉本博夫	예술가
리크리트 티라바냐	예술가
머라이케 판 바르멜담	예술가
로렌스 위너	예술가
中村信夫	디렉터 / CCA 기타큐슈
三宅曉子	프로그램 디렉터 / CCA 기타큐슈

지역에게는 어디까지 유익한 것인지 아직 보이지 않는다는 목소리도
들린다. 최근 수년간 어린이를 위한 워크숍 등의 일반시민을 대상으로
한 행사가 늘어나고 있는 것도 그러한 의문에 답하기 위함이다.

CCA를 탄생시킨 디렉터 나카무라中村信夫 씨는 '큰 미술관의 광열비보
다 적은 예산으로 세계를 무대로 활동하고, 해외는 물론 국내의 유명
미술관보다 높은 평가를 받고 있는 기타큐슈 시의 지명도가 높아지고
있다'고 자부한다.2 제작진은 나카무라 씨와 시에서 나온 2명을 포함해
총 6명으로, 탈정형의 코스트 퍼포먼스를 추구하고 있다. 나아가 그 독
자성이라는 점에서 타의 추종을 허락하지 않는다. CCA에서의 수강이
력을 가진 한 큐레이터는 '현대미술에 관한 유사한 기관은 일본에는 없
으며, 뉴욕과 네덜란드와 비교하면 소규모이지만 세계적으로도 귀중한
존재'라고 평가했다.

게다가 일찍이 전형적인 공업도시였던 일본의 한 지방도시가, 사실
은 정상수준의 세계적인 예술과 직결된 거점을 가지고 있다. 이것은 지
방의 잠재력을 다시금 보여주는 사례인 것이다. 또한, 최근 문화, 예술
을 활용한 지역 살리기에 눈에 보이는 즉각적인 효과만을 추구하는 풍
조 속에서 예술의 창조성이란 무엇인가에 대한 의문에 적절한 사례이
기도 하다.

《주·출전》

1. 遠藤水城,「アーティストと多分野エキスパートの交差点: 現代美術センター・CCA 北九州」(『美術手帖』 2006年 1月号).
2. 2006년 9월, 나카무라 씨의 인터뷰에서.

❚ 후쿠오카 ❚

앞으로 도시기능으로서 예술의 가능성

모델도시 아일랜드 시티의 시도

미즈마치 히로유키(水町博之, 후쿠오카 시)

chapter **13**

21세기의 도시상

　21세기의 주역이 되는 도시상은 어떠한 것일까?

　20세기 후반부터 21세기 초반에 걸쳐서는 금융, 경제의 중심이 되는 세계도시가 그 주역이 된다는 것이 대세였다. 그러나 최근에는 오히려 인구규모는 그 정도는 아니지만 독자적인 매력으로 발전하는 도시가 대두되고 있다.[1] 그것은 창조도시라 불리고 있다. 오사카 시립대학 대학원의 사사키 교수는 '창조도시란, 인간의 창조활동의 자유로운 발휘에 기반을 두고, 문화와 산업에 있어 창조성을 품은 동시에 대량생산을 벗어나 혁신적이고 유연한 도시경제 시스템을 갖춘 도시'[2]라고 정의하였다. 또한, 건축가이자 도시계획가이기도 한 구로카와 기쇼도 '21세기의 도시에 있어 중요한 것은 노동력을 나타내는 인구가 아닌, 창조성을 지닌 인재일 것이다. 20세기는 인구가 모이는 것을 도시라고 했지만, 21세기는 인재가 모이는 곳을 도시라고 한다. 결국, 문화가 도시를 만드는 것이다. 다른 정보, 상황이 맞부딪혀 새로운 문화가 태어나는 것

표 13.1 후쿠오카 시의 프로필(편저 작성)

기초 데이터	총인구:140.1만 명(DID[*1] 인구 134.4만 명, DID 인구비율 95.9%) 총면적:340.6㎢(DID 면적 150.4㎢, DID 면적비율 44.2%) 평면기온:16.6℃
창조성 지수	창조산업의 집적도:5.7%(창조산업[*2]:전산업=4만 2,067명:74만 3,074명) 전국평균치[*3] 3.1%. 같은 지수[*4]는 183.9
	창조적인 인재의 집적도(1% 유출결과):5.3%(창조적 인재[*5]:종사자 총수=3만 4,600명:64만 8,000 명) 전국 평균치[*6]는 4.9%. 같은 지수[*4]는 108.2
이 책과 관련된 계획 · 비전	문화예술에 의한 도시창조 비전(현재 작성 중)
개 요	문화예술이 가진 창조성, 교류성을 마을만들기에 살려 문화예술에 의한 도시의 매력 창출과 활성 화를 진행한다.
구체적인 시도	(비전 책정 중이므로 현 시점에서는 미정)

배 경	• 규슈 최대의 도시.
	• 가장 뜨거운 역동적인 변모를 들고 있는 세계 10대 도시에 선정(Newsweek)되어, 세계적으로도
	  주목받고 있다.
	• 고베 서쪽으로 예술가 수가 가장 많으며 인구비율 예술가 수는 13대 도시 중 5위다.
	• 규슈와 일본 서쪽의 각종 기능이 집적되어 있음과 동시에 제3차 산업의 특화된 산업구조로 인
	  해 창조적 산업군의 집적이 높다. 종업원 인구당 창조적 산업군 종사자 수는 전국 3위.
	• 아시아 중심-일본의 대도시보다 동아시아 각국의 대도시 쪽이 가깝다는 지리적인 조건.

당담관청 · 부서	시민국 문화부 문화진흥과

진행방법	•(재)후쿠오카 시 문화예술진흥재단의 설치 1999년 : 시민과 문화를 잇는 사업, 어린이들의 문화
	  예술 체험사업, 아트 서포트 활동의 지원 등 다양한 예술문화 진흥사업을 실시
	• 행정편의적이 아닌 토대를 만들고, 뒤는 민의 힘으로 만들어 나가는 강한 민간
	• 아일랜드 시티 : '21세기의 새로운 항구만들기, 마을만들기'를 콘셉트로서, 1994년부터 계획이
	  진행되고 있는 약 400ha의 인공섬. '아일랜드 시티에 문화, 예술이 숨 쉬는 마을만들기' 제언(2005
	  년 4월)
	• 뮤지엄 시티 프로젝트(MCP): 아트 NPO로서 博多灯明 위칭, 天神 예술학교 등의 다양한 활동을
	  전개

효과 · 과제	(비전 책정 중이므로 현 시점에서는 미정)
그 외	후쿠오카 시는 문화예술을 산업과 경제진흥으로 이어 문화예술이 가진 창조성과 교류성을 살린 활력 넘치는 도시를 창조하기 위해 간담회에서 비전과 방향성, 포함되어야 할 시책의 방향성 등 이 검토되어 '크리에이티브 후쿠오카 10년 계획'이 제언되었다. 제언에서는 후쿠오카 시의 현황 과 과제를 기반으로 후쿠오카 시의 문화진흥을 지향하는 방향성을 10년 계획으로 정리한 것이며, 선진적인 내용이 들어 있다. 제언을 기반으로 행정으로서의 역할, 민간과의 협동 등을 충분히 검 토하고 비전 책정을 시행할 예정이다. (제언내용) • 아시아 세계로 문화예술을 알림 • 후쿠오카 시의 역사적 유산과 전통문화의 활용 • 학교에 예술가를 파견하고 어린이들의 창조성을 키운다 • 예술가를 시작으로 한 창조적인 활동에 종사하는 인재를 육성 등

주역에 관해서는 16쪽 참조.
출전: 삿포로 시 이마이 위원 발표내용, 삿포로 시 홈페이지, 요코하마 시 「大都市比較統計年表」, Wikipedia,
총무성, 「平成16年度事業所·企業統計調査」, 平成17年度国勢調査抽出速報統計.
작성: 坂東眞己(종합연구개발기공)

이며, 창조성만이 21세기 도시 파워가 된다[3]고 지적하였다.

　실제로 이탈리아의 볼로냐와 스페인의 바르셀로나, 프랑스의 낭트, 일본에서도 요코하마 시와 가나자와 시 등이 창조도시를 지향하고 있다.

후쿠오카 시의 창조도시를 향한 가능성

후쿠오카의 이미지

　21세기의 주역이 창조도시라면 어떤 기능, 장치를 마련해야 창조도 시가 되는 것일까? 필자는 아래와 같은 기능과 장치라고 생각한다.

- 사람인재: 발상력, 창조력을 가진 개성, 풍부한 감성의 인재, 외국 인, 학생 등 젊은 층이 의미에서는 사람은 그 도시에 사는 인구(야간인구)만이 아닌 학생과 관광객을 포함한 도시를 방문하는 일체의 사람을 포함함
- 브랜드: 타 도시에서 볼 수 없는 독자성, 집중
- 대학·인재육성 기관: 산업과 연계한 또는 지역에도 개방되어 있 는 대학
- 도시환경: 적절한 자연, 아름다운 도시환경, 사람들의 다양한 욕구 를 만족시키는 도시시설, 쾌적한 도시생활을 제공하는 인프라SOHO 주택
- 산업 등: 일체의 제조산업·문화산업, 생산성이 높고 부가가치를 생산하는 산업·영화, 음악, 서적, TV방송, 스포츠, 교육, 음식문 화, 패션, 디자인, 게임 소프트, 설계, 건강 등등

　후쿠오카 시는 뮤지션을 많이 배출하고 음악활동이 번성한 도시이

자 다양한 디자인계 교육기관이 집중되어 있다. 또한, 디자인 관련 기업이 모여 있는 도시로 알려져 있으며, '무엇인가 표현하고 싶은 사람'을 받아들이는 거리라는 이미지를 가지고 있다. 그렇다면 과연 전 장에서 서술한 창조도시가 되기 위한 기능, 장치를 갖추었다고 할 수 있을 것인가.

시민기질

얼마 전에 「인터내셔널 헤럴드 트리뷴」지에 후쿠오카 시가 일본에서도 특색 있는 도시로 소개되었다.4

- 일본의 많은 도시가 도쿄의 답안지대로 움직이며 도쿄를 모방하는 것에 대해 후쿠오카는 다른 사고를 하며 **자율적인 리듬으로 움직인다.**
- 도쿄와 경쟁하려고 의식하지 않고, 오히려 **아시아에 무슨 일이 일어나고 있는가에** 자극받는다.
- 후쿠오카의 가장 좋은 점은 **개방성과 외부인을 받아들이는 기풍이다.**
- 후쿠오카 사람은 재미있고, 쾌적하고, 자극적인 것에 둔하다. 그것이 후쿠오카 사람의 가치기준이 된다.

후쿠오카에 대한 동일한 감정을 느낀 『하카타가쿠博多学』의 저자 이와나카岩中祥史도 책에서 '후쿠오카는 패스포트 없이 간다(외국)!?'로 표현하고 시민기질에 대해 다음과 같이 지적하였다.5

- 그곳에 살고 있는 사람의 기질과 사고, 감상이 일본인과는 다르다.
- 이곳 사람들은 **누구라도 '환영'**이다.
- 후쿠오카 사람들에게는 새로운 발상 — 그것이 좋은 것이라면 더욱

－을 받아들이는 기질이 깊게 배어 있기 때문이다. 일본인의 기질
로 자주 지적되는 횡적 나열, 즉 주위의 많은 사람이 받아들이는
것이라면 자신도 받아들이지만, 자신이 솔선하여 받아들이는 것
은 하지 않는 섬나라 근성의 사고와는 차이를 가지고 있다.

• 자유로운 발상, 대담한 발상, 전례에 좌우되지 않는 발상, 또한 그
러한 것을 저항 없이 받아들이는 기질이 후쿠오카에서는 다양한
분야에서 볼 수 있다. 예를 들어, 문학과 예술 등이 가장 대표적인
것이다.

아시아 중심

이러한 시민기질은 후쿠오카 시의 지리적 · 역사적 특성에 의한 것
이다. 그림 13.1은 일본 지도를 거꾸로 한 것으로 도쿄900㎞, 오사카480㎞
보다도 부산200㎞, 서울540㎞, 상해890㎞ 쪽이 더 가까운 거리에 있다는 것
을 알 수 있다.동아시아의 중심에 후쿠오카가 있다! 이러한 지세학적인 근접성
을 살려 2000년 이상 걸쳐 아시아 대륙의 진입로로 기능해 온 역사를
가지고 있다. 이러한 점에서 후쿠오카 시는 그 도시상으로 '아시아의
교류거점 도시'를 들며 최근 10여 년에 걸쳐 많은 아시아 지역 · 도시와
문화와 스포츠 등의 교류를 계속하고 있다. 세계경제의 삼극화가 진행
되고 있는 동아시아 지역
의 경제발전이 매우 두드
러진 현재, 사람과 문화에
더해 비즈니스 교류의 관
문으로서의 역할도 점점
더 높아지고 있다.

후쿠오카 시는 재외 외

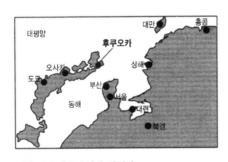

그림 13.1 후쿠오카와 아시아

국인의 80%, 유학생의 90%, 입국외국인의 90%가 중국과 한국을 중심
으로 한 아시아인들이다. 따라서 시내의 주요 공공시설 등의 간판은 일
본어, 영어와 함께 중국어, 한국어로도 표시되어, 지하철과 시내를 달
리는 버스의 일부노선에서는 일본어, 영어, 한국어, 중국어로 안내방송
을 한다. 외국특히, 한국에서 관광객이 많이 찾아오는 대형 전자제품 판
매점에는 한국어, 중국어를 할 수 있는 점원이 상주하고 있다. 또한, 직
장여행으로 주말에 한국, 홍콩, 상해에 가는 기업들도 적지 않다. 젊은
여성 그룹이 쇼핑, 피부관리를 하고 불고기를 먹고 돌아온다. 나아가
한류 붐과 한국의 주말 휴일제의 확대로 인해 점점 동아시아와의 교류
가 가까워지고 있다. 중국과의 관계도 차가운 국가적 관계보다 우호적
이다.

   이러한 아시아를 중심으로 한 마을만들기는 시의 문화행정 정책에
도 나타나고 있다. 그 중에서도 1989년 일본 시정시행 100주년 박람회
가 개최될 때에도 후쿠오카 시에서는 아시아를 주제로 '아시아 태평양
박람회'를 개최하여, 이후 매년 9월을 '아시아의 달로 정하고 아시아의
문화예술에 관한 다양한 사업을 개최하였다. 또한, 시민차원의 교류를
추진하거나 아시아 또는 다양한 문화보존과 창조에 현저한 업적을 올
린 개인 또는 단체를 표창하는 것으로, 아시아의 문화진흥과 교류기반
만들기에 공헌한 '아시아 문화상을 설치하거나, 아시아의 뛰어난 영화
소개와 영화계의 새로운 재능발견과 육성을 위한 '아시아 포커스 후쿠
오카 영화제'를 개최하는 등의 활동이 있다.

   후쿠오카 아시아 미술관도 마찬가지다. 경위를 조금 설명하자면, 이
미술관은 아시아 근현대 미술작품을 체계적으로 수집, 전시하는 세계
유일의 미술관이며, 후쿠오카 시가 '아시아의 교류거점 도시'라는 것을
미술분야에서 상징적으로 내건 것이다. 이 미술관은 1999년 개관했지

만, 아시아 미술관 개관으로 이어진 활동은 1979년 후쿠오카 시 미술관의 개관으로 거슬러 올라간다. 개관기념 전시로 '아시아 미술전'을 개최하였다. 이것은 1970년대 일본에서 미술관, 박물관 건설 붐이었던 당시, 이 시도 그러한 미술관 건설을 검토하고 있었지만, 시의 독자성을 나타내는 방법으로 '아시아 미술전'을 기획한 것이었다.

　그 후, 이 아시아 미술전을 정기적으로 개최함과 동시에 시 미술관에서는 아시아 각국과의 국제교류 활동을 미술관 활동중심의 하나로 자리매김시켜, 학예원 사이에서도 아시아를 무대로 하는 조사연구 활동에 뿌리를 두고 있다. 이러한 활동이 쌓여 1990년대에 들어 아시아 여러 나라가 부각되면서 유럽과는 다른 독자적인 문화와 전통을 가진 아시아 미술작품이 크게 주목받게 되었을 때, 일본은 말할 것도 없고 세계에서도 훌륭한 아시아 근현대미술을 축적한 것이 시 미술관으로 탄생한 것이다. 그리고 아시아 미술전문 신미술관의 구상으로 이어졌다.

　현재, 후쿠오카 아시아 미술관에서는 3년마다 개최되는, 아시아 현대미술의 최신동향을 소개하는 국제미술전 '후쿠오카 미술 트리엔날레' 등의 수집·전시 활동은 물론, 아시아 각국에서 미술작가와 연구자를 초빙하여 후쿠오카에 남아 작품제작과 워크숍을 하는 미술교류 활동과 강연회 등 일반시민을 위한 교육활동을 실시하고 있다.6

대학 및 인재육성 기관

　후쿠오카 시는 인구 1,000명당 학생 수는 대도시로는 제 2위다. 또한 도시권 내에서는 12개의 대학, 10개의 단기대학 및 20개가 넘는 전문학교가 있으며, 장래를 책임질 풍부한 인재를 공급하기 위한 환경이 정비되어 있다. 이러한 인재를 찾아 최근 우량기업이 점점 더 진출해 오고 있다.

도시환경

'드래곤 퀘스트' 최신 시리즈에 관여한 후쿠오카 시에 거점을 둔 게임소프트회사의 히노 아키히로日野晃博는 도쿄로 이전하자는 목소리에 대해, '너무 도시적이어도, 너무 시골이어도 안 된다. 그 점에서 후쿠오카는 주변이 자연에 둘러싸여 있고 교통체증과 만원전차로 인한 스트레스도 적다. 한편, 사람이 많고 좋은 인재도 확보된다. 이 좋은 환경이 모노즈쿠리에 집중할 수 있는 매력 포인트'라고 이야기한 것처럼,7 후쿠오카 시는 콤팩트한 구역 안에 풍부한 자연과 대도시로서의 각종 기능을 골고루 갖추고 있는 것이다.

'쇼핑과 교통의 편리성', '주거환경', '음식' 등을 이유로 살기 좋은 도시 순위 등에서 항상 상위에 위치하고 있으며, 또한 적절한 인건비, 사무실 임대료 등 비즈니스 환경도 잘 정비되어 있다.

산업구조

후쿠오카 시는 규슈·일본 서쪽의 각종 중추기능이 모여 있는 점과 함께 제3차 산업이 전문화된 산업구조이며, '개인의 창조성과 기술, 재능에 기원을 두고, 지적재산의 창조와 시장개발을 통해 재원과 고용을 만들어낼 가능성을 가진 산업군'인 창조적 산업군이 많이 모여 있다. 또한, 그림 13.2에 나타낸 것처럼 창조적 산업군 종사자 수는 고베 서쪽에서 가장 많고, 종업원 인구당 창조적 상업군 종사자 수는 도쿄서부, 가와사키에 이어 전국 3위다.8

이렇게 보면, 후쿠오카 시는 창조도시가 될 요소를 고루 갖추고 있다. 적어도 후쿠오카 시민은 창조도시 시민이 될 유전자를 가지고 있는 것이다.

크리에이티브 후쿠오카 10년 계획

후쿠오카 시에서는 문화예술을 산업과 경제의 진흥으로 이어나가 문화예술이 가진 창조성을 살린 활력 있는 도시를 창조하기 위하여

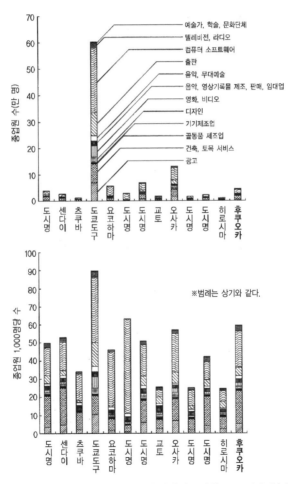

그림 13.2 창조적 산업 종업원 수의 실수(위)와 종업원 1,000명당 수(아래)
출전: 아일랜드 시티의 문화·예술이 숨쉬는 마을만들기를 향하여

2006년도 '문화예술에 의한 도시창조 비전'을 책정하기로 하고, 그 기반으로 '크리에이티브 후쿠오카 10년 계획'을 2006년 4월 관계자들이 간담회에서 제언하였다.표 13.2, 그림 13.3

표 13.2 후쿠오카 시 문화예술에 의한 도시창조 비전 간담회 위원

성 명	소 속
古賀弥生	특정비영리활동법인 '아트 서포트 후쿠오카' 대표
薦野寧	코모노 앤 스탠튼 주식회사 대표
出口敦	규슈 대학대학원 인간환경학 연구원 교수
野田邦弘	돗토리 대학 지역학부 지역문화학과 교수
*山野真悟	뮤지엄 시티 프로젝트 운영위원장
吉村哲夫	후쿠오카 시 문화예술진흥재단 전무이사
吉本光宏	주식회사 닛세이 기초연구소 예술문화 프로젝트실 실장

* 간담회 좌장

그 내용은 문화정책과 도시정책을 융합시킨 '도시문화 정책'을 구축하고 그것을 후쿠오카 시의 중추적인 정책으로 자리매김한 도시전략으로 내세워, '크리에이티브 후쿠오카'라는 새로운 도시상을 민간과 협동하여 실현할 것을 지향하고 있다.

앞에서 서술한 바와 같이, 후쿠오카 시의 특성, 역사 나아가서는 시민의 유전자를 생각한다면, 인간의 창조성을 충분히 발휘할 수 있는 기회와 장소가 넘치는 도시 '크리에이티브 후쿠오카'라는 새로운 도시상은 올바른 방향성이라고 할 수 있다. 단, 이 제언에 대해서는 다음과 같은 지적도 있다.

II 전략목표

크리에이티브 후쿠오카라는 새로운 도시상의 실현을 향하여, 국제물, 역사, 문화, 시민생활, 어린이 교육, 인재육성, 산업진흥 등 분야의 각도에서 7조의 정책을 창조적으로 발상하여 재구축해 나간다

전략목표1	예술의 창조와 아시아와의 교류를 위한 시스템을 만든다　■후쿠오카만의 예술창조를 위한 시스템 구축　■아시아 크리에이티브 벨 개최
전략목표2	후쿠오카의 역사와 전통, 강화된 문화를 살려내어 후쿠오카의 역사적인 독자성을 살린다
전략목표3	후쿠오카의 예술과 매력과 홍보 시스템을 만든다　■전통적 기능과 기능을 계승하는 발전시킬 장을 만든다
전략목표4	시민활동과 지역만들기의 모든 곳에 문화예술의 힘을 활용해 간다　■문화예술에 의한 사회서비스의 연구, 개발의 장을 만든다
전략목표5	문화예술의 힘을 활용하여 모든 어린이들이 창조성과 감성력을 기른다　■어린이의 문화예술을 있는 실천적 연구, 개발의 장을 만든다
전략목표6	도심 초등학교의 창조적 학습시설을 도입한다

III 조직의 재편, 활용

조직재편·정비1	창조적 활동을 이끌고, 시행하는 다양한 인재를 기우기 위한 활동이 가능한 장소를 늘린다
조직재편·정비2	■크리에이티브 후쿠오카의 추진 경향을 인재양성 기반의 등 비영리조직에 서점 노하우 축적기반을 만든다

IV 도시공간 거점시설의 정비, 재편

후쿠오카 시 문화예술진흥을 위한 이정 기능에 모은 예술중심의 운영기반이 된다

기반정비1	기존조직의 재편, 활용으로 문지식기반을 활용한 새로운 공공문화 정책문화 조직 노하우가 아트 경영의 정보
기반정비2	'크리에이티브 후쿠오카'를 상징하고 견인하는 도시공간, 거점시설을 정비, 재편해 나간다
기반정비3	문화예술에 의한 도시정조의 창조로 도시에 도심의 '창조구역'의 설치

V 비전추진관리 시스템의 구축

확실히 성과를 올려 10년을 만들기 위한 시스템을 구축한다

추진실1	평가와 개선의 시스템의 도입
추진실2	활동계획의 책정과 중점목표의 설정

VI 비전의 책정을 향하여

책정과정과 그 체제의 자체가 창조적이기 위하여　■조직을 횡단하는 책정체제의 구축　■정보공유 방법의 구체화와 전개　■적정과 범정이 행정과 시민간가

I 시명

후쿠오카 시는 차세대를 향해 인간의 창조성을 충분히 발휘할 수 있는 기회와 장소가 넘치는 도시 크리에이티브 후쿠오카를 지향하며, 그 실현을 위하여 기존의 정책을 창조적인 발상으로 재구축하고 시민생활에 깊이 충실감과 지속 가능한 도시발전을 지향한다.

그 시도의 핵심은 '도시문화 정책'으로 정하고 문화예술과 예술을의 중점을 통과 시도에 문화예술의 가진 시책적 힘을 다 양한 도시정책 영역에 반영해 나가는 시도를 추진한다.

그리고 단각 활동하며 세계적으로 개성과 수준이 높아진 평가 받는 도시, 문화예술을 시책으로 창조적인 힘과 그 교류가 풍부하게 이루어지는 도시로 창조해 나간다.

(시명을 표현하기 위한 정책방향)
· 문화예술이 '도시정책 응원가'와 '도시문화 응원가'를 구축한다.
· 중심성적인 도시정책을 응원가 시 정책을 중심으로 하여 도시전 체를 제시한다.
· 중심성적으로 10년간 중점문화진행에 인격 활동으로 크리에이 티브 후쿠오카라는 새로운 도시상을 구축한다.

순서 제언에 있어

1. 크리에이티브 도시를 향해 정책을 구출할 필요성
  · 차세대를 향해 요구되는 도시로의 변혁
  · 문화예술이 향해 활동의 기회와 장소에 넘치는 도시서만의 구축을
  · 크리에이티브 후쿠오카를 지향하여 창조적인 활동의 기회와 장소에 넘치는 도시
  · 문화예술적 전기 - 문화예술의 위상이 변화되고 있다
  · 맑고 있는 기능성이 만성이 충분이 살펴지고 있지 않은 후쿠오카의 현황
2. 크리에이티브 도시를 향한 제언
  · 예술가 외로운 우출되고 있다
  · 선진사업이 시도가 발전되고 있지 않다
  · 제도가 이루어지는 시도로는 충부력을 갖기 힘들다
  · 도시의 특성을 살리고 있지 못한다
  · 역사나 전통이 충분히 발휘하에 시책으로 스며드 있는 변화를
3. 미래에 대한 책임으로 남겨진 종차적으로 토지적성 달성해 나간다
  · 시간차별을 넘어 종차적으로 토지적성이 달성해 나간다

그림 13.3 후쿠오카 시 문화예술에 있어 도시창조 비전을 향한 제언 '크리에이티브 후쿠오카 10년 계획'의 골격

　　예술은 그 혁신적인 발상으로 폐쇄된 다양한 사회문제를 효과적으로
해결해 가거나, 새로운 산업의 씨앗을 만들 수 있다고 정하고, 모든 토
론은 그것을 전제로 전개하고 있다. 확실히 일반적으로 예술 속에는 그
러한 효능을 발휘할 수 있을지도 모른다. 그러나 그것은 극히 일부분일
뿐이다.9

　　예술이란, 현대미술과 연극, 댄스 등의 혁신성에 중점을 둔 창조활
동을 지칭하는 것이다. 간담회 관계자에게 왜 예술에 한정했는지 물
어볼 기회가 있었는데, 예를 들어, 작곡가는 창조적이지만 연주가는
창조적이지 않다. 따라서 문화예술 모두를 대상으로 하지 않고, 예술
에 한정한다고 설명했다. 여기서는 창조적이라는 정의 그 자체가 경
우에 따라 다양하며, 나아가 최종적으로는 선호의 문제가 되고 만다.
애매한 정의와 기준 속에 왜 예술에 한정하지 않으면 안 되는가라는
의문이 남는다.

　　필자는 '예술이 교육, 의료, 복지 등 다양한 사회문제에 효과적인 해
결책을 이끌거나 새로운 산업의 씨앗을 만든다'는 가능성에 대해서는
100%라고는 할 수 없더라도 그것에 가까울 것이라고 믿고, 증명하고
실천할 가치가 있다고 생각한다. 전에 서술한 아일랜드 시티의 시도도
이 과제에 도전한 것이다. 이것을 해결하면 행정이 어느 정도 공적 자
원을 투자할 필요성에 대한 사회적 의식을 높일 수 있게 된다. 앞으로
는 '예술문화에 의한 도시창조 비전'이라는 책정작업이 진행되지만 상
기 시점을 기반으로 하여 제언의 내용을 어떻게 정책으로 승화시킬 것
인가가 과제다.

아일랜드 시티의 시도

21세기의 선진적 모델도시 만들기-아일랜드 시티

　아일랜드 시티는 후쿠오카 시 동구 하카타博多 만, 와지로오키和白沖를 매립하여 만든 약 400ha의 인공섬이다. '21세기의 새로운 항구만들기, 마을만들기'를 콘셉트로, 1994년부터 계획이 진행되고 있다. ① 국제적으로도 경쟁력 있는 항만, 물류, ② 환경과 공생하며 주민이 마을만들기에 참가할 수 있는 안전하고 쾌적한 도시공간, ③ 건강, 의료, 복지관련, IT와 로봇, 창조적 산업, 또한 아시아 비즈니스와 같은 산업집적 거점, ④ 후쿠오카 동부지역의 교통체계 정비, 이 네 가지 기능을 목적으로 후쿠오카, 규슈가 아시아와 함께 발전하기 위한 새로운 비즈니스의 중핵으로서, 또한 넉넉한 마음을 소중히 여기는 생활을 실현하는 선진

(사업목적) o 항만기능의 강화　　　　　　　o 쾌적한 도시공간의 형성
　　　　　　o 새로운 산업의 집적거전의 형성　o 동부지역의 교통체계의 정비
(면　적) 401.3ha 〈약 214ha(약 53%)가 시공완료〉
(총사업비) 당초 4,599억 엔 〈현재 수정 중(국가사업비 등)〉
(사업기간) 1994년도 공사착수 ~ 2010년 매립시공 예정
(사업주체) 국가(약 6.1ha), 후쿠오카 시(약 298.0ha), 하키타항 개발주식회사(약 97.2ha)
(토지이용) 부두, 항만관련 존, 신산업, 연구개발존, 주택존 등(거주인구 약 18,000명)
(완성시의 사업효과)
· 경제적 효과　1조 100억 엔/년
· 고용창출 효과　약 12.3만 명
· 시세수입 효과　약 104억 엔/년
　(시민세, 고정자산세)

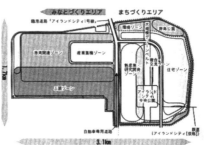

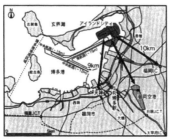

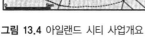

그림 13.4 아일랜드 시티 사업개요

적 모델도시로서 새로운 프로젝트가 전개되고 있다.그림 13.4

풍부한 바다에 둘러싸인 구역에서 먼저 진행되고 있는 주택개발 '데리하照葉의 마을만들기약 18.5㎡, 약 1,500채'에서는 '살아있는 힘을 불러일으키는 마을'이 콘셉트다. 쾌적한 공간과 풍부한 자연환경을 가진 '녹색의 섬', 누구나 안전, 안심하고 건강하게 살 수 있는 '살기 좋은 마을', 커뮤니티를 통한 높은 수준의 거리, 쾌적한 생활을 '지속시켜나가는 시스템' 등을 실현하여 선진적이며 누구나 쾌적하게 생활해 나갈 수 있는 매력적인 주택, 주거환경 만들기를 지향하고 있다.사진 13.1, 13.2

아름다운 바다에 인접해 15.5ha의 풍부한 녹음과 조화를 이루어 주민과 하나된 마을만들기가 좋은 평가를 받아, 2006년 도시경관대상 '아름다운 거리 우수상 및 아시아 하비테트 협회에서 '아시아 그린 건강주택 모델상'을 수상했다.

문화, 예술이 살아 숨 쉬는 마을만들기 제언과 시범사업

특색 있는 제언

아일랜드 시티에서 전개된 많은 프로젝트의 하나로 '문화, 예술이 살아 숨 쉬는 마을만들기'가 있다. 이것은 예술이 지닌 '사람의 마음을 움직이는 힘'으로 주민 한 사람 한 사람의 마음을 움직임과 동시에, 막 탄

사진 13.1 변화롭고 녹음이 풍부한 보행공간

사진 13.2 교류와 휴식의 공공공간

생한 커뮤니티와 사회생활, 기업과 학교 등을 효과적으로 연결하여 마
을만들기에 꼭 필요한 커뮤니케이션을 순환시키는 선구적인 사업을
전개하는 것이다. 후쿠오카 시에서 활동하는 문화, 예술 관계자를 중심
으로 전문지식을 가진 사람들을 모아 제언10을 정리한 것이다.2005년 4월
제언의 주요 내용은 '예술의 힘이 사람의 힘으로 바뀔 때, 마을로 변
하기 시작한다'는 것을 구호로 아일랜드 시티의 마을만들기, 즉 문화,

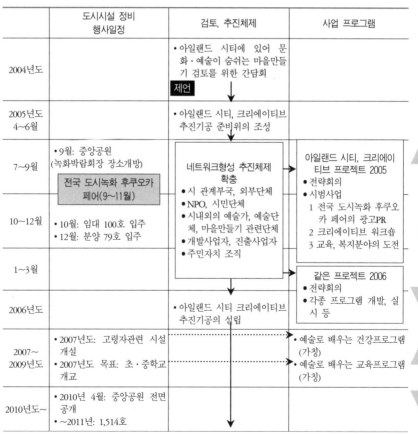

	도시시설 정비 행사일정	검토, 추진체제	사업 프로그램	
2004년도		• 아일랜드 시티에 있어 문화·예술이 숨쉬는 마을만들기 검토를 위한 간담회 제언 ↓		
2005년도 4~6월		• 아일랜드 시티, 크리에이티브 추진기공 준비위의 조성		프로젝트 창설 · 추진 체제 구축 기
7~9월	• 9월: 중앙공원 (녹화박람회장 장소개방) 전국 도시녹화 후쿠오카 페어(9~11월)	네트워크형성 추진체제 확충 • 시 관계부국, 외부단체 • NPO, 시민단체 • 시내외의 예술가, 예술단체, 마을만들기 관련단체 • 개발사업자, 진출사업자 • 주민자치 조직	아일랜드 시티, 크리에이티브 프로젝트 2005 • 전략회의 • 시범사업 1 전국 도시녹화 후쿠오카 페어의 광고PR 2 크리에이티브 워크숍 3 교육, 복지분야의 도전	
10~12월	• 10월: 임대 100호 입주 • 12월: 분양 79호 입주			
1~3월			같은 프로젝트 2006 • 전략회의 • 각종 프로그램 개발, 실시 등	
2006년도		• 아일랜드 시티 크리에이티브 추진기공의 설립		
2007~ 2009년도	• 2007년도: 고령자관련 시설 개설 • 2007년도 목표: 초·중학교 개교		• 예술로 배우는 건강프로그램 (가칭) • 예술로 배우는 교육프로그램 (가칭)	본 격 가 동 기
2010년도~	• 2010년 4월: 중앙공원 전면 공개 • ~2011년: 1,514호			

그림 13.5 아일랜드 시티의 변화. 예술이 숨쉬는 마을만들기의 일정

예술기능을 살려나가기 위해 주택개발 및 주민의 입주, 지역 커뮤니티
의 육성, 의료기관·고령자 복지시설·초·중학교의 정비, 기업·비즈
니스 사업자의 진출 등, 새로운 마을만들기가 진행되는 과정 속에 예술
을 활용한 프로그램을 창설, 도입하는 것이다. 그리고 앞으로 그러한
과제를 해결하기 위해 맞닥뜨린 시도로 추진조직 만들기, 프로모션, 시
범사업과 거점만들기를 추진하고 있다.

그림 13.5와 같이 도시시설이 정비되어 행사가 전개되는 구체적인
마을만들기 일정에 맞추어, 추진체계의 정비와 구체적인 사업 프로그
램의 실시를 제안하고 있다.

제언을 작성하면서 위원 등에게 받은 주된 의견으로는 아래와 같은
내용이 있다.

- 사회의 문화·예술이 하는 역할의 중요성과 아일랜드 시티와 같
은 새로운 도시가 형성되었을 때, 예술은 어떠한 형태로 그것과
연관될 수 있을까?
- 아직 존재하지 않는 커뮤니티와 공공시설을 가상하면서 그것이
시작부터 예술과 연계된 계획의 중요성을 주장하고, 또한 모든 분
야와 시설에 예술이 관련되는 사업모델을 만들어낸다.
- 예술이 사회에 할 수 있는 것을 실험적으로 전개해 간다.
- 추진에 있어 행정 내부, 그리고 시민의식을 높이는 것이 가장 어
렵다.
- 예술이 사람과 거리를 바꾼다는 것을 정면에서 믿고 정리해 나간
다. 주택과 의료, 복지시설 등 예술과는 관계가 없어 보이는 개발
속에서 예술을 일상화하도록 지향하는 것이 특색이다.
- 예술가와 사회사람과 장소를 이어나가는 코디네이터의 존재가 중요
하다.

- 다양한 커뮤니티지역의 자치와 기업·학교 등에 한 사람아직은 1조씩 계약 예술가라고 불리는 전문직 예술가가 있으면 좋다.

매우 특색 있는 제언이지만, 대다수 위원은 이미 진행된 사업을 전개하고 있는 분야중앙공원과 주택개발 공모에 이런 생각으로 임하지 못한 것왜 시는 보다 빨리 이 프로젝트를 실시하지 않았던 것일까?을 뼈저리게 후회하고 있었다.

필자는 이 시도를 통해 창조적인 활동을 복지와 교육, 커뮤니티의 육성 등에 활용할 수 있는지 검증 가능한 것인가, 또한 어떤 과제가 있는가, 나아가 대형마트를 만들면 산업화할 수 있는가 등을 설명할 수 있으리라 기대하고 있다.

간담회의 제언을 얻어, 2회째인 2005년도에는 '아일랜드 시티 크리에이티브 추진준비위통칭 시마게이'가 발족되어, 공부모임8회, 워크숍2회, 공개 세미나1회 등을 왕성하게 개최하였다. 전국에서 주목받는 커뮤니티와 관련된 예술활동의 선행사례를 공부하고, 향후 아일랜드 시티에서 예술이 어떤 역할을 할 수 있을지에 대한 가능성을 찾았다.

구체적으로는 2005년 가을, 아일랜드 시티의 시작이라고 할 수 있는 '전국 도시녹화 후쿠오카 페어'가 개최되어, 그 회장 내에 공부모임을 개최하고 시마게이의 활동정보를 알리거나, 아일랜드 시티에 진출예정인 고령자시설의 주간서비스 이용자를 대상으로 한 댄스 워크숍을 개최했다.사진 13.3 같은 워크숍에서는 많은 고령자와 시설관계자가 참가하였고, 이 댄스를 적용한 수법은 타 시설에서도 전개할 수 있다는 소리가 들릴 정도로 호평을 얻

사진 13.3 고령자를 대상으로 한 댄스 워크숍

어 신문에도 소개되었다.11 또한 입주가 시작된 주택지에서 주민 등
을 대상으로 자신들이 사는 거리를 알아가면서 이웃과 만남의 기회
가 되는 '나의 마을지도 만들기 워크숍'을 개최하는 등(사진 13.4, 13.5) 복
지나 커뮤니티 육성과 같은 생활의 다양한 면에서 예술의 가능성을
검토했다.

나아가 이러한 활동에 대해 많은 시민 등에게 알리고자 활동보고
서12도 작성하고 블로그도 만들었다.

2006년에는 데리하에서 막 발족한 시민이 자체적으로 운영하는 조
직활동의 보조와 주민 커뮤니티 만들기에 예술을 어떻게 도입할 것인
가, 그리고 예술 비즈니스의 가능성에 대해 검토하였다.

우선, 영상 아티스트가 거리와 자연, 생활, 풍경 등 변화하는 아일랜
드 시티의 거리를 약 1년간 거주자와 함께 촬영하여 다큐멘트 작품으
로 제작하는 프로젝트를 시도하기 시작하였다. 여름축제와 새로 개교
할 초등학교 등의 지역행사 등을 주민과 함께 영상으로 촬영해 가는
과정을 통해 막 새로 입주한 사람들의 거리에 커뮤니티가 커진다면, 희
박해져 가는 커뮤니티가 문제되고 있는 최근 상황과 커뮤니티의 육성,
지역활성화에 예술가가 큰 역할을 담당하게 되어 그곳에 상업적인 수
요가 생겨나게 되는 것도 기대된다.

사진 13.4, 13.5 눈가리개를 하고 거리를 손으로 만지고 그것을 그림으로 그
리는 어린이들

문화 · 예술이 살아 숨 쉬는 마을만들기의 과제

매우 특색 있는 시도를 전개하고 있지만, 몇 가지 문제를 가지고 있기에 이를 지적해 두고자 한다.

문화와 행정의 협의적인 면

문화란, 그것을 창조하고 알리는 사람과 받아들이고 감상하는 사람들이 다양하며, 또한 주관적인 것이다. 한편, 행정은 '보편적', '평등 · 공평', '객관적'을 키워드로 하여 행정정책공적자원의 투자으로서 실시하는 것을 만인이 납득하도록 설명할 책임이 요구된다.13

완전히 새로운 개발지, 매립지에서의 전개

일본의 창조도시라고 불리는 선행사례의 대다수가 뛰어나게 번영했지만 쇠퇴하던 도시, 거리, 지역을 문화 · 예술의 힘으로 되살리고 부흥시켰거나, 시키고자 하는 것이다. 한편, 아일랜드 시티는 매립지이기 때문에 그곳에는 문화, 예술의 기반이 될 공통의 역사, 녹지, 기회가 전혀 없었다. 위원들도 그 장소의 역사와 기억, 그것을 둘러싼 사람들과 그곳에서만 이루어질 수 있는 관계성이 아일랜드 시티에는 부족하다는 의견을 내놓았다

증명하기 어려운 산업으로의 파급과 전개

문화예술의 경제 · 산업면에서의 기능을 명확히 하는 것을 이 프로젝트의 큰 목적 중 하나로 하였다.

경제와 문화는 상반된 것이 아닌 양립할 수 있는 것이다. 미국의 주요 산업은 군수산업, 항공기산업, 자동차산업에서 영화, 무대예술, 텔레비전 방송, 음악, 게임소프트와 같은 '저작권산업'으로 옮겨가고 있으며, 나아가 음식, 건강, 스포츠, 교육, 설계, 디자인, 예술과 같은 분야가 그것을 이어나가고 있다고 할 수 있다.

또한, 일본의 애니메이션이 중국, 한국에서 유행하며, 일본의 대중문
화가 '재팬쿨'로 불리며 주목받는 것처럼, 일본만이 아닌 외국에서도
강한 콘텐츠 산업이 생겨나고 있다. 이것을 다른 많은 예술분야로 확대
하거나, 실제 비즈니스로 확립시키기 위해서는 사용자의 요구파악, 시
장의 창조·확립 등 아직 시간이 필요한 면은 부정할 수 없다.

한편, 이것이 예술가의 의지와 일치하지 않는 경우도 있다. '창조적
산업이라는 언어의 지나친 사용이 예술의 본질을 흐리게 한다', '산업
을 드러내어 예술 본연의 모습을 어둠으로 감추고 있다'라고 말하는
예술가도 있다.

책임자, 코디네이터, 추진체제의 육성, 정비의 필요성

예술관계자에게는 행정에는 속하지 않는 코디네이터 역할이 요구된
다. 그 이유로는 행정담당자의 전문성이 떨어지고 인사이동 등으로 담
당자가 자주 바뀌는 것을 들 수 있다.

후쿠오카 시에는 뮤지엄 시티 프로젝트MCP라는 임의단체가 NPO법
인을 얻지 않은 상태로 1990년대부터 모든 예술 NPO로 다수의 활동을
지속해오고 있다. 이 MCP는 실적을 높이기보다는 예술가와 시민 또는
행정과의 균형을 잡아주는 활동으로 높은 평가를 받고 있다. 하드도,
소프트도 지금부터 형성되는 새로운 거리, 아일랜드 시티의 예술과 거
리와의 관계만들기라는 앞으로의 시도에 있어서도 제언의 작성단계에
서부터 관계를 맺고 있다.

불충분한 정보의 홍보

제언의 내용과 그것을 수용한 활동에 대해 시민은 물론 행정 내부에
서도 인지도가 낮다.

아일랜드 시티 독자적인 과제

극히 부정적인 이미지가 높은 프로젝트였기 때문에 공적 자원을 투입하는 것을 두고 시민의 시점으로 옳고 그름을 판단하는 것이 아니라, '왜 아일랜드 시티만?', '제 3부문의 구제는?'과 같은 시점에서 과도한 비판이 나왔다. 이러한 많은 관심은 역으로 성과가 나온다면 그 이상의 홍보력을 갖게 된다고 할 수 있다.

사이버대학을 유치한다

아일랜드 시티에서 또 하나의 새로운 시도로 사이버대학[4]의 유치를 진행해 왔다. 2006년 11월 말, 문부과학성이 사이버대학의 설치를 허가하고, 드디어 2007년 4월 IT종합학부, 세계유산학부의 2개 학부로 개학하게 되었다.

사이버대학이란, 구조개혁 지구를 활용하여 주식회사가 운영하는 모든 교육을 인터넷으로 하는 혁신적인 통신교육형 4년제 대학으로, 모든 연령층, 계층의 사람에 대해 모든 제약을 넘어선 국제사회에서 활약할 사람들의 육성을 목표로 하고 있다. 이 대학에서는 인터넷을 활용한 교육환경을 정비하여 누구라도 배울 수 있는 체제를 만들고, 교육비를 억제하고, 대학의 자립화를 지향하는, 즉 준비된 인재를 육성하는 등, 현재 일본 대학이 안고 있는 문제점에 대응하고 있다.

사이버대학의 제창자인 요시무라吉村作治 사이버대학 학장 교수는 아일랜드 시티의 국제성, 선진성을 높이 평가하고 대학의 거점을 후쿠오카 시에 두기로 하였다. 후쿠오카 시에 있어서도 이 대학을 유치하는 것은 지리적으로 아시아와 가깝고 국제적으로 열린 거리에서 경제적·문화적으로 발전한 시가 그 지리적·역사적 이점을 더해, 급속히 진행되는 IT화의 흐름에도 대응한 세계적인 경제, 문화도시를 만들기 위한 것이다. 나아가 IT화로의 대응과 고등교육 기능을 강화해나가는 것이며, '마치 도깨비 방망이'가 되는 새로운 장치라고 말할 수 있다.

사이버대학은 어디서든 교육을 받을 수 있으며, 가르치는 사람도 어디서든 가르칠 수 있다. 캠퍼스라는 개념이 약한 부분도 있지만 후쿠오카에 본부기능을 가지고, 전임교원, 구성원이라고 불리는 보조자, 직원 등이 첫해에 10~20명 정도가 근무했다. 통학 가능한 학생이 캠퍼스로 이용할 학습실, 지역주민에게도 개방된 도서관 등의 공간도 만들 예정이며, IT나 세계유산과 같은 새로운 분야에서 지식의 거점이 된다. 또한 대학에서는 수업을 완전히 인터넷으로 하고 있으며, 그것이 그대로 콘텐츠로 유통되는 것을 생각하면 새로운 콘텐츠 비즈니스의 창조로 이어지는 등, 콘텐츠산업 발전에도 가치가 있을 것이며, 사이버대학 또한 창조도시 기능의 하나로 크게 기대된다.15

후쿠오카형 창조도시로

21세기의 주역이 될 창조도시의 장치를 갖춘 후쿠오카 시는 이후 아시아의 창조도시 지위를 쌓아나갈 가능성을 가지고 있다. 또한 그것을 향한 새로운 도시문화 정책을 구축해 나가고 있으며 아일랜드 시티에서 그 실험을 실천해나가고 있다는 점을 지금까지 설명했다. 물론, '크리에이티브 후쿠오카 10년 계획'에도 있는 것처럼, 관민협동, 시민참가로 추진하고 있는 것이지만, 여기서는 '문화예술, 크리에이티브 활동에 드는 비용을 누가 부담하는가'에 대해 잠시 짚어보고자 한다.

지자체의 재정난과 기업 메세나의 축소 등 예술문화를 둘러싼 환경은 매우 열악하다. 최근 반세기 동안, 지자체의 문화행정은 예술단체의 보호육성 및 시민의 예술감상 추진의 시점에서 보조금 등의 지원이나 문화시설의 건설이라는 형태를 중심으로 진행되어 왔다. 그러나 재정 상황이 악화되어 복지나 교육과 같은 분야까지도 재원이 소멸되어 세금 이외의 수익자 부담을 시민에게 요구하는 상황에 이르렀기 때문에, 문화예술에 대해서도 공금을 지출하기 위해 충분히 설명할 책임을 시민에게 지우게 되었다. 그 결과, 보조금의 소멸을 줄이기 위해 문화시설에 대해서도 입장객 수수입 등을 고려한 명확한 비용대비 효과를 요구하게 되었다.

한편, 기업도 경영자는 주주에 대한 책임이 무겁고, 부채산 사업을 심각하게 바라보는 상황이며, 이전과 같은 기업 스포츠, 기업 메세나를 재검토하지 않을 수 없게 되었다.

후쿠오카 시에서도 같은 상황으로, '1990년대 말부터 비미술관 예술의 축은 기업과의 제휴에서 지역공동체로 이동하고 있다. 지금 예술과 연극에 돈을 내는 기업은 거의 없다. 후쿠오카의 예술은 시청市廳에 의지하지 않으면 꾸려나갈 수 없는 상황이다'라는 목소리도 있는 반면, '지자체와 국가가 예술을 지원하는 것에 의문을 품고 있다. 도대체 지자체가 문화에 개입하는 것이 바람직한가'라는 본질적인 의견도 있다.16

이번 집필의 전제가 된 '문화도시 정책으로 만드는 도시의 미래' 연구에 참가한 지자체 정책담당자 대다수는 시대의 변화와 창조도시로 접근의 정통성, 크리에이티브 활동의 기능 및 다른 것에 미치는 영향, 효과의 실증 등을 명확히 하여 그곳에서부터 정책으로 채용하고 공금투입을 행할 때의 성과지표, 비용대비 효과 등의 모델을 모색해 온 것은 아닌가라는 공통된 딜레마에 직면하고 있다고 느꼈다.

한편, 새로운 움직임도 나오고 있다.

예술가의 활동을 지원하고 감상자에게 작품의 매력을 전하기 위해 분투하는 노인들이 있다. 기업과 미술관을 대신해 문화활동의 책임역할을 지향하는 개인 메세나라고 할 수 있는 활동이 일어나고 있다.17

생활수준이 향상되고 풍요로운 마음과 자기실현 또는 사회와의 관계를 요구하는 사람들특히, 활동적인 노인층이 늘어나고 있는 현재, 개인이 예술가를 지원하는 것은 충분히 가능하다. 특히, 후쿠오카 시의 경우 특정 부유층이 문화, 예술을 키우는 것보다 오히려 서민들이 보이지 않는 곳에서 단결하고 문화·예술을 키우는 풍토가 있다는 점18을 고려할 때 개인적인 활동이 매우 기대되는 것이다. 이후 개인이 예술문화 활동에 기부할 때, 세제상의 특혜제도를 정비하면 보다 큰 운동이 될 것으로 기대된다.

또한, 최근에는 저작권의 유동화에 따른 텔레비전용 애니메이션과 극장상영, DVD 소프트에서 판매되는 영화 등 작품의 저작권을 담보로 금융기관 등에서 자금을 조달하는 사례도 나오고 있다. 이것들은 특정목적회사SPC를 활용한 것이며 개인투자가가 관여하는 방법도 확대되고 있다.

문화와 예술은 오래전부터 동·서양을 막론하고 스폰서, 후원자의 존재가 반드시 필요하다. 일부 부유층과 개인에게 한정되어 있던 문화와 예술의 지원방법이 보다 많은 사람들에게 열리게 된 것이다. 후쿠오카 인기의 바탕에도 있던 이런 시스템이 점점 확대될 것도 기대한다.

물론, 창조적인 활동 자체가 비즈니스가 될 가능성에 대해서도 추구해 나가야 한다. 일부 예술가나 경우에 따라서는 행정 측에서 완전히 그것을 방기하는 경우도 있는데, 기회를 스스로 놓치고 있는 것은 아쉬운 점이다.

아일랜드 시티에서는 건강·의료·복지산업, 로봇산업과 함께 디자인·예술·디지털 콘텐츠 등 창조산업 분야도 직접 형성하고자 시도하고 있다. 그 중에서도 새로운 마을만들기 분야는 시민, 사용자의 시점에서 문화를 살린 새로운 비즈니스의 창조를 지향하고 있다. 마을만들기와 시민에게서 유용한 점을 확인하면서 행정도 어느 정도 지원해 나가고 있으며, 산업화에 몰두하고 있다. 여기서 성공사례를 널리 알려나가 경제와 문화의 양립을 나타내고, 기업에 있어서도 종전의 사회공헌만이 아닌 비즈니스로 접근할 것을 기대한다.

후쿠오카 시의 역사는 하카타 상인으로 대표되는 시민과 민간이 주도하여 발전하였다. 창조도시로의 도전도 시민과 민간과의 협동으로 진행해 나가고자 한다.

《주·출전》

1. 'Newsweek'(일본판) 2006. 7. 26, p.38. 독특한 매력으로 계속 성장하는 21세기의 10대 도시로 후쿠오카가 소개되었다.
2. 佐々木雅幸, 『創造都市への挑戦』, 岩波新書, 2001, p.40
3. 黒川紀章, 『都市革命−公有から公有へ』, 中央公論新社, 2006, p.17
4. International Herald tribune 2006.7.7.
5. 岩中祥史, 『博多学』, 新潮社, 2002, p.10, 12, 150, 151.
6. 『URC』, Vol.54, (재)후쿠오카시 도시과학연구소, 2003, p.44.
7. 『鴻都』, Vol.63, 후쿠오카 시 광고과, 2006, p.15.
8. 『アイランドシティにおける文化·芸術が息づくまちづくりに向けて』, ニッセイ基礎研所, 2005, p.122, 123.
9. 読売新聞, 2006. 5. 10.
10. http://www.island-city.net/Topics/town_20050422_1.html
11. 西日本新聞, 2006. 2. 3.
12. 『しまげい2005−平成17年度アイランドシティ·クリエイティブ推進機構準備会活動報告』, ミュージアム·シティ·プロジェクト, 2006.
13. 어떤 지자체의 예술에 관한 워크숍에서 관객들과 의견을 교환할 때, 극단원들로부터 그때까지 지자체의 시설을 매우 저렴하게 빌리고, 그것을 거점으로 활동하고 있었지만 해당 시설의

해체로 인해 자리가 없어지고 대체시설도 없으며 이해를 해주던 담당자도 이동하여 존속이
힘들어졌다는 애기를 들었다. 극단을 평가하던 도쿄 기업의 시설로 거점을 옮겨야 하여 '자신
들은 ○○시에 꼭 필요한 존재지만, 도쿄로 가지 않을 수 없다. 왜 행정은 그것을 모르는가'라
고 주장했다. 이것은 극단적인 예지만, 자신의 예술이 최고라는 생각과 객관적인 이유 없이는
특별한 대우가 불가능한 행정과의 엇갈린 경우는 적지 않다. 특히, 재정상황이 열악해지고 나
서는 다른 시책과 마찬가지로 공금투입에 대해 행정이 사회적인 동의를 얻는 것에는 비용대
비 효과를 충분하게 설명할 책임이 필요하게 된 것이다.

14. http://www.jcei.co.jp/
15. 사이버대학의 운영회사인 (재)일본사이버교육연구소에는 소프트뱅크㈜他九州의 기업이 주
    요 주주로 참가하고 있다. 필자는 사이버대학의 유치에 관여했는데, 미국과 한국에서 선행사
    례가 있으면서도 사이버대학과 e-learning에 대해 당초 동의를 얻기가 매우 어려웠다. 요시무
    라 교수와 소프트뱅크사의 경이적인 추진력을 기반으로 지역기업이 가담하여, 일본 최초로
    모든 강의를 인터넷으로 한 4년제 대학의 실현이 가까워졌지만 이것도 새로운 것과 발상을
    받아들인 시민기질에 의한 것일 게다.
16. 古賀徹, 『アート×デザインクロッシング』, Vol.2, 九州大学出版会, 2006, p.22.
17. 日本経済新聞, 2006年 6月 25日.
18. 岩中祥史, 『博多学』, 新潮社, 2002, p.137

뮤지엄 시티 프로젝트

미즈마치 히로유키(水町博之, 후쿠오카 시)

 1990년부터 후쿠오카 시를 거점으로, 이른바 예술NPO로서 많은 활동을 지속하고 있는 '뮤지엄 시티 프로젝트'로 불리는 비영리 조직이 있다. 현대미술 작가이며 '요코하마 트리엔날레 2006'의 큐레이터도 맡았던 야마노 신고山野眞悟 운영위원장을 중심으로 예술가, 민간기업 관계자, 행정관계자2007년 현재 20명로 구성되어, 주로 현대미술과 관련된 프로젝트를 계속하고 있다.

 1990년대 후쿠오카 예술가를 중심으로 베네치아 비엔날레와 같은 현대미술 전람회가 후쿠오카의 거리에서 개최되었다. 당시 각종 산업시설이 덴진天神에 모여 규슈, 서일본의 중핵도시인 후쿠오카의 도심으로 확실히 자리매김하기 시작할 무렵이다. 시설의 명칭 그 자체에 'IMSInter Media Station'라고 불릴 정도로 정보의 홍보기지 역할을 맡아 젊은 사람들을 중심으로 한 많은 이들이 시 안팎에서 모여들었다.

사진 1 母里聖德, 〈드럼맨〉(1990)

사진 2 藤浩志, 〈흐름의 관찰〉
(1996)

 제1회인 1990년, 그러한 상업시설과 공공공간에 '완성의 유통-보이는 도시, 기능하는 미술'을 테마로 50여 명의 예술가의 작품이 거리에 전시되었다. 보통 미술관 등에 전시되는 경우가 많은 예술작품이 거리에 전시된 것이다. 사람이 미술관에 가는 경우는 예술작품을 보는 목적을 가진 '감상자'로 작품과 접촉하지만, 거리에서는 감상자라는 의식보다는 '보행자', '도시생활자'로 접하는 것이다. 결국, 미술관에서는 작가 또는 기획가 측이 감상자에 대한 메시지를 표하는 경우가 많으나, 거리에서는 오히려 주도권이 '보행자'인 감상자로 옮겨, 작품전시를 알아차린 감상자가 그 작품을 거리와 도시 속에서 그 기능이나 역할을 부여하게 되는 것이다.

사진 3 藤浩志, 〈공원은 훌륭해〉(1998)

MCP는 이후 전람회를 수차례 개최하면서 예술과 도시가 상호작용하는 가능성을 찾고 있다. 장소도 덴진을 중심으로 한 상업시설에서 학교 또는 타지역 등, 보다 커뮤니티가 발달한 지역으로 옮겨 예술과의 접점도 전시단계에서 제작단계로 확대하고 있다.

사진 4 大村政之, 〈크리스마스 아트 버스〉(2001)

1998년에 제5회 뮤지엄 시티 프로젝트를 '신코킨新古今'을 주제로 실시하고 있다. 후쿠오카 시는 본래 무사의 마을 후쿠오카와 상인의 마을 하카타가 합쳐진 쌍둥이 도시다. 시의 중앙부분을 흐르는 나카 강을 경계로 동쪽이 상인의 마을로 번창한 하카타다. 돈탁 등의 축제도 번성하여 후쿠오카 시의 중심이 되었지만, 최근 서쪽의 덴진을 중심으로

사진 5 藤本由紀夫, 〈아트 호텔〉(2002)

한 상업지역에 비해 상업지역으로서의 잠재력이 밀려 거주자가 급격히 감소하고 있다. 그 결과, 아동 수도 감소하여 초등학교를 통합하게 되었고, 그 당시 폐교가 된 초등학교 한 곳을 장소로 개최하였다. '신코칸'이란, '새로운 것과 오래된 것, 지금도 있다'는 의미로서, 덴진과 같은 급격한 속도로 새롭고 화려하게 발전하는 거리에서도 발을 한 걸음 안으로 들여놓으면 역사와 기억을 찾을 수 있다. 그리운 과거와 오랜 전통이 있는 덴진(새로운 것과 하카타(오래된 것)가 가진 맛을 살려 서로 역할을 인지하며 공존하고 융합하는 것을 시사하는 것이다.

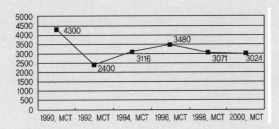

그림 1. 결산총액의 변천(단위: 만 엔) (1990년, 1992년 데이터는 어림수)

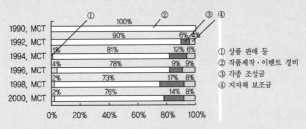

그림 2 수입내역의 변천(단위: 만 엔) (1990년, 1992년 데이터는 어림수)

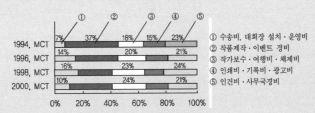

그림 3 지출내역의 변천(1990년, 1992년은 상세 데이터 없음)

그 당시는 문화청의 아티스트 인 레지던스 사업도 활용하여, 일본 안팎의 예술가 10개 조를 후쿠오카로 장기간 머무르게 해, 후쿠오카의 거리와 사람들을 이해한 후에 작품을 제작·전시하고, 감상자인 시민과 직접 교류할 수 있는 살롱과 같은 '정보찻집'을 설치하는 시도도 실시하고 있다.

이 외에도 하카타의 마을만들기 행사의 하나인 수만 개의 등으로 하카타의 거리풍경을 밝히는 '하카타 등 워칭'에 MCP와 예술가가 참가하며, '덴진 예술학교'비상설를 지속적으로 개최하는 등 예술가의 네트워크를 활용하여 학교와 거리가 서로 자극하고, 예술과 거리와의 공존을 모색하는 폭넓은 프로젝트를 전개하고 있다.

활동기반이 되는 이익금은 그림 1~3에서와 같이 활동중심이 행사형 프로젝트인 점과 활동 초기단계가 상업시설이 모여들던 때와 맞았던 점도 있고 기업협찬·광고료가 주된 것이지만, 매년 협찬금 획득이 어려워진 것인지 각종 보조금이 차지하는 비율이 20% 정도다.

'예술은 사람과 사람, 또는 사람과 거리와의 '관계를 만드는' 수법이다'가 지론인 야마노의 시도 하나하나가 후쿠오카 시에 새로운 숨결을 불어넣고 있다고 필자는 본다.

(사진 등 자료제공: MCP)

표 1 MCP 프로젝트

주요 프로젝트	
1990/92/ 94/96	'뮤지엄 시티 덴진(MCT)' 비엔날레(격년 개최) 형식으로 행해진 국제현대미술전. 거리 속 공적 공간과 상업시설 등에서 작품을 전시
1991	'중국전위미술가전(비상구)' 중국 현대미술을 소개한 야외, 실내전시. * 미츠비시지 쇼 아르티암과 공동 개최

1998/2000	'뮤지엄 시티 후쿠오카' 전시회장을 하카타 부까지 확대. 구 御供所 초등학교 자리를 이용한 아티스트 인 레지던스
1995/96/98/ 99/2000/02	'아트 피크닉' 시민과 예술가가 직접 만나는 워크숍 프로그램. * 2003~2006년은 '어린이 문화 커뮤니티'가 주최, MCP는 기획운영 협력
1999	'북헨크라우즈: 예술에 의한 제안과 실천' 빈의 아티스트 그룹. 사회 프로젝트형 예술
2002	'뮤지엄 시티 프로젝트 2002' 야외전시, 예술학교, 아트 호텔 등의 복합 프로젝트
2002/04/06	'덴진 예술학교' 현대미술 전문의 단기한정 예술학교 * 2006년은 (재)후쿠오카 시 문화예술진흥재단과 공동개최
2004	'뮤지엄 시티 프로젝트 2004' '뮤지엄 시티 덴진(MCT) 2004', '덴진 예술학교 2004'의 합동 프로젝트
2004~	갤러리 아틀리에 기획운영 (재)후쿠오카 시 문화예술진흥재단 '문화예술정보관 내 갤러리 공간을 프로듀스
그 외 프로젝트	
1998~2006 (진행 중)	'하카타 등 워칭' 기획협력 * 2004~ 도쿄 오다이바 지구 '바다의 등 축제' 등불 프로젝트의 기획운영
2001	단기한정 아트센터 '冷泉芸館 *도요타 아트 매니지먼트 강좌로 실시
2001	크리스마스 아트 버스(西鉄버스)
2002~2004	아트 바 '밍' 프로듀스(호텔 하카타 존, 다아쿠)
2002~2004	아트 호텔 프로젝트(호텔 하카타 존, 다아쿠)
2005~2006 (진행 중)	'아일랜드 시티, 크리에이티브 추진기공준비위(가칭:시마게이)' 사업국 등으로 공부모임, 프로젝트를 실시
이후의 활동에 대해(안)	

- 아트센터 구상. 아트 카운셀 타입의 조직만들기 제안
 (기존형 NPO가 아닌 조직만들기의 모색·제안)
- 갤러리 아틀리에 기획운영의 계속(2008년까지)
 →예술가와 사회와의 접점, 소규모 아트센터 기능
- 덴진 예술학교의 정착화, 아일랜드 시티와 예술관련 사업의 제안, 실천 등
- 국내외 예술가·예술공간 등과의 연대강화 * 특히 아시아권
- 국제적 아트 페스티벌의 제안

참된 창조도시를 실현하기 위해
문화와 창조성을 도시정책의 중심으로

사사키 마사유키(佐々木雅幸, 오사카 시립대학)　　*chapter* **14**

확대되는 창조도시 붐을 바라보며

　1997년에 『창조도시의 경제학』을 쓰고 나서 10년이 흘렀다. 그 후 창조도시를 지향하는 시도는 최초 가나자와를 시작해 차츰 여기저기로 확대되어, 2004년에 요코하마 시가 도시전략으로 채용한 이래로 폭발적으로 일본 곳곳으로 번져가고 있다.

　가나자와 시와 요코하마 시를 필두로 이 책에서 다루고 있는 삿포로 시, 모리오카 시, 센다이 시, 후쿠오카 시, 기타큐슈 시 이외에도 오사카 시, 교토 시, 고베 시, 나고야 시, 하마마츠 시 등의 대도시와 지방 중핵도시, 나아가서는 가시와柏 시, 기류桐生 시 등의 지방도시와 기소마치木曽町와 같은 산 속의 농촌에서도 창조도시를 도시정책의 목표로 둔 지자체가 등장하고 있다.

　이러한 창조도시 붐의 배경에는, 이미 1장에서 검토한 바와 같이 '국민국가에서 도시로'라는 21세기 사회의 큰 패러다임 전환을 근저에 두고 있다. 또한 급격한 세계화와 지적 정보경제화라는 파도가 도시와 지

역의 경제적 기반을 뿌리부터 재편하고 있는 가운데, 산업공동화와 재
정위기에 직면한 많은 지자체가 기존의 개발주의에서 탈피하고자 하
는 요구에 처해 있기 때문이다.

 또한, 발전이 두드러진 아시아 지역에서도 창조도시 붐이 확대되는
추세다. 1997년 아시아 통화위기에서 탈피의 열쇠를 문화산업의 진흥
에 둔 한국은 국책으로 그러한 진흥을 추진함과 동시에 서울시와 부산
시 등에서도 창조도시 정책을 전개하기 시작하여, 차츰 인천시, 춘천시
등의 지방도시로 확대되고 있다. 이 움직임이 성공적으로 진행되는 것
을 지켜보던 홍콩과 싱가포르에서도 창조산업에 대한 관심이 높아져
적극적으로 창조도시론을 도입하고 있다.

 나아가 올림픽과 만국박람회를 개최하는 중국의 베이징과 상하이
에서는 디자인과 패션, 현대예술 등 창조산업의 진흥정책에 대한 관
심이 높아지고 있으며, 제조업을 중심으로 한 내륙의 공업화 전개와
대도시에서의 창조경제화의 2가지 트랜드가 병행되고 있는 특징을 보
이고 있다.

 이상과 같은, 일본과 아시아의 창조도시 붐이 일회성이고 표면적인
것으로 끝나는가, 모든 도시가 똑같이 획일적이고 저급한 창조도시 만
들기에 그치고 마는가는 앞으로의 진행에 그 성패가 달려 있다.

 참된 창조도시를 실현하기 위해서는 무엇이 필요한지 간단히 이 책
의 내용을 돌이켜 보고자 한다.

기존의 개발주의적 창조도시에서 탈피를

 애당초 창조도시라는 새로운 도시모델은 예술문화가 지닌 창조성을

신산업과 고용의 창출에 도움이 되고, 부랑자와 환경문제를 해결하여 도시를 다면적으로 재생시키려는 시도로서, 큰 성과를 올린 '유럽 문화도시유럽 문화수도'의 경험을 총괄하는 가운데 태어난 것이다. 창조도시는 시민의 활발한 창조활동으로 선진적인 예술과 풍부한 생활문화를 키워 혁신적인 산업을 진흥하는 창조의 장을 가진 도시이며, 온난화 등 세계적인 환경문제를 지역사회의 밑바닥부터 지속적으로 해결하는 힘을 가진 도시다. 따라서 기존과 같은 산업기반의 하드웨어적인 시설과 건설을 중심으로 한 도시창조와는 정반대의 개념이라고 할 수 있다. 전후 부흥기와 고도 경제성장기를 통해 확립된 '개발주의적 도시창조'란, 먼저 해수면의 매립과 산림의 훼손으로 인한 공장용지를 정비하고 대기업을 우선하여 유치하며, 또한 대형 국제공항과 고속도로, 지하철의 네트워크를 정비하는 전형적인 발상이다. 장기계획을 말하자면 인구증가를 대전제로 하여 산업과 생활시설을 건설하는 대규모 하드웨어적 사업의 확장이 수없이 많았다.

그러나 세계화는 그러한 과거의 성공체험과 정형적인 발상을 용서하지 않고 부수며 진행되고 있다. 대기업은 스스로 세계화 전략에 기반을 둔 관리기능과 연구개발, 선전광고 부문 등을 창조적 인재가 모인 세계도시로 이행하여, 대량생산형의 주력공장을 노동력이 싼 중국과 인도, 동남아시아로 이동시켜버려 지방 공업도시에서의 심각한 산업공동화와 실업문제가 발생했다.

팔릴 조짐이 보이지 않던 유휴지를 가진 개발담당부서는 올림픽과 박람회 등 세계적인 큰 행사유치에 돌입하고, 그것마저도 실패할 경우는 외국문화의 거대한 테마파크의 유치에 몰입한다. 그 테마파크끼리 관광객유치 전쟁이 격화되면 새로운 오락시설 투자로 재원이 집중되는 반면, 시설 내부로 재원이 몰리기 때문에 지역 경제로의 파급효과는

경미하여 세수증가로 이어지지 않는 지자체는 불량자산이 늘어나게
된다.

거품경제의 정점시기에는 문화정책면에서도 큰 행사주의가 현저했
다. '풍부한 자산에서 풍부한 마음'이라는 선전문구에 빠져 초호화 오
페라 전용홀과 대규모 미술관 건설에 거액의 세금이 사용되고, 눈앞
의 거리에는 국적 없는 퍼레이드가 전개되고 있었다. 그러나 중요한
도시 고유의 개성적인 문화 소프트를 육성하기 위한 전통문화의 재
평가와 젊은 예술가, 창조자의 지원 등에 관한 지자체의 관심은 높지
않았다.

창조도시의 전환에 성공할 것인가 실패할 것인가는 이러한 기존의
개발주의적 도시창조 노선을 탈피하여 도시 비전과 도시정책으로 전
환할 수 있을 것인가, 아니면 창조도시라는 소프트웨어적인 간판만
을 교체하는 것으로 과거의 성공체험에 그치고 말 것인가, 둘 중의
하나다.

문화적으로 다양한 창조도시를 전개

창조도시 전략이 성공하기 위한 조건은, 먼저 도시 고유의 문화전통
과 자연환경을 현대적인 시점에서 읽어들이고 재평가, 재편집하여 독
자적인 콘셉트를 확립하는 것이다.

예를 들어, 모리오카 시와 같이 미야자와의 농민예술론을 재평가하
여 시민의 '생활문화'를 기반으로 한, '모리오카 생활 이야기'를 축으로
특산품 개발과 관광에 이어 '문화창조 도시'를 지향하고 있는 점은 인
상 깊다고 할 수 있다.

또한, 설운 밑으로 펼쳐진 홋카이도의 대지에 상상력의 날개를 펼
친 조각가 이사무 노구치의 유지를 살려, 쓰레기 처리장을 시민이 쉬
는 예술적인 장소로 변모시킨 삿포로 시의 모에레누마 공원과 같이,
예술가의 창조성을 살려 도시의 부정적인 유산을 창조적인 공간으로
전환시킨 것이 창조도시의 전략으로 이어져나가는 것이다.

두번째로, 도시 고유의 역사와 전통에 주목할 경우, 모든 도시는 다
른 조건을 갖추고 있기 때문에 각각의 고유성을 잘 분석한 정책목표의
수립이 중요하다.

교토와 나란히 전통적 거리경관과 전통공예, 예술이 보존되어 있는
가나자와 시에서는 전통문화와 현대예술과의 조화가 중요한 테마가
되고 있다. 도심에 우주선 같은 21세기 미술관을 신설한 가나자와 시
는 나아가 전통문화와 현대예술, 일본의 문화와 서양의 문화와의 충
돌을 이끌어내어 전통을 재창조하는 계기를 만들어내고 있다.

한편, 에도 말기의 개항 이래 150년이라는 짧은 역사를 가진 요코하
마 시는 근대건축 유산을 적극적으로 보존하여 도시디자인 정책을 확
립시켰다. 그 성과 위에 BankART 1929 & ZAIM 등 매력적인 창조구역
을 만들어내어 도쿄에서 젊은 예술가와 크리에이터를 끌어모으는 창
조인재 유치전략을 채용하고 있다.

세번째로, 행정과 일부 대기업에 의존한 문화정책이 아닌 광범위하
게 시민과 다양한 주체로 구성된 문화창조를 축으로 창조도시 만들기
를 진행하는 것이 중요하다.

오랫동안 기업 성곽마을로 번영했던 구 하치만 시를 칭하는 기타큐
슈 시에서 '철이 식는 마을'에서 '문화가 풍기는 마을'로 이미지 전환
을 지향하며 '기타큐슈 시 르네상스 구상에 기반을 둔 개성적인 마을
만들기와 시민참가형 문화정책으로 전환하려는 노력이 지속되고 있는

점은 흥미롭다.

또한, 오랜 불황과 행정의 불상사로 쇠퇴한 대도시 오사카에서도 행정이 책정한 '창조도시 전략(안)'에 대해, 예술가와 마을만들기에 관련된 시민들이 문화정책이 없는 창조도시 전략을 전환하도록 요구하며 서명운동을 하고 시장과의 면담을 요구하는 등 시민주도의 창조도시 전략으로 전환하려는 흐름이 강해지고 있는 점에서 큰 전환점을 예측할 수 있다.

네번째로, 문화정책을 산업정책과 환경정책, 도시계획과 융합시켜 진행하는 것이 중요하지만2장 참고, 한편으로 문화정책을 관광정책과 산업정책의 '도구'로 취급하는 것은 문제가 크다.

교토 시는 '역사도시 교토 재생'을 선언하고 2006년 4월에 교토 문화예술 도시창생 조례를 제정하여 시내의 건축물에 엄격하게 높이를 규제최고 31미터로 내림하는 경관정책으로 전환하고, 나아가 기존과는 달리 상공회의소와 경제계까지 포함하여 계획을 추진하고 있는 점은 높이 평가된다. 그러면서도 한편으로, 관광객 5,000만 명 계획의 실현이라는 매스 투어리즘에 박차를 가하는 관광정책을 지속하고 있는 점은 유감스러운 일이다. 문화경관은 관광의 도구가 아닌 시민의 생활의 질을 높이는 것이며 풍부한 감성의 인재를 키우는 창조의 장이란 점을 중시하여 관광정책을 양에서 질로 전환하고, 지속적인 관광사업으로 전환하는 것이 창조도시의 시각에서 볼 때 중요한 과제가 된다.

오사카 시에서는 '시민주도의 창조도시'로 전환할 것을 요구하는 시민들이 문화정책을 시장 각 부서에서 독립하여 담당하는 '아트 카운셀'을 도입하도록 요구하고 있으며, 이 움직임은 도쿄 도 등과도 연동하여, 창조도시 전략의 문화예술 정책의 독자성에 관한 인식의 확대로 이어지고 있다.

이상과 같이 단순한 붐에서 참된 창조도시로의 진전을 위해서는 새로운 과제가 있으며, 이 흐름을 지속적으로 안정시키는 것이야말로 풀뿌리 시민활동인 것이다.

풀뿌리에서부터의 창조도시를

이미 2장에서 서술한 바와 같이, 가나자와 시가 창조도시를 지향하게 된 배경에는 지역의 경제를 대표하는 가나자와 시 경제동우회가 40주년 기념사업인 상징사업으로 가나자와 창조도시회의를 10년에 걸쳐 지속적으로 개최하기로 결정하고, 일본 안팎에서 도시정책 연구자와 문화인을 초대하여 시민을 포함한 토론을 조직하고, 정책제언을 진행해 온 것을 들 수 있다. 또한, 이 가나자와 창조도시회의는 단순한 제언에 그치지 않고 스스로 가나자와 시에 어울리는 조명과 노천카페를 설치하는 사회실험과 문화유산인 가나자와 성 복원안의 디지털 시뮬레이션을 진행하는 등 실천적인 활동을 뿌리에서부터 전개하여 행정에 영향을 미치고 있는 점은 특기할 만하다. 창조도시 전략이 시장과 행정 수뇌부가 교체되어 갑자기 변경되면 기존의 도시정책과 다른 점이 없다. 오히려 경제계와 광범위한 시민이 지지하는 것이야말로 참된 창조도시에 가까운 것이다.

창조도시론의 세계적 리더인 플로리다가 '북미의 창조도시'로 높게 평가하고 있는 몬트리올에서도 행정중심의 창조도시가 순조롭게 걸어온 것만은 아니다. 오히려 폭넓은 시민과 문화인이 뿌리에서부터 진행해 온 것이다.

1990년 중반 세계적인 금융위기 속에서, 특히 9.11 테러사건의 영향으로 항공산업에 큰 타격을 받은 몬트리올에서는, 도시재생 운동이 시민들 사이에서 일어났다. 특히, 심각하게 재정위기를 맞은 것은 문화지원 예산이 감소대상이었던 예술가와 문화관계자들이었다. 이 위기에 대응하기 위해 예술·문화단체와 상공회의소 등 경제계가 동시에 모인 횡적인 조직인 컬처 몬트리올회원 700명을 설립하여 시의회에서 정책제언을 행하는 한편, 도시권 내의 모든 예술, 문화관계 단체가 일제히 무료행사를 전개하는 컬처 데이를 개시하게 된 것이다.

구체적인 정책제언은 ① 예술·문화활동으로의 광범위한 시민참가, ② 공공부문이 소유한 토지, 시설을 예술활동으로 효과적으로 활용, ③ 도시문화의 재생을 세계로 알려 몬트리올 시를 재생한 것을 시의회와 경제계, 시민에 호소하는 것이었다.

이러한 시민과 예술, 문화단체가 앞장서 도시위기로부터 탈출하려는 큰 파도가 오늘날 유네스코가 인정한 창조도시로 높은 평가를 받게 된 것이다.

이처럼 세계의 대표적인 창조도시에 눈을 돌리면, 몬트리올, 바르셀로나, 볼로냐 등 모두가 시민의 입장에서 창조도시 정책을 추진한 단체가 존재함과 동시에, 시의회보다도 좁은 영역의 '지구'를 단위로 한 분권적인 주민자치 단체제도가 존재하며, 가까운 '공공권'에서도 주민자치가 숨쉬고 있다는 것을 공감할 수 있는 것이다.

바로, '풀뿌리'에서 시작하는 창조도시가 '참된' 창조도시의 원동력인 것이다.

창조도시 전략을 위해

마지막으로, 도시 지자체를 창조도시로 전환하기 위한 시도를 전진시키기 위한 과제에 대해 여기서 정리하고자 한다.

첫번째, 직면한 도시위기를 심각하게 분석하여 시민의 공통인식을 확대시켜, '창조도시'로 전환할 필요성을 명확히 하고, 미래를 향한 대담한 창조도시 구상을 제시하는 것이다. 이를 위해서는 시장을 중심으로 한 종합적인 창조도시 사업추진본부가 설치되어야 한다.

두번째, 그 구상은 '예술문화의 창조성'을 산업, 고용, 사회제도, 교육, 의료, 환경 등 다면적인 정책분야에 영향을 미치도록 하여, 문화정책을 산업정책, 도시계획, 환경정책 등과 융합시켜 추진해야 한다. 그를 위한 기존의 종적인 행정구조를 수평으로 전환시키고 관료적인 사고를 멈추고 조직문화를 창조적으로 전환시켜 나가야 한다.

세번째, 그 한편으로 창조도시 정책의 핵심이 되는 도시문화 정책을 전진시키는 것이 중요하다. 산업정책과 관광정책, 도시개발 행정에 문화정책을 종속시키는 것이 아닌, 촉진하는 기관으로서 예술문화평의회 아트 카운셀를 하루 빨리 설치해야 한다.

네번째, 독자적으로 경직된 행정조직을 창조적으로 만들기 위해서는, 시민생활에 밀착된 좁은 자치단위인 '지구區'에 권한과 재원을 마음껏 분권화하여, 시민참가의 근원인 의회와 시민의 창조적인 연대, 협동이 이루어질 수 있는 시스템으로 신속히 전환해야 한다.

다섯번째, 예술문화를 지식정보 사회의 중심적인 사회 인프라로 받아들이고, 시민의 창조성을 끌어내는 제도설계에 관심을 집중하는 것이다. 구체적으로는 도시 속에 산업과 문화의 창조공간을 다양하게 만들어내고 그 중심을 담당할 창조적인 프로듀서를 육성해 나가는 것이다.

여섯번째, 창조도시 정책을 지속적으로 진행하기 위해서는 행정 내부의 시도만으로는 불가능하며, 경제계, NPO단체 등 광범위한 시민이 참가하는 '창조도시 추진시민회의' 등 풀뿌리에서부터 시작하는 횡적 조직을 만들고 협력해가는 것이 필요하다. 그리고 창조도시를 추진할 인재를 육성할 연구교육 기관의 정비도 중요할 것이다.

이상과 같은 시도를 통해 창조도시가 일본 전국으로 확대되고, 그 다양한 전개가 상호 경쟁하면서 네트워크를 만들어나갈 때, 일본은 창조적이고 아름다운 나라가 될 것이다. 결코 중앙정부가 위에서부터 추진하여 실현할 수 있는 테마가 아니다.

《참고문헌》
• 佐々木雅幸 著, 『CAFE - 創造都市・大阪への序曲』, 法律文化社, 2006.

후기

　이 책은 종합연구개발기공NIRA의 연구 프로젝트로서, 2005년 10월부터 1년간에 걸쳐 실시되었던 '문화도시 정책으로 만드는 도시의 미래 -도시 · 지역에 있어 창조성 향상을 위한 비전'의 성과로 편집된 것이다. 이 연구 프로젝트의 심오한 가르침은 무엇보다 학자와 일본의 대표적인 도시의 행정담당자, 나아가 기업경영자와 같은 다양한 구성원들로 된 연구회를 조직하여, 토론을 거듭할 수 있었던 점에 있을 것이다. 그것은 전문이나 입장이 다른 구성원이 하나로 모여 서로에게 자극을 주며, 배우며 만나는 기회였다. 이 이색적인 NIRA '문화도시 정책으로 만드는 도시의 미래' 연구회가 지향한 것은 문화정책이 주도한 21세기형 도시정책을 문화도시로 자리 잡아, 국내외의 동향을 파악하면서 다각적인 시점으로 토론의 근거지로 삼은 것이 일본에서도 관심을 모으고 있는 창조도시라는 개념이었다.

　한편, 1974년에 NIRA가 설립된 이후, 30년을 넘는 행보 속에서, 도시와 문화는 연구의 큰 축 중 하나가 되어 왔다. 1970년대에는 '행정의 문화화'를 슬로건으로 한 도시문화 행정의 선봉역할을 하였고, 1980년대에는 '지방의 시대', '문화의 시대'라는 구호를 토대로 지역개발과 문화수도론의 추진모체로 움직였으며, 1990년대의 거품경제 붕괴 후에는 단순한 예술문화의 진흥만이 아닌 도시 그 자체의 문화화, 즉 도시의 종합적 문화정책을 구상하는 장이 되어 있었다. 그리고 21세기에 들어와서는 시민활동과 기업활동 간의 연대에 의한 문화행정, 즉 협동에 의한 문화도시 정책의 연구 · 개발로 축을 옮겨, 도시연

366

대와 창조성을 키워드로 현황분석과 미래전망에 에너지를 옮겨 왔다. 이 책의 배경에는 이러한 30년에 걸친 도시와 문화를 둘러싼 오랜 연구의 축적이 존재하고 있다. 특히 도시와 지역의 창조성·창조력을 높여, 매력 있는 장래비전을 구상하는 데 있어서는 본 연구 프로젝트를 직접 만들고 키운 역할을 한 선행연구의 성과인 하타 노부유키端信行·나카마치 히로치카中牧弘允·NIRA 편, 『도시공간을 창조한다』도 더불어 참고해 줬으면 한다.

지금까지 NIRA가 한 일련의 연구활동을 통해 생겨난 것은 출판물만이 아니다. 국가의 시대에서 '도시의 시대'가 된 지금, 도시 간의 연대와 네트워크화의 의미가 한층 더 증가하고 있다. 2006년 5월에 기업메세나협의회 등의 협력을 얻어 개최한 '일불 도시회의 2006 – 도시의 문화대화'에 있어 '일불 도시간 문화대화위원회'가칭가 제안된 것을 계기로, 문화도시 정책을 추진하기 위한 도시 지자체의 네트워크 구축으로의 기운이 높아지고 있다. 앞으로 일본과 프랑스를 넘어서 세계적으로 확산되리라 기대된다. 미숙하나마 연구회의 좌장으로서, 또한 이 책의 편집자로서 중임을 맡아 주었던 사사키 마사유키 교수를 시작으로 연구회위원 및 협력자 등, 그리고 이 책의 간행에 있어 무단한 작업의 고충을 참아주었던 가쿠게이 출판사의 마에다 유스케 씨와 치넨 야스히로 씨에게 마음으로부터 감사를 올리고 싶다. 또한 NIRA 사무국의 담당자인 이이자사 사요코飯笹佐代子 주임연구원에게 공을 돌리고 싶다.

이 책을 정리하며 각 논고가 도시와 문화를 둘러싼 정책론에 각각 하나의 초석이 될 수 있기를 기대한다.

2007년 2월

종합연구개발기공 이사·국립민족학박물관 교수

나카마키 히로치카中牧弘允

지은이 · 옮긴이 약력

지은이 약력(집필 게재 순)

사사키 마사유키(佐々木雅幸)
오사카 시립대학원 창조도시연구과 교수

가모 도시오(加茂利男)
리츠메이칸 대학 대학원 공무연구과 교수

가이도 기요노부(海道清信)
메이조 대학 도시정보학부 교수

고토 가즈코(後藤和子)
사이타마 대학 경제학부 교수, 국제문화경제학부 이사, 문화경제학회 〈일본〉 이사, 『문화경제학』 편집장

데구치 마사유키(出口正之)
국립민족학박물관 문화자원연구센터 교수, 종합연구대학원대학 문화과학 연구과 교수

이이자사 사요코(飯笹佐代子)
종합연구개발기공(NIRA) 연구개발부 주임연구원

가즈미 히로미츠(勝見博光)
주식회사 케이오스 대표, 주식회사 글로벌믹스 대표

이마이 게이지(今井啓二)
삿포로 시 시민 마을만들기국 기획부 기획과장

반도 마유미(坂東真弓)
종합연구개발기공(NIRA) 국제연구교류부 연구원

사카다 유이치(坂田裕一)
모리오카 시 브랜드 추진실장

시가노 게이이치(志賀野桂一)
센다이 시 기획시민국 문화스포츠 부장

노타 쿠니히로(野田邦弘)
돗토리 대학 지역학부 교수

나카모토 나루미(中本成美)
기타큐슈 시 기획정책실 주간(장래구상 담당과장)

미즈마치 유키히로(水町博之)
후쿠오카 시 항만국 아일랜드 시티 유치촉진부 기획유치과장

NIRA란 종합연구개발기공(NIRA)은 1974년에 산업계, 학계, 노동계, 지방 공공단체 등의 대표가 발기하고 종합연구개발기공법에 기반을 둔, 정부로부터 허가받은 정책지향형의 연구기관이다. 관민 각계에서의 출자기부를 통한 기금으로 운영되고 있다. NIRA의 주된 목적은 평화이념에 기반을 두고 현대사회가 직면한 복잡한 문제를 해명하기 위해 자주적 · 장기적인

시점으로 종합적인 연구조사를 실시하는 것이며, 그 연구대상은 시대의 조류를 타면서도 경제, 정치, 사회, 행정, 지역, 국제 등, 모든 영역에 걸쳐 있다. 이를 위해 종합적인 연구개발을 실시하여 연구정보의 제공과 국내외의 많은 연구기관과의 교류, 연구조성, 지원육성 등 적극적인 활동을 전개하고 있다.

옮긴이 약력

이 석 현

중앙대학교 부교수 / 중앙대학교 예술문화연구원장

더나은도시디자인포럼 회장

사)한국색채학회 부회장

국토교통부 자문위원

서울시 도시디자인위원회 위원

경기도 공공디자인진흥위원회 위원 등 역임

저서로는,

공감의 도시 창조적 디자인

공감의 도시를 위한 커뮤니티디자인

공간디자인론

경관색채계획의 이론과 실천 등 다수

창조도시를 디자인하라 – 개정판

2010년 3월 20일 1판 1쇄 발행
2018년 3월 20일 2판 1쇄 인쇄
2018년 3월 25일 2판 1쇄 발행

지은이 사사키 마사유키 · 종합연구개발기구
옮긴이 이 석 현
펴낸이 강 찬 석
펴낸곳 도서출판 **미세움**
주 소 150-838 서울시 영등포구 신길동 194-70
전 화 02-703-7507   팩스 02-703-7508
등 록 제313-2007-000133호

ISBN 979-11-88602-00-1   93540

정가 19,000원